Ivan Zlatev

Inhibiteurs de la polymerase NS5B du virus de l'hepatite C

Ivan Zlatev

Inhibiteurs de la polymerase NS5B du virus de l'hepatite C

Synthese et etude d'analogues de dinucleosides phosphoramidates

Presses Académiques Francophones

Impressum / Mentions légales

Bibliografische Information der Deutschen Nationalbibliothek: Die Deutsche Nationalbibliothek verzeichnet diese Publikation in der Deutschen Nationalbibliografie; detaillierte bibliografische Daten sind im Internet über http://dnb.d-nb.de abrufbar.

Information bibliographique publiée par la Deutsche Nationalbibliothek: La Deutsche Nationalbibliothek inscrit cette publication à la Deutsche Nationalbibliografie; des données bibliographiques détaillées sont disponibles sur internet à l'adresse http://dnb.d-nb.de.

Coverbild / Photo de couverture: www.ingimage.com

Verlag / Editeur:
Presses Académiques Francophones
ist ein Imprint der / est une marque déposée de
OmniScriptum GmbH & Co. KG
Heinrich-Böcking-Str. 6-8, 66121 Saarbrücken, Deutschland / Allemagne
Email: info@presses-academiques.com

Herstellung: siehe letzte Seite /
Impression: voir la dernière page
ISBN: 978-3-8381-8913-0

SYNTHESE ET ETUDE D'ANALOGUES DE DINUCLEOSIDES PHOSPHORAMIDATES – INHIBITEURS DE LA POLYMERASE NS5B DU VIRUS DE L'HEPATITE C

par

Ivan ZLATEV

3

4

5

6

ABREVIATIONS

A	adénosine / adénine	FAB	fast atom bombardment
Ac	acétyle	G	guanosine / guanine
ACN	acétonitrile	gp	groupement protecteur
AZT	3'-azido-3'-désoxythymidine	HPLC	high performance liquid
B	base		chromatography
Boc	*tert*-butyloxycarbonyle	Hz	hertz
BSA	acide benzène sulfonique / N,O-	ibu	isobutyryle
	bis-(triméthylsilyl)-acétamide	IFN	interféron
BVDV	virus bovin de la diarrhée virale	IN	inhibiteur nucléosidique
Bz	benzoyle	INN	inhibiteur non nucléosidique
C	cytidine / cytosine	IR	infra rouge
CCM	chromatographie sur couche mince	IRES	internal ribosome entry site
CD81	cluster of differentiation 81	LDL	low density lipoprotein
CC_{50}	concentration cytotoxique de 50%	MALDI	matrix-assisted laser
CE_{50}	concentration efficace de 50%		desorption ionization
CI_{50}	concentration d'inhibition de 50%	Me	méthyle
CLDN1	claudin-1	MP	monophosphate
Cne	2-cyanoéthyle	NOE	nuclear Overhouser effect
DABCO	1,4-diazabicyclo-[2.2.2]-octane	NTP	nucleoside triphosphate
DBU	1,8-diazabicyclo-[5.4.0]-undec-7-	Pal	palmitoyle
	ène	PEG	polyéthylène glycol
1,2-DCE	1,2-dichloroéthane	Pr	propyle
DCM	dichlorométhane	PS	polystyrène
df	« down-field »	PVP-tos	polyvinylpyridinium
DMAP	4-diméthylaminopyridine		tosylate
DMF	diméthylformamide	Rdt	rendement
DMSO	diméthylsulfoxyde	RMN	résonance magnétique
DMTr	4,4'-diméthoxytrityle		nucléaire
EMEA	European medicines agency	ROESY	rotationary frame nuclear
ESI	electrospray ionization		Overhouser effect
Et	éthyle		spectroscopy
FDA	food and drug administration	RSA	relation structure activité

7

SM	spectrométrie de masse	**SATE**	*S*-acyl-2-thioéthyle
SMHR	spectrométrie de masse haute résolution	**SI**	selectivity index
SR-BI	scavenger receptor class B type I		
Su	sucre		
TBAF	fluorure du tétra-*n*-butylammonium		
TCDI	1,1'-thiocarbonyldiimidazole		
TEA	triéthylamine / triéthylammonium		
TEAB	triéthylammonium bicarbonate		
TFA	acide trifluoroacétique		
THF	tétrahydrofurane		
TMS	triméthylsilyle		
TMSOTf	triméthylsilyl triflate		
Tof	time of flight		
TP	triphosphate		
TSE	(triméthylsilyl)-éthyle		
Tr	temps de rétention		
U	uridine / uracile		
uf	« up-field »		
UV	ultra violet		
VHB	virus de l'hépatite B		
VHC	virus de l'hépatite C		
VIH	virus de l'immunodéficience humaine		

INTRODUCTION GENERALE

Les infections virales représentent aujourd'hui l'une des principales causes de morbidité et mortalité dans le monde. Parmi ces maladies infectieuses, l'hépatite C est une des plus graves avec plus de 3% de la population mondiale actuellement infectée. A la différence du SIDA, pour lequel le taux de mortalité a pu être diminué jusqu'à plus de 80% grâce à des progrès considérables accomplis dans le traitement, il n'y a actuellement pas de thérapie efficace pour l'ensemble des patients infectés par l'hépatite chronique associée au virus de l'hépatite C (VHC). L'unique traitement approuvé à ce jour n'est que partiellement efficace, associé à de nombreux effets secondaires, à une faible tolérance et souvent à des contre-indications pour les patients. L'apparition de phénomènes de résistances, responsables de l'échappement au traitement, présente une limitation supplémentaire. L'arrêt d'un nombre important de molécules en développement clinique, durant l'année 2007, a fait retomber l'enthousiasme lié à l'espoir de voir bientôt un nouveau traitement efficace sur le marché. Cependant, l'hépatite C est théoriquement une maladie nettement contrôlable. Développer des systèmes capables d'empêcher de nouvelles infections par le VHC, de détecter les porteurs du virus et d'éviter des maladies graves touchant le foie, c'est la priorité de toutes les personnes impliquées dans la recherche moderne contre les maladies virales. Ainsi, la recherche et la mise au point de nouvelles molécules, capables de traiter ou de conduire à l'éradication de cette maladie, sont d'une grande importance.

Le premier chapitre de ce mémoire aborde les caractéristiques principales du VHC, son cycle de réplication ainsi que les différentes approches chimiothérapeutiques ciblant les différentes cibles enzymatiques du virus.

Nous présentons, dans un second chapitre, le développement et la synthèse d'une série de dinucléosides phosphoramidates de type 2'-*O*-méthylguanosin-3'-yl-cytidin-5'-yle comme inhibiteurs de la polymérase virale. Les résultats de leur évaluation antivirale *in vitro* sur une polymérase purifiée, en culture cellulaire contenant un réplicon sub-génomique du VHC, ainsi que des relations structure – activité sont également présentés.

Le troisième chapitre du manuscrit est consacré au développement et à la synthèse d'une série de dinucléosides phosphoramidates de type 2'-O-méthylguanosin-3'-yl-3'-désoxycytidin-5'-yle. Les résultats de l'évaluation antivirale de ces derniers en culture cellulaire contenant un réplicon sub-génomique du VHC, sont également exposés.

CHAPITRE I

LE VIRUS DE L'HEPATITE C – CARACTERISATION ET CHIMIOTHERAPIES ANTIVIRALES

I   L'infection par le VHC

L'identification du virus de l'hépatite C (VHC) a été réalisée par le groupe du docteur Houghton à Chiron Corporation en 1989, après une longue et vaste recherche sur les agents étiologiques responsables des hépatites non-A et non-B.[1,2] La difficulté de cette découverte reposait sur le fait que le VHC a pu être identifié uniquement par l'isolation du clone de l'ADN complémentaire dérivé de son génome, et non pas par des approches virologiques ou immunologiques conventionnelles.[3]

Avec plus de 170 millions de personnes infectées et 3 à 4 millions de nouveaux cas par an, l'infection par le VHC représente aujourd'hui une des premières infections virales dans le monde et touche 3% de la population humaine mondiale[4] (figure 1).

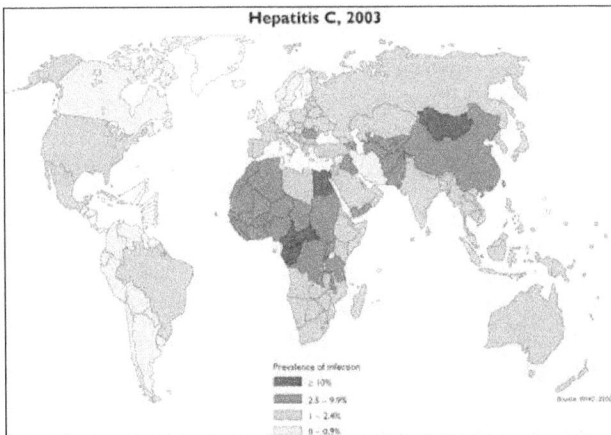

Figure 1. Répartition géographique de la prévalence de l'hépatite C dans le monde, 2003 (Source : http://www.nathnac.org/pro/factsheets/images/hep_c_epi.jpg)

La prévalence de l'infection varie selon les régions.[5] Elle est de 1,8% aux Etats-Unis, 2 à 3% en Europe méridionale et atteint 10% dans certains pays d'Afrique (Gabon, Egypte) ou d'Asie (Pakistan).

Le VHC se transmet par voie sanguine dans 60 à 70% des cas. On estime que 70% des toxicomanes sont contaminés et que le risque pour une personne d'être contaminée après un an de toxicomanie intraveineuse est de 50%. La transfusion de sang ou de produits dérivés a été un important facteur de contamination jusqu'en 1991. Depuis 1991 et le clonage du génome du virus, un test de dépistage obligatoire du VHC est fait systématiquement à tout donneur de sang, ce qui réduit considérablement ce mode de transmission.[3] La transmission sexuelle est exceptionnelle. La transmission materno-fœtale est faible. Quand seul le VHC est en cause, le risque est de l'ordre de 3%. En revanche, quand le VHC est associé à une infection par le VIH, le risque de transmission de la mère à l'enfant augmente (>20%). Finalement, dans 20% des cas, le mode de contamination n'est pas encore clairement établi.

L'infection, de tropisme majoritairement hépatique, évolue lentement et peut se traduire, après une à quelques dizaines d'années post-infection, par des troubles graves des fonctions hépatiques. La période d'incubation du virus varie de 15 à 150 jours avant l'apparition des symptômes cliniques. On distingue deux phases de la maladie (schéma 1) :

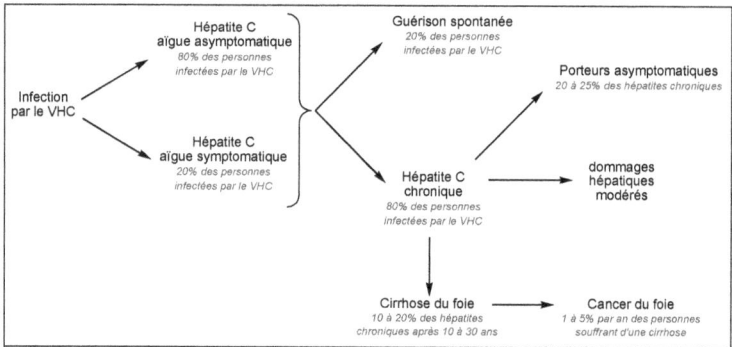

Schéma 1. Evolution de l'infection par le VHC

- Lorsque l'infection est récente, on parle d'hépatite aiguë. La phase aiguë survient quatre à douze semaines après la contamination. Lors d'une infection aiguë, les symptômes les plus courants se traduisent par une fatigue et un ictère. Cependant, dans la grande majorité des cas, l'infection est asymptotique et reste inapparente.

- Si l'infection dure plus de six mois, on parle d'hépatite chronique. Cette complication de l'hépatite C en fait toute sa gravité. Elle survient dans 80% des cas après une infection aiguë. Elle se caractérise par la persistance du VHC dans le foie et dans le sang. Cette infection chronique déclenche au fil des années une inflammation et une destruction de certaines régions du foie, lequel se cicatrise en fabriquant un tissu de remplacement fibreux, la fibrose. A terme, une cirrhose peut survenir au bout de vingt années d'évolution dans environ 20% des cas. Par la suite, cette cirrhose peut s'aggraver avec l'apparition de complications (hypertension, insuffisance hépatique) et nécessiter une transplantation du foie, ou conduire à un cancer du foie, survenant chaque année pour 1 à 5% des cas de cirrhose.

Six génotypes et plusieurs sous-types distincts du VHC ont été identifiés dans le monde.[6,7] En Europe de l'Ouest et notamment en France, le génotype le plus fréquent est le génotype 1 (1b et 1a), suivi du génotype 3 et du génotype 2. Le génotype 1 se retrouve dans 70% des cas et le sous-type 3a dans 20%. Une forte relation entre le mode présumé de contamination et les génotypes a été montrée.[6] Cependant, le type de virus a peu d'influence sur la sévérité de la maladie mais semble être impliqué dans la réponse au traitement. Cette variabilité est responsable en partie de la persistance virale associée au caractère chronique de la maladie, et des échappements immunologique, thérapeutique et vaccinal du virus.

II   Caractérisations structurales et organisation génétique

Le virus de l'hépatite C appartient au genre *Hepacivirus*[8] de la famille des *Flaviviridae*.[9,10] Par analogie des séquences virales, on trouve également dans la même famille les virus de la fièvre jaune, de la dengue, du Nil Occidental ou le virus de la diarrhée bovine.

II.1 Structure du virion

Dans le sérum de l'hôte infecté, le virus de l'hépatite C circule sous diverses formes : virions liés aux lipoprotéines de faible densité, qui représenteraient la fraction infectieuse, virions liés aux immunoglobulines et virions libres.[11] Il a également été montré que des particules virales ayant les propriétés physico-chimiques, morphologiques et antigéniques de la nucléocapside non enveloppée du VHC peuvent être détectées dans le plasma des personnes infectées.[12]

Les virions du VHC n'ont pas encore été visualisés de manière concluante par microscopie électronique et les informations sur leur structure tridimensionnelle sont globalement peu fiables. La visualisation de virions complets est rendue difficile essentiellement à cause de la quantité limitée de virus dans les échantillons cliniques et à cause des difficultés liées à l'identification des particules virales. Cependant, on leur attribue un diamètre de 50 à 65 nm[13] et par analogie avec des structures tridimensionnelles connues d'autres flavivirus apparentés, on leur attribue une composition en trois couches :[11]

- une enveloppe lipidique au sein de laquelle sont ancrées deux glycoprotéines d'enveloppe virales (E1 et E2),
- une capside protéique icosaédrique formée par la polymérisation de la protéine virale de cœur (C),
- le génome viral constitué d'une molécule d'ARN simple brin.

II.2 Structure du génome

Le génome du VHC[14] est constitué d'un ARN simple brin de polarité positive d'une longueur d'environ 9600 nucléotides. Il code pour une polyprotéine de 3000 acides aminés, contenus dans un seul cadre de lecture ouvert.[15] L'organisation génomique et protéique du VHC est représentée en figure 2.

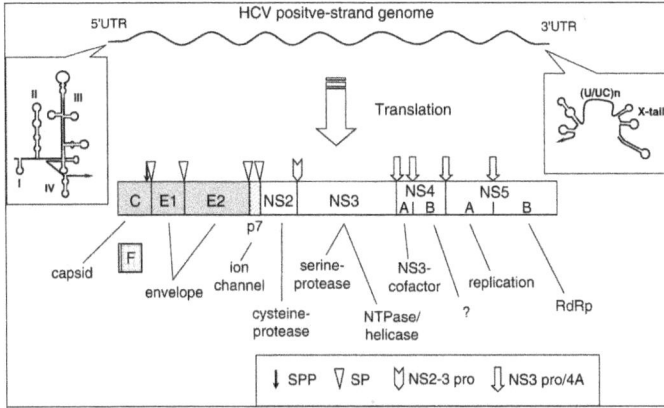

Figure 2. Organisation génomique et protéique du VHC. Abbréviations : UTR – untranslated region ; NS – non structural (protein) ; SP – signal peptidase ; NS2-3 pro – NS2-3 protease ; NS3-4A pro – NS3-4A protease ; RdRp – RNA dependant RNA polymerase (Source : référence[16])

Les deux extrémités du génome codent pour des régions non traduites contenant les signaux requis pour la transcription et la traduction. La région 5' non traduite (5'UTR, 341 nucléotides) comprend 4 domaines riches en structures secondaires, responsables de la formation d'un site d'entrée du ribosome (IRES, Internal Ribosome Entry Site), permettant la fixation du ribosome et l'initiation de la traduction du cadre de lecture ouvert par un mécanisme unique, indépendant de la coiffe 5' retrouvée chez les eucaryotes.[17,18] Cette région est également constituée d'un site d'initiation de la transcription de l'ARN viral positif.[15]

La région 3' non traduite (3'UTR) est divisée en trois parties : une séquence variable d'environ 40 nucléotides, une région riche en pyrimidines (poly U-UC) de longueur variable et une région hautement conservée, contenant 98 nucléotides. Deux de ces segments sont requis pour la réplication in vivo,[19] bien que les mécanismes exacts d'initiation de la réplication, dans laquelle semblent être impliquées les deux extrémités non traduites 5' et 3', ne soient pas encore élucidés.[15]

La polyprotéine codée par le reste du génome du VHC est coupée post traduction par des protéases virales ou cellulaires pour conduire à au moins dix protéines virales, structurales ou non structurales (NS). Comme illustré en figure 2, les protéines structurales C, E1 et E2[20] sont situées à l'extrémité N-terminale de la polyprotéine. La protéine de cœur C est impliquée dans la formation de la nucléocapside du virion, alors que les protéines E1 et E2 sont les composantes de l'enveloppe virale, impliquées également dans la reconnaissance par les récepteurs et dans l'internalisation cellulaire de la particule virale.

Les protéines non structurales sont principalement impliquées dans la coupure de la polyprotéine et dans la réplication virale. Parmi elles, on distingue :

- la protéine p7, qui est essentielle pour la production des virions *in vivo*.[21] Il a été également montré qu'elle forme des canaux ioniques et peut avoir un rôle dans la pénétration cellulaire ;[22]
- la protéine NS2, dont la partie N-terminale est probablement impliquée dans la formation d'hélices transmembranaires,[16] alors que sa partie C-terminale, en conjonction avec la partie N-terminale de NS3, constitue soit une Zn^{2+} métalloprotéase, soit une thiol protéase,[15] responsable de la coupure de la jonction NS2-3 de la polyprotéine ;[23]
- la protéine NS3, qui possède deux fonctions essentielles. Elle est impliquée dans la formation d'une sérine protéase par son extrémité N-terminale, associée à NS4A comme co-facteur, dans un complexe hétérodimérique 1 : 1.[24,25] Cette protéase est essentielle pour couper les jonctions NS3-NS4A, NS4A-NS4B, NS4B-NS5A et NS5A-NS5B du complexe polyprotéique viral (figure 2). La partie C-terminale comprend le domaine d'activité NTPase/hélicase, responsable de la dissociation du duplex ARN/ARN et essentielle pour la réplication virale ;[26]
- la protéine NS4B, qui semble impliquée dans la formation d'un compartiment membranaire spécifique, une sorte de réseau membranaire porteur du complexe de réplication ;[27]
- la protéine NS5A, qui est une phosphoprotéine possédant des fonctions qui ne sont pas encore bien élucidées. Cependant, elle semble avoir une certaine importance dans la régulation de la réplication virale par son degré de phosphorylation[28] et par des

interactions avec d'autres protéines non structurales du VHC, notamment la polymérase NS5B ;[29]

- la protéine NS5B, qui est une ARN polymérase ARN dépendante assurant la réplication virale.[30,31] La réplication procède *via* la synthèse d'un brin d'ARN négatif, complémentaire au génome du VHC, qui sert ensuite de matrice pour la synthèse de brins d'ARN positif génomique. La polymérase NS5B assure la synthèse de ces deux brins d'ARN, que ce soit l'ARN négatif, ou l'ARN positif.[32]

III Cycle de vie

Le tropisme hépatocytaire est l'une des principales caractéristiques du VHC. Néanmoins, le virus a été également détecté dans d'autres organes et d'autres types de cellules.[33] Bien que le cycle de vie du VHC ne soit pas encore totalement élucidé, de récents progrès dans le développement de cultures cellulaires et de systèmes de réplication comportant le virus, ont fourni de nouvelles informations et ont permis une meilleure compréhension du cycle infectieux. Quelques revues récentes représentent un bon bilan des avancées en matière de connaissances sur le cycle de vie viral.[16,34,35]

Le cycle de vie du VHC comporte la reconnaissance par des récepteurs, la fixation, puis l'internalisation de la particule virale ; la libération du génome viral, sa traduction en polyprotéine, qui est ensuite coupée ; la réplication virale et finalement l'assemblage de nouvelles particules virales qui quittent la cellule hôte. Ce cycle est illustré dans le schéma 2.

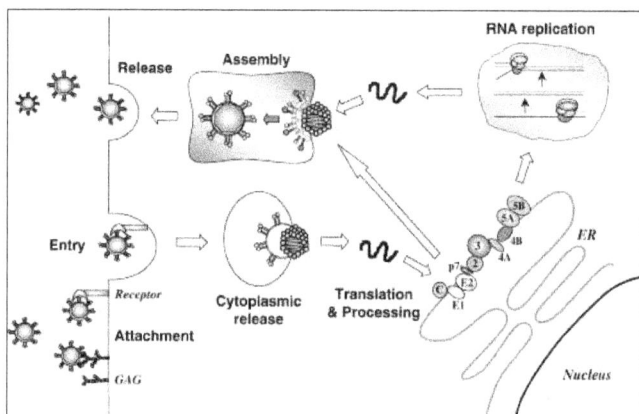

Schéma 2. Cycle de vie du VHC. (Source : référence[16])

III.1   Reconnaissance, fixation et internalisation

Les deux glycoprotéines d'enveloppe du VHC, E1 et E2, sont impliquées dans la reconnaissance et l'internalisation des virions. Les résidus chargés positivement de la partie N-terminale de la protéine E2 sont impliqués dans une interaction possible avec le sulfate d'héparane des glycosaminoglycanes sur la surface cellulaire.[36] Ainsi, ces protéoglycanes membranaires jouent un rôle important dans le ciblage et dans les interactions entre l'enveloppe de la particule virale et la surface cellulaire. Il est probable qu'elles servent de site d'ancrage pour les virions, qui sont ensuite transférés vers un autre récepteur de plus haute affinité, qui à son tour va permettre l'entrée dans la cellule.[35,36] Plusieurs récepteurs potentiels ont été proposés :

-    Le premier récepteur qui a été identifié est la tétraspanine CD81 (Cluster of Differentiation 81), une protéine transmembranaire exprimée dans plusieurs types de cellules et notamment dans les hépatocytes et les lymphocytes B. Son rôle essentiel pour l'accrochage du virion du VHC à la cellule a été établi.[37]

- Le récepteur humain SR-BI (Scavenger Receptor class B type I) a également été identifié comme récepteur potentiel. Il s'agit d'une glycoprotéine impliquée dans le lipométabolisme cellulaire, exprimée à des taux importants dans les cellules du foie.[38] Son rôle a été confirmé par des expériences d'affinité enzymatique,[38] et par des expériences de compétition entre la protéine E2 du VHC et les anticorps du récepteur,[39] démontrant une inhibition dose dépendante.

- Le récepteur LDL (Low Density Lipoprotein) a été identifié comme important pour l'internalisation des virions du VHC, basé sur le fait que les particules virales s'associent aux lipoprotéines dans le sérum. Il a été montré que l'internalisation cellulaire du VHC a lieu par endocytose *via* le récepteur LDL.[40]

- Très récemment, la protéine CLDN1 (Claudin-1), une composante des jonctions serrées cellulaires, hautement exprimée dans le foie, a été identifiée comme étant un co-récepteur du VHC.[41] Des expériences de cinétique ont montré que CLDN1 intervient tardivement dans le processus d'entrée du virus dans la cellule.[41]

III.2 Traduction

Après endocytose, le génome viral est libéré de l'enveloppe du virus dans un endosome de la cellule hôte, puis relâché dans le cytoplasme. Ce brin d'ARN positif est alors traduit au niveau des ribosomes cellulaires pour conduire au complexe polyprotéique du VHC (schéma 2). A la différence des molécules d'ARN messager (ARNm) cellulaires, coiffées en position 5' par la coiffe 7-méthylguanosine, le génome du VHC est traduit dans un mécanisme indépendant de la coiffe 5', impliquant l'IRES qui contrôle la traduction virale.[42] L'IRES assure l'initiation de la traduction en recrutant deux facteurs d'initiation : eIF2 (Eukariotic Initiation Factor) et eIF3, pour former, avec la sous unité 40S du ribosome, mais aussi avec de la guanosine triphosphate (GTP) et avec l'initiateur de l'ARN de transfert (ARNt), des complexes ribosomaux de pré initiation 48S.[43] Ainsi, l'ARNt est positionné dans le site P de la sous unité 40S et apparié au codon start de l'ARN génomique par complémentarité des nucléobases. Après hydrolyse d'une molécule de GTP, le facteur eIF2 relâche l'initiateur de l'ARNt et se dissocie du complexe. L'hydrolyse d'une deuxième molécule de GTP permet ensuite l'association de la sous unité ribosomale 60S, conduisant ainsi à la formation d'un ribosome 80S fonctionnel, qui commence la synthèse de la polyprotéine virale.[35,43,44]

Outre les dix protéines virales issues de la polyprotéine, décrites précédemment (schéma 2), la région codante pour la protéine de cœur C exprime un faible taux de production d'une protéine inconnue de 16 à 17 kDa. Cette protéine, qui a été appelée protéine F, semble être le résultat d'un décalage -2/+1 du ribosome sur le cadre de lecture.[45]

III.3   Coupure du complexe polyprotéique

Comme précédemment mentionné, le principal produit de la traduction du génome du VHC est un précurseur polyprotéique qui doit être coupé par les protéases cellulaires ou virales, pour conduire aux protéines matures virales, structurales ou non structurales (figure 2). Il a été déduit que les jonctions C-E1, E1-E2, E2-p7, p7-NS2 sont coupées par des signal peptidases (SP) de la cellule hôte.[46] Les jonctions entre les protéines non structurales sont coupées par les deux protéases NS2-3 et NS3-4A. L'autoprotéase NS2-3 zinc dépendante assure la coupure *cis* entre NS3 et NS2. NS3 doit ensuite s'associer à son co-facteur NS4A pour catalyser la coupure *cis* de la jonction NS3-NS4A et la coupure *trans* de toutes les jonctions suivantes (figure 2).[35,47] Les sites de coupure reconnus par la protéase NS3-4A ont en commun la séquence suivante : Asp/GluXXXXCys/Thr-Ser/Ala, avec les coupures *cis* ayant lieu avant un résidu cystéine, et les coupures *trans* – avant un résidu thréonine.[35]

III.4   Réplication

La réplication du VHC commence par la synthèse d'un brin d'ARN de polarité négative, utilisant le génome viral comme matrice. Des copies de l'ARN génomique de polarité positive sont ensuite produites à partir du brin ARN de polarité négative. Ces deux étapes de synthèse d'ARN sont catalysées par l'ARN polymérase ARN dépendante NS5B (schéma 2). La polymérase est la composante clé du complexe réplicatif, qui associe des protéines virales, des composantes cellulaires et les brins d'ARN naissant.[34] Le complexe réplicatif est situé dans le réseau membranaire produit par l'enzyme virale NS4B. Ce réseau membranaire dérive des membranes du réticulum endoplasmique.[27]

Au début, un mécanisme d'initiation dépendant d'une amorce a été attribué pour la polymérase NS5B,[48] suggérant soit l'élongation d'un brin d'ARN hybridé à la matrice virale, soit un mécanisme « copy-back » qui consiste en un auto-amorçage intramoléculaire : l'élongation à partir d'une structure épingle à cheveux (stem-loop) formée sur l'extrémité 3' de la matrice.

Cependant, plus récemment, un mécanisme de réplication en absence d'amorce, appelée réplication *de novo*, a été montré *in vitro* pour la polymérase virale,[49-51] et semble être le mode de réplication le plus probable en cellules infectées.[51] Cette réplication *de novo* est fortement dépendante de la concentration en GTP,[50] qui est le nucléotide préféré pour initier la réplication.[51] En effet, durant la réplication *de novo*, la polymérase NS5B synthétise d'abord, directement à partir des nucléosides triphosphates, un oligonucléotide d'environ six nucléotides, qui est ensuite utilisé comme amorce pour la réplication. Ainsi, la synthèse de l'ARN peut être divisée en deux étapes, structurellement et biochimiquement distinctes : une étape d'initiation, conduisant à la synthèse de l'amorce, suivie de l'étape de l'élongation, correspondant à la synthèse de l'ARN naissant, jusqu'à la fin de la matrice virale. La discrimination entre initiation et élongation dans la réplication *de novo* catalysée par la polymérase NS5B du VHC, mais également par les polymérases d'autres virus de la famille *Flaviviridae*, a été établie grâce à des études cinétiques sur la synthèse d'ARN *in vitro* à partir d'une matrice polycytidine (polyC).[52-55] En réalité, plusieurs étapes distinctes ont été identifiées :[52]

-   une étape non limitante conduisant à la formation du tout premier lien phosphodiester (formation de G_2). Cette réaction, qui est l'initiation de la réplication proprement dite, est rapide et les produits G_2 s'accumulent au fil du temps ;
-   une deuxième étape, dite de transition, conduisant à la formation de produits G_6. Le passage de la première à la deuxième étape (de G_2 à G_3) est une étape lente, cinétiquement déterminante. Un changement dans la conformation de l'enzyme a été proposé pour expliquer ce résultat ;[54]
-   une troisième étape, pendant laquelle les produits G_6, servant désormais d'amorce, sont rapidement élongués jusqu'à la fin de la séquence. Le passage entre la deuxième et la troisième étape est également lent, supposant l'adoption d'une nouvelle conformation par la polymérase.

III.5   Assemblage et libération dans le sang

Il y a très peu d'informations sur les mécanismes d'assemblage et de libération par la cellule des particules virales nouvellement formées. Il a été montré que les protéines de cœur C peuvent s'associer efficacement entre elles pour former des particules sphériques qui ressemblent à la nucléocapside du VHC.[56] Il semblerait également que l'ARN génomique soit également impliqué dans l'interaction avec les protéines C, et que cette interaction joue un rôle important dans la transition entre la réplication et l'assemblage du virus.[35] Les protéines E1 et E2 étant associées à la membrane du réticulum endoplasmique, la production de particules virales enveloppées et matures semble y avoir lieu. Finalement, le mécanisme d'exportation des virions dans l'espace extra cellulaire reste à déterminer.

IV   Traitement actuel

Aujourd'hui il n'y a pas de vaccin disponible, assurant la prévention de l'infection par le VHC. Ceci est essentiellement dû à la forte hétérogénéité du virus. De plus, actuellement, il n'existe pas de thérapie efficace, accessible à tous les patients atteints d'une hépatite C chronique. L'unique traitement, approuvé à ce jour, est basé sur l'utilisation de plusieurs formes différentes et des combinaisons de l'interféron alpha (IFN-α).

IV.1 L'interféron alpha

Les interférons regroupent une famille de glycoprotéines (cytokines) synthétisées par les cellules de la plupart des organismes vertébrés en réponse à une agression, notamment d'origine virale. Ils constituent la première ligne de défense contre des virus, des microorganismes ou des cellules tumorales. L'interféron alpha humain est produit par les leucocytes.[57] C'est la première cytokine qui a été purifiée, clonée, entièrement séquencée et produite dans une forme recombinante chez *E. coli*.[58] Elle est désormais préparée à des fins thérapeutiques par génie génétique. L'IFN-α possède des propriétés immunomodulatrices et antivirales. Bien que son mécanisme d'action ne soit pas totalement élucidé, la fixation de l'IFN-α sur un récepteur membranaire entraîne une cascade de réactions intracellulaires permettant l'induction de différents gènes codant pour des protéines chargées de l'élimination des agresseurs étrangers.[59] Ainsi, les propriétés antivirales de l'IFN-α résultent de la synthèse d'enzymes provoquant la destruction des ARNm viraux et le blocage de la synthèse des protéines virales au niveau de la traduction.

IV.1.1 Monothérapie par l'interféron alpha standard

Avant même l'identification du VHC, la monothérapie par l'IFN-α standard a été utilisée en 1986 dans un essai clinique sur des patients atteints d'hépatite chronique non-A et non-B.[60] Ces résultats préliminaires ont montré que des traitements à long terme avec de faibles doses d'IFN-α peuvent contrôler efficacement l'activité du virus chez certains patients. Dix ans plus tard, sur les dix patients qui ont participé à cet essai, cinq ont été guéris.[61] La dose hebdomadaire autorisée pour une monothérapie en IFN-α est de 3 millions d'unités, trois fois par semaine. Un traitement de 48 semaines est recommandé.[62] Cependant, l'efficacité de cette monothérapie n'est pas satisfaisante, avec seulement 12% à 20% de réponse au traitement, certains génotypes s'avérant par ailleurs plus résistants. Enfin, les effets secondaires, plus ou moins marqués, sont nombreux.

IV.1.2 Monothérapie par l'interféron alpha PEGylé

Deux formes d'IFN-α, associé à des chaînes polyéthylène glycol (PEG), ont été approuvées par la FDA (Food and Drug Administration) et par l'agence européenne des médicaments (EMEA) pour le traitement d'hépatite C chronique chez des adultes : l'IFN-α PEGylé 2a, et l'IFN-α PEGylé 2b. Des chaînes de PEG, de longueur et de masse différentes sont liées de façon covalente aux molécules d'IFN-α. Cette association améliore les propriétés pharmacocinétiques en augmentant la stabilité, la solubilité aqueuse et la biodisponibilité de l'IFN-α, mais également le confort des patients en diminuant les doses administrées.[62]

L'IFN-α PEGylé 2a (Pegasys®, Roche, Bâle, Suisse) est un conjugué dans lequel la molécule d'interféron contient une large partie PEG ramifiée (40 kDa), attachée à un point unique de la protéine par un lien amide.[63] C'est une molécule très stable. Alors que in vitro, l'activité antivirale ne présente que 7% de l'activité initiale de l'interféron non PEGylé, in vivo, cette activité est plusieurs fois supérieure. Une stabilité accrue de 70 fois dans le sérum, et de 50 fois dans le plasma sont certainement à l'origine du meilleur profil pharmacologique de l'IFN-α PEGylé 2a.[63]

L'IFN-α PEGylé 2b (PegIntron®, Schering-Plough Corporation, New Jersey, Etats-Unis) est un conjugué dans lequel la molécule d'interféron est reliée à une partie PEG linéaire (12 kDa). La molécule de l'IFN-α PEGylé 2b est à 95% mono PEGylée, avec la chaîne PEG liée majoritairement au résidu histidine 34.[64] Ce conjugué linéaire présente 28% de l'activité antivirale initiale de la molécule non PEGylée, mais la pégylation permet d'accroître par un facteur 10 la demi-vie plasmatique en une seule injection. De plus l'interféron PEGylé est éliminé moins rapidement, permettant à la

28

concentration thérapeutique de rester stable pendant une semaine, alors que trois injections d'IFN-α standard sont nécessaires pour obtenir un résultat similaire.[65]

IV.2 La ribavirine et nouveaux traitements récemment commercialisés

La ribavirine (figure 3) est un analogue nucléosidique de la guanosine présentant un large spectre d'activités antivirales, incluant à la fois des virus à ADN comme les virus herpétiques, et des virus à ARN comme celui de la grippe.[66] La première utilisation de la ribavirine sur des patients infectés avec le VHC a été réalisée en 1991.[67] Les résultats de ce premier essai ont montré une diminution significative dans le taux d'expression de l'enzyme alanine aminotransférase (ALT).[67] La concentration anormalement élevée de cette enzyme dans le sérum donne une bonne indication de l'infection par le VHC. Cependant, le traitement à la ribavirine n'affecte pas la réplication virale, et les taux d'ALT reviennent aux niveaux initiaux, une fois la thérapie arrêtée.[68]

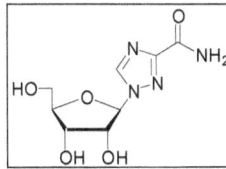

Figure 3. Structure chimique de la ribavirine

Malgré son efficacité transitoire et très modeste en monothérapie, la ribavirine permet d'augmenter l'efficacité de l'IFN-α lorsque les deux traitements sont combinés et administrés à des patients résistants à la monothérapie par l'IFN-α.[69] Quarante pour cent des patients ayant reçu le traitement combiné ont montré une diminution significative des taux d'ALT, qui sont restés stables jusqu'à neuf mois après la fin du traitement, accompagnée d'une disparition de l'ARN du VHC dans le sérum. Aucun des patients du groupe ayant reçu uniquement la monothérapie par l'IFN-α n'a montré de tels effets.[69] De manière générale, chez des patients sélectionnés arbitrairement,

29

l'association de la ribavirine au traitement par l'IFN-α a permis d'augmenter jusqu'à deux fois l'efficacité du traitement, avec un taux de réponse durable dans environ 40% des cas.[70,71] En revanche, différents taux de réponse ont été observés pour les différents génotypes du VHC.[62] Pour les patients du génotype 1, le taux de réponse est de 42% à 52%, alors que pour ceux présentant les génotypes 2 ou 3, il varie entre 76% et 84%. Peu d'informations sont disponibles pour les patients présentant les autres génotypes, mais par exemple le taux de réponse pour le génotype 4 semble être similaire à celui du génotype 1.

Bien que l'activité antivirale de la ribavirine ait été décrite il y a maintenant 36 ans, le mécanisme moléculaire par lequel cette activité est exercée, et en particulier son mécanisme d'action contre le VHC, restent toujours un sujet controversé. *In vivo*, la ribavirine est phosphorylée jusqu'à son analogue ribavirine 5'-triphosphate (RTP)[72] qui représente le métabolite actif, et qui peut être utilisé comme substrat par les polymérases pour inhiber l'élongation de l'ARN. Ainsi, l'inhibition de l'ARN polymérase ARN dépendante NS5B du VHC représente une première hypothèse sur le mode d'action de la ribavirine.[73,74] Cependant, le RTP est un inhibiteur modeste de la polymérase NS5B,[74] et étant donné l'effet antiviral très faible de la monothérapie par la ribavirine *in vivo*, il est peu probable que ses propriétés antivirales directes soient la cause majeure de l'élimination du VHC lors de la thérapie combinée avec l'IFN-α.[62] Une inhibition par la ribavirine 5'-monophosphate (RMP) de l'enzyme inosine monophosphate déshydrogénase (IMPDH), conduisant à une diminution de la concentration intracellulaire en GTP, nécessaire pour la réplication virale, a également été considérée comme mécanisme potentiel d'action.[75] Cependant, des résultats récents semblent rejeter cette hypothèse.[62,76] Certains auteurs ont également suggéré que la ribavirine pourrait agir en tant qu'immunomodulateur,[77,78] en diminuant la production de cytokine Th2, ce qui augmenterait l'activité de l'IFN-α. Un mécanisme de type « erreur catastrophe » induisant des mutations létales au niveau de l'ARN viral a également été proposé. Cette activité de distribution de mutations et de génération de populations virales non viables, suite à l'accumulation de plusieurs modifications (plusieurs incorporations de RTP) dans l'ARN viral, a été observée dans des réplicons sub-génomiques du VHC.[79-81] Ce mécanisme d'action est également controversé, dû à quelques résultats plus récents et contradictoires.[82,83]

Malgré des résultats encourageants (amélioration de la qualité de vie des patients, retardement de l'évolution vers la cirrhose), le traitement combinant la ribavirine et l'IFN-α PEGylé reste relativement long (6 à 12 mois) et coûteux. Il peut de surcroît entraîner des effets secondaires supplémentaires à ceux provoqués par l'utilisation de l'IFN-α, tels qu'une anémie hémolytique provoquée par une accumulation de RTP dans les globules rouges par exemple.[84] La ribavirine est contre-indiquée pour les femmes enceintes en raison de possibles propriétés tératogènes. Ces effets secondaires sont responsables d'un arrêt prématuré du traitement chez 10 à 20% des patients. De plus, la longue durée de la thérapie peut entraîner la possibilité pour les personnes infectées de développer des résistances, responsables de l'échappement au traitement.[85]

Tout récemment (2011-2013), la FDA a approuvé la commercialisation de trois nouvelles molécules pour le traitement de l'hépatite C chronique : le boceprevir (commercialisé par Merck sous le nom de Victrelis® : http://www.victrelis.com/), le telaprevir (commercialisé par Vertex sous le nom de Incivek® : http://www.incivek.com/) et le sofosbuvir (commercialisé par Gilead sous le nom de Sovaldi® : http://www.sovaldi.com/), qui peuvent être administrées indépendamment ou en combinaison avec les traitements existants de ribavirine et de PEG-IFN-α. Ce remarquable succès a couronné plus de deux décennies de titanesques efforts en recherche et développement de la part de nombreux groupes académiques et pharmaceutiques. La mise à marché de ces nouvelles thérapies redonne de l'espoir et des alternatives tant nécessaires aux patients infectés par le VHC et est en outre responsable d'une augmentation importante du taux de cure chez ces patients, allant globalement de 50 à 80% des cas traités. Cependant, des effets adverses importants restent associés à l'ensemble de ces nouvelles thérapies antivirales. Ainsi ces effets adverses sont plutôt légers et mitigés pour le traitement Sovaldi®/ribavirine (migraine, fatigue), mais plus graves pour le traitement Sovaldi®/ribavirine/PEG-IFN-α (migraine, fatigue, nausée, insomnie, diminution des globules rouges). Les traitements Victrelis®/ribavirine/PEG-IFN-α présentent des effets secondaires plus néfastes – ainsi ils sont contre-indiqués pour des femmes enceintes et le Victrelis® a été désigné comme responsable d'effets secondaires très sérieux, tels des réactions allergiques sévères et des troubles sanguins graves. Les traitements Incivek®/ribavirine/PEG-IFN-α présentent de loin des effets indésirables les plus importants : en plus de la proscription d'administration chez les femmes enceintes et les problèmes d'anémie associée, le Incivek® a montré de très graves réactions d'éruptions cutanées (exanthème) qui ont même été fatales pour deux patients sous traitement. Ainsi en Décembre 2012, Vertex a annoncé l'introduction d'un label noir « *boxed warning* » sur l'emballage du Incivek® aux Etats-Unis, alors que la FDA a rapporté les deux cas mortels causés par des réactions cutanées sérieuses et un total de 112 patients sous Incivek® affectés par de graves problèmes d'éruption sur la peau.

V   Stratégies moléculaires d'inhibition. Traitements futurs et émergents

Malgré un progrès bien important, au vu des limitations des traitements existants, il y a aujourd'hui un besoin urgent et évident de développer des traitements plus efficaces et mieux tolérés, accessibles à l'ensemble des personnes infectées. Le développement de cultures cellulaires permettant la réplication du virus a été une grande avancée pour le développement et l'évaluation de nouveaux agents antiviraux potentiels. L'absence d'un tel système, jusqu'à très récemment, était un grand handicap, car seuls des systèmes d'évaluation *in vitro* étaient disponibles. De plus, l'absence de modèle animal, autre que le chimpanzé, représente des difficultés supplémentaires pour les études *in vivo*. Malgré ces obstacles, des opportunités prometteuses de développement d'agents antiviraux, basé sur les avancées dans la compréhension des mécanismes de biologie moléculaire, ont permis la conception de plusieurs composés capables d'inhiber les différentes étapes du cycle de vie du VHC. Ces inhibiteurs, conçus pour agir contre des cibles précises du VHC, peuvent être des petites molécules, des inhibiteurs spécifiques des enzymes du VHC, ainsi que des analogues d'acides nucléiques, ciblant le génome viral. Plusieurs d'entre eux font actuellement l'objet d'essais cliniques de phase I ou II. Parallèlement à cela, des agents pouvant moduler la réponse immunitaire ainsi que des vaccins sont aussi en cours d'évaluation.[86]

V.1   Vaccins

Quelques vaccins thérapeutiques ont été développés et testés, mais il est encore difficile de juger l'efficacité d'une telle approche antivirale. La situation actuelle concernant cet axe de recherche a fait l'objet d'une revue récente.[87]

Dans une première approche, des vaccins à base de peptides recombinants du VHC ont été développés. Ces polypeptides peuvent agir en tant qu'immunogènes en générant des anticorps anti-VHC et en causant une réponse immunitaire au niveau des cellules T CD4$^+$. L'augmentation d'activité de ce type de cellules a pour conséquence une sécrétion accrue des protéines de défense immunitaire, ce qui peut se traduire finalement par une activité anti-VHC. Une étude sur des chimpanzés infectés, utilisant les glycoprotéines d'enveloppe E1 et E2, a montré des résultats intéressants, et actuellement une formulation contenant ces deux protéines (MF59, Chiron – Novartis Vaccines, Emeryville, Etats Unis) est en essais cliniques de phase I.[88] Une vaccination par des particules semblables aux particules virales du VHC, constituées des protéines structurales du virus, assemblées et enveloppées par une bicouche lipidique, a également montré de bons résultats de réponse immunitaire lors de quelques évaluations préliminaires *in vivo*.[89] Des études cliniques utilisant une formulation contenant uniquement la protéine d'enveloppe E1 ont commencé récemment. Le vaccin contenant cette protéine a entraîné une forte réponse immunitaire chez des personnes non infectées, lors d'une étude clinique de phase I.[90] En outre, un effet thérapeutique a été montré chez des patients infectés avec une hépatite C chronique, lors de l'étude de phase II.[91]

Les vaccins d'ADN (immunisation génétique) présentent un intérêt considérable et ont été évalués sur une large variété de maladies virales, y compris l'hépatite C. Cette approche consiste en l'injection intramusculaire d'ADN nu, codant pour une ou plusieurs des protéines virales. L'expression de la protéine induit alors une réponse immunitaire.[92] Dans cette optique, l'injection intramusculaire de plasmides (ADN non chromosomique) d'ADN codant pour la protéine C du VHC a induit une réponse immunitaire à la fois cellulaire et humorale chez les souris.[93] Il a également été montré que des plasmides codant uniquement pour la protéine C ont une meilleure activité que les plasmides codant pour l'ensemble des protéines structurales du VHC.[94] Finalement, des études ont été effectuées en utilisant des plasmides codant pour l'ensemble des protéines non structurales du VHC. Dans une telle étude, il a été montré que les immunisations par des plasmides codant pour les protéines NS3, NS4 et NS5 du VHC provoquent une réponse nettement supérieure à celle obtenue par l'introduction des protéines correspondantes.[95] Tout de même, malgré les avantages théoriques et les bons résultats dans des modèles murins, cette approche n'a pas pu être conduite jusqu'aux essais cliniques pour l'instant, à cause du besoin d'optimisation de plusieurs paramètres (amélioration de la voie d'injection, ajustement des doses de vaccin) dans les études sur des chimpanzés.[87]

Une troisième approche de vaccination, basée sur l'utilisation de cellules dendritiques, a été développée. Ces cellules du système immunitaire peuvent déclencher une forte réponse immunitaire adaptative. Elles agissent comme présentatrices d'antigène en transportant l'antigène vers les cellules T. Dans des études *in vivo* chez l'homme, l'immunisation par des cellules dendritiques chargées d'antigène a induit, au niveau des cellules T, une réponse immunitaire forte et spécifique à l'antigène transporté.[96] Dans ce contexte, des immunisations à base de cellules dendritiques sont devenues un axe de développement anti-VHC, puisque une forte réponse immunitaire spécifique à l'antigène du VHC est déclenchée. Plusieurs résultats ont été décrits, suggérant un potentiel prometteur pour une telle approche.[87,97-99]

Finalement, des vaccins combinés ont également été développés. Le vaccin IC41 (Intercell AG, Vienne, Autriche) contenant des antigènes du VHC et un adjuvant des cellules T, a passé avec succès les essais cliniques de phase I et phase II, et doit bientôt entrer en phase III.

V.2   Systèmes expérimentaux d'évaluation d'agents anti-VHC

Comme précédemment discuté, le développement de nouveaux agents thérapeutiques contre le VHC a été, jusqu'à très récemment, freiné par l'absence de systèmes de culture cellulaire efficaces et de petit modèle animal. Certaines avancées ont été réalisées dans ce domaine, et les derniers résultats ont fait l'objet d'une revue récente.[100]

V.2.1   Modèles animaux

Le chimpanzé est le seul animal qui puisse être contaminé par le VHC et qui présente une progression de l'infection proche de celle chez l'homme. L'établissement d'une infection persistante est obtenu dans 40 à 60% des chimpanzés infectés expérimentalement.[101] Cependant, des raisons éthiques et économiques rendent difficile l'emploi de chimpanzés comme modèle expérimental. Quelques résultats ont suggéré une infection par le VHC chez l'animal *Tupaia belangeri*.[102] C'est un petit animal de l'ordre des scandentiens, des petits mammifères de mode de vie arboricole, qui vivent en Asie du Sud-est. Néanmoins, plusieurs études supplémentaires sont encore nécessaires pour clarifier la susceptibilité de ces animaux à l'infection par le VHC. Des cellules de foie humain ont pu être greffées chez des souris croisées transgéniques.[103] Les souris, pour lesquelles la moitié des cellules ont été remplacées par des cellules hépatiques humaines, peuvent rester en vie jusqu'à 35 semaines, et ont montré une propagation du VHC.[103] Les effets antiviraux de l'interféron et d'un inhibiteur de la protéase, évalués chez ces souris, ont été similaires à ceux des essais cliniques chez l'homme.[104] Ce modèle peut être appliqué pour l'évaluation *in vivo* d'inhibiteurs antiviraux, mais pas pour l'évaluation de vaccins immunothérapeutiques, à cause de problèmes d'immunodéficience chez ces souris.[100]

V.2.2   Systèmes de culture cellulaire

Les premiers systèmes de réplication du VHC en culture cellulaire (systèmes réplicon) ont été décrits en 1999 et 2000. L'établissement d'un système, contenant des composantes codant pour les régions non traduites 3' et 5' du génome du VHC, ainsi que pour les protéines non structurales, qui pouvait se répliquer de façon autonome dans la lignée cellulaire Huh-7 a été décrit par Lohmann et *al.*[105] Une réplication efficace dans ce type de réplicons sub-génomiques a nécessité l'introduction de mutations dans les régions codant pour les protéines NS3, NS5A et NS5B.[106] Il est important de remarquer que ces systèmes réplicon ne miment que partiellement le cycle authentique de réplication virale, car ils ne produisent pas de particules virales.[100] Ce n'est qu'en 2005 que les premiers systèmes de culture cellulaire pour la réplication, l'infection et la production virale *in vitro* ont été établis.[107-109] Ces systèmes sont basés sur un génome du VHC du génotype 2a JFH1, et malheureusement, il n'existe toujours pas de tel système pour les génotypes 1a et 1b, qui sont pourtant les génotypes les plus répandus. Cependant, les systèmes de culture cellulaire basés sur le génotype 2a JFH1 doivent fortement contribuer au développement de nouveaux antiviraux ou vaccins, ciblant non seulement les activités enzymatiques virales, mais aussi les étapes d'internalisation, d'assemblage et de libération du virus.

V.3 Les différentes cibles enzymatiques utilisées pour le développement d'agents antiviraux

En suivant l'exemple du VIH, les efforts principaux dans le développement de nouveaux agents antiviraux contre le VHC ont été concentrés sur l'inhibition d'enzymes codées par le virus. Toutes les protéines résultant de la traduction du VHC représentent donc des cibles potentielles pour la découverte d'inhibiteurs. Cependant, aujourd'hui, parmi la soixantaine de molécules développées par les compagnies pharmaceutiques, actuellement en études pré cliniques ou cliniques (http:/hcvdrugs.com/), une très grande majorité ciblent soit la protéase NS3-4A, soit la polymérase NS5B. Dans ce sous-chapitre, le développement d'inhibiteurs spécifiques ciblant les enzymes virales du VHC sera résumé, avec un accent particulier sur les molécules ciblant la protéase NS3-4A et la polymérase NS5B, et notamment sur celles qui ont montré les meilleurs activités inhibitrices et sont avancées dans les différents phases d'études cliniques.

V.3.1 La protéase NS3-4A comme cible

Comme précédemment décrit, la protéine non structurale NS3 est une protéine multifonctionnelle qui contient un domaine sérine protéase d'environ 180 résidus d'acides aminés dans son extrémité N-terminale. La partie restante de la protéine correspond au domaine ARN hélicase. D'un point de vue structural, la protéase NS3-4A appartient à la superfamille des trypsines, mais elle présente plusieurs particularités, comme la présence d'un atome de zinc structural, non catalytique, et l'association de sa partie N-terminale avec une autre protéine virale, NS4A, associée comme co-facteur.[110] Comme d'autres sérine protéases proches des trypsines, NS3-4A contient deux domaines, tous les deux constitués d'un cylindre de feuillets β (β-barrel) et de deux courtes hélices α. La triade catalytique est située dans l'interstice formé à l'interface des deux domaines. Le co-facteur de la protéase, qui est la protéine virale NS4A, est une protéine relativement petite, constituée de 54 résidus uniquement. La région centrale de NS4A fait partie intégrale du domaine N-terminal de la protéase. NS4A stabilise ainsi ce domaine et augmente l'activité enzymatique en optimisant l'orientation des résidus de la triade catalytique. Elle contribue également à la formation du site de reconnaissance avec le substrat (figure 4).[110]

En considérant que la protéase coupe le lien peptidique entre deux résidus P_1 et P_1', la spécificité du résidu P_1 est imposée par une poche complémentaire sur l'enzyme, appelée poche S_1 (figure 4B). Cette poche peu profonde est fermée sur son fond par un résidu phénylalanine encombré. La forme de cette poche hydrophobe explique la préférence de la protéase NS3 pour un résidu cystéine à la position P_1. En plus de cette poche spécifique pour la position P_1 du substrat, la protéase NS3-4A présente une autre caractéristique unique, c'est l'absence de structuration secondaire bien définie, permettant le correct positionnement du substrat. Ainsi, le site de fixation du substrat est plat et très peu spécifique.[111] C'est ce manque de spécificité vis-à-vis du substrat qui

37

fait que l'enzyme nécessite des substrats relativement longs, de longueur d'environ dix résidus d'acides aminés. Les substrats sont alors reconnus *via* une série d'interactions moléculaires faibles, distribuées sur une large surface de la protéine. Ce mécanisme de reconnaissance du substrat, faisant intervenir une interaction protéine – protéine, a retardé le développement d'inhibiteurs de type petites molécules.

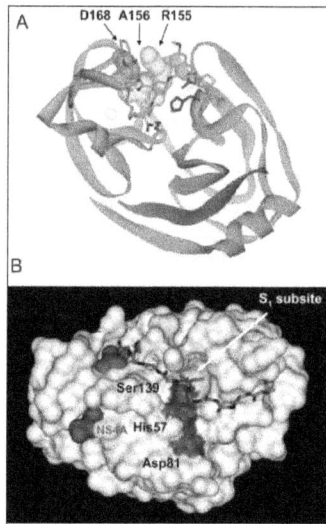

Figure 4. Structures tridimensionnelles de la protéase NS3-4A du VHC. A) Le domaine catalytique de la protéase NS3-4A. Les chaînes latérales des résidus formant la triade catalytique (His 57, Asp 81, Ser 139) sont représentées en rouge. Le co-facteur NS4A est représenté en violet, et l'ion Zn^{2+} en bleu. L'inhibiteur non covalent BILN-2061 est modélisé dans le site catalytique de l'enzyme. B) Un substrat décapeptide est modélisé dans le site actif de la protéase. Le co-facteur est coloré en violet. La surface des chaînes latérales des résidus catalytiques est représentée en rouge. La surface des chaînes latérales des résidus formant la poche spécifique de l'enzyme S_1 (Val-132, Leu-135, Phe-154) est représentée en jaune. (Source : référence[111])

En dépit des défis liés aux particularités structurales de la protéase NS3-4A, un certain nombre d'inhibiteurs efficaces a été décrit, et deux d'entre eux sont aujourd'hui

38

bien avancés dans les études cliniques, alors que d'autres analogues sont en train d'y entrer.[111,112] Les inhibiteurs développés contre la protéase NS3-4A peuvent être divisés en deux catégories, en fonction de leur mode de fixation dans le site actif : des inhibiteurs non covalents, analogues de peptides viraux ; et des inhibiteurs covalents réversibles.

- *Inhibiteurs non covalents*

Le développement des premiers inhibiteurs de la protéase NS3-4A était basé sur la découverte de peptides, issus de l'hydrolyse de la partie N-terminale de la polyprotéine du VHC, pouvant inhiber l'enzyme.[113,114] La caractéristique principale de ces peptides, produits d'hydrolyse de la protéase, agissant comme inhibiteurs, est la présence d'un acide carboxylique libre sur le résidu P_1 C-terminal. Ce groupement carboxylique est impliqué dans une interaction cruciale avec le site actif de l'enzyme et semble être essentiel pour la reconnaissance et l'activité inhibitrice.[115,116]

Compte tenu de ces résultats, des hexa-peptides, dérivés des jonctions NS4A/NS5A et NS5A/NS5B (figure 5A, composés 1 et 2), ont été évalués et ont constitué la base pour l'exploration de modifications chimiques dans le développement de structures apparentées et optimisées. Ces efforts d'optimisation ont abouti à la synthèse d'hexa-peptides modifiés, inhibiteurs efficaces de la protéase NS3-4A (figure 5A, composés 3 et 4).[115,117,118] Malgré leur efficacité, ces molécules n'ont pas été développées davantage, à cause de leurs mauvaises propriétés biopharmaceutiques, associées à leur structure peptidique de taille importante.

Des efforts significatifs ont été fournis dans le but d'obtenir des structures plus petites, en diminuant également la charge et la nature peptidique des analogues. Par exemple, une approche très originale a été employée par un groupe de Boehringer-Ingelheim pour remplacer efficacement la fonction thiol du résidu cystéine en position P_1, essentiel pour la reconnaissance. Cette fonction a été remplacée par un vinylcyclopropane (figure 5A, composé 5) conduisant à des structures présentant une meilleure activité inhibitrice que les structures mères.[119]

39

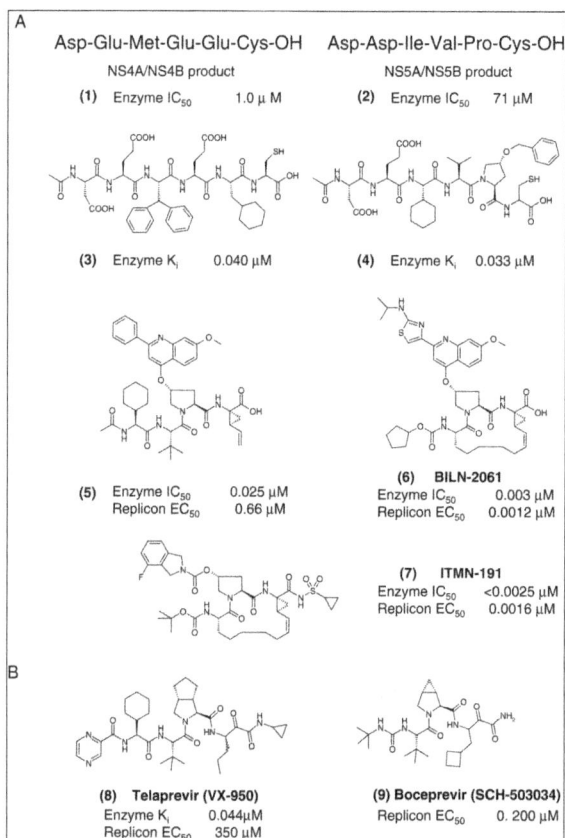

Figure 5. Structures chimiques de quelques inhibiteurs de la polymérase NS3-4A du VHC. A) Inhibiteurs non covalents. B) Inhibiteurs covalents. (Source : référence[111])

Ainsi, des tétra-peptides avec une très forte activité ont pu être développés.[120] Parmi ces inhibiteurs, le ciluprevir (BILN-2061, Boehringer-Ingelheim, Ingelheim, Allemagne ; composé 6 en figure 5), un analogue peptidique macrocyclique, a été le premier à entrer en études cliniques. L'administration orale du ciluprevir (200 mg, 2 fois par jour, pendant 2 jours) a provoqué chez les patients une rapide baisse du niveau d'ARN viral, observable quelques heures après la première dose.[121] L'activité la plus prononcée a été observée chez les patients de génotype 1, alors que chez ceux de génotypes 2 et 3, une baisse significative de la charge virale n'a été observée que dans la moitié des cas. Malheureusement, des effets de toxicité cardiaque chez des animaux ont été observés, ce qui a conduit à l'abandon du développement clinique du ciluprevir.[121]

La découverte de cette rétro-inhibition par des produits d'hydrolyse de l'enzyme, et les résultats *in vivo* encourageants obtenus pour le ciluprevir, ont poussé les équipes de recherche à développer des structures dans lesquelles le groupement carboxylique C-terminal est remplacé par un groupement bioisostère. Ainsi, des analogues portant un groupement acyl sulfonamide à la place du carboxyle se sont révélés être des inhibiteurs encore plus efficaces.[122,123] Un composé de cette classe, actif par voie orale, est développé par la société Intermune (Brisbane, Etats-Unis) en collaboration avec Roche (Bâle, Suisse). Le ITMN-191/R7227 (composé 7, figure 5) a montré une très bonne activité en réplicon et est actuellement en études cliniques de phase I sur des volontaires sains.[111]

- *Inhibiteurs covalents réversibles*

Lorsque le groupement carboxyle C-terminal est remplacé par un groupement plus électrophile, la formation d'une liaison covalente entre l'inhibiteur et la fonction hydroxyle du résidu sérine catalytique est observée. Des composés avec un tel mécanisme d'inhibition sont connus sous le nom d'inhibiteurs piégeurs de sérine (serine-trap inhibitors).[124] Plusieurs groupes de recherche ont développé un nombre important de structures peptidiques ou peptidomimétiques, inhibiteurs potentiels de la protéase NS3-4A, portant différents groupements électrophiles, tels que : des aldéhydes, des boronates, des lactames, des α-céto amides ou α-céto acides.[125] Dans le cadre de ce sous-chapitre, seuls les analogues α-céto amides seront considérés, car deux composés de cette classe ont présenté une activité anti-VHC intéressante et sont actuellement avancés dans les essais cliniques (figure 5B). La caractéristique essentielle des inhibiteurs contenant un α-céto amide, est leur mécanisme de fixation dans le site actif de la protéase. Ces inhibiteurs forment, *via* un mécanisme en deux étapes, un complexe covalent avec la NS3-4A à travers une liaison hémi-cétal.[126] Une fois formé, ce

41

complexe subit une étape de dissociation très lente du fait de la nature réversible de cette liaison hémi-cétal. Ainsi, ces complexes enzyme – inhibiteur ont montré une durée de vie remarquablement longue, ayant des demi-vies allant de quelques minutes à quelques heures. Cette propriété particulière peut expliquer en partie l'efficacité antivirale marquée de ces analogues. L'évolution dans le développement d'α-céto amides comme inhibiteurs de la protéase NS3-4A a fait l'objet de trois revues récentes.[125,127,128]

Le telaprevir (VX-950, Vertex Pharmaceuticals, Cambridge, Etats-Unis ; composé 8, figure 5B) est le premier représentant de cette classe d'inhibiteurs à être entré en études cliniques. Le telaprevir est un tétra-peptide α-céto amide, administré par voie orale, qui se lie lentement et de manière réversible à la protéase NS3-4A avec une faible valeur de la constante de dissociation, et une durée de vie d'environ une heure.[129] Lors des études *in vitro*, le telaprevir n'a pas montré de différences notables dans l'inhibition des génotypes 1, 2 ou 3. Dans un réplicon standard de courte durée, le composé n'est que très faiblement actif (CE$_{50}$ de 350 μM), mais une activité jusqu'à 10 000 supérieure a été observée lorsque les cellules contenant le réplicon ont été incubées avec ce composé pendant 14 jours. Le même résultat a été observé lors des études en phase clinique Ib. Les effets de réduction de la charge virale ont été détectés 14 jours après le traitement. Ainsi, à la fin des 14 jours, une personne sur huit, ayant reçu le telaprevir comme traitement unique, et quatre personnes sur huit, ayant reçu le telaprevir en combinaison avec de l'interféron α PEGylé 2a, ont été testés négatifs quant à la présence d'ARN viral.[111] Dans une étude de phase clinique IIa préliminaire, une combinaison de telaprevir, de l'IFN-α PEGylé 2a et de ribavirine a conduit à des niveaux d'ARN viral non détectables, chez les 12 personnes qui ont reçu ce traitement durant 28 jours.[111] Deux études cliniques plus étendues de phase II et des études en phase III ont été effectuées en Europe et aux Etats-Unis. Elles ont eu pour objectif de déterminer trois paramètres importants : déterminer la réponse optimale au traitement combinant le telaprevir, l'interféron et la ribavirine ; évaluer la durée de traitement optimale ; établir le rôle de la ribavirine dans ce traitement.[111,112]. Lors de ces études de phase III, les patients ayant reçu de l'IFN-α PEGylé 2a et de ribavirine pendant un an, suivi par un dosage avec le telaprevir durant 24 semaines ont obtenu une réponse virale soutenue de 53% comparé à 14% pour les patients qui n'avaient pas reçu de telaprevir. De plus, un traitement encore plus court – de trois mois de telaprevir et de six mois d'IFN-α PEGylé 2a et de ribavirine a conduit à une réduction de la charge virale de 51%. Dans une étude ultérieure, des patients qui n'avaient pas répondu ou n'ont répondu que partiellement aux traitements ont montré des taux de réponse supérieurs lors du traitement avec le telaprevir (83% à 88%) comparé à 24% pour les groupes de contrôle. Lors du dernier essai de Phase III, des patients qui n'avaient reçu aucun traitement préalable, des patients traités au telaprevir ont obtenu une réponse virale soutenue de 69% à 75% contre 44% pour le groupe en contrôle.

Le 28 avril 2011, le comité de la FDA à voté à 18 contre 0 la recommandation pour autoriser la commercialisation du telaprevir pour une population affectée par une hépatite C chronique de génotype 1. Le comité a conclu que la combinaison de telaprevir avec de l'IFN-α PEGylé 2a et de la ribavirine a produit des taux de cure nettement supérieurs et suivant des temps de traitement nettement plus courts comparé aux traitements standard. Cette amélioration a été la plus marquée pour les patients les plus difficiles à guérir, y compris ceux avec une infection du VHC de génotype 1, les patients avec une cirrhose et ceux qui ne répondaient pas aux traitements existants.

Le boceprevir (SCH-503034, Schering-Plough, Kenilworth, Etats-Unis, acquis par Merck en 2009; composé 9, figure 5B) est un deuxième α-céto amide, administré par voie orale, inhibiteur réversible de la protéase NS3-4A du VHC qui a été exploré avec succès dans des études cliniques. Lors des évaluations *in vitro*, le boceprevir a montré une inhibition efficace et dépendante du temps avec une faible constante de dissociation et une bonne activité dans le réplicon.[130] Lors des études cliniques de phase Ib, le boceprevir a conduit à une diminution de la charge virale, lors d'un traitement de 2 semaines, chez des patients infectés avec le génotype 1 du VHC et ne répondant pas à la thérapie avec l'interféron. Une diminution notable du taux d'ARN viral a été observée pour les personnes ayant reçu la dose la plus forte (400 mg toutes les 8 heures), sans effets secondaires associés.[111] Une étude de phase II sur des patients ne répondant pas au traitement actuel a visé à évaluer le traitement par le boceprevir et l'INF-α PEGylé 2b, avec ou sans ribavirine. Des études pour évaluer les doses maximales (jusqu'à 800 mg toutes les 8 heures) ont également été conduites. Le composé a été évalué également chez des patients co-infectés avec VIH/VHC et chez des patients ayant reçu une transplantation du foie.[112] Lors de l'étude clinique finale (RESPOND-2) 403 patients atteints d'une hépatite C chronique de génotype 1 qui n'avaient pas répondu de manière durable à la thérapie de l'INF-α PEGylé 2b avec ribavirine ont été d'abord administrés de l'INF-α PEGylé 2b avec de la ribavirine durant un mois avant d'être mélangés et séparés en trois cohortes différentes. Le premier group a continué le traitement à la thérapie de l'INF-α PEGylé 2b avec ribavirine et a reçu du placébo durant 44 semaines. Le deuxième group a reçu de l'INF-α PEGylé 2b avec de la ribavirine plus du boceprevir durant 32 semaines, et les patients qui ont montré une baisse des taux d'ARN viral au bout de la huitième semaine ont continué le traitement de l'INF-α PEGylé 2b avec ribavirine et ont reçu du placébo pour les 12 semaines restantes. Le troisième groupe a reçu de l'INF-α PEGylé 2b avec ribavirine plus du boceprevir durant les 44 semaines.

Au bout des 44 semaines, le premier group (contrôle placébo) a montré une réduction de la charge virale plus faible (21%) que les deux autres groupes ayant reçu du boceprevir – notamment 59% de réduction de charge virale pour le deuxième groupe (thérapie guidée) et 66% de réduction de la charge virale pour le troisième groupe de thérapie fixe au boceprevir.

Le boceprevir a été approuvé par la FDA le 3 mai 2011.

V.3.2   La polymérase NS5B comme cible

La protéine non structurale 5B du VHC est une ARN polymérase ARN dépendante située au cœur du complexe de réplication. Cette polymérase assure la synthèse de l'ARN viral. Comme précédemment développé, *in vitro*, la polymérase NS5B peut initier la réplication virale avec ou sans amorce (mécanisme d'initiation *de novo*) ;[131,132] le mécanisme *de novo* étant considéré comme le mécanisme utilisé pour l'initiation de la réplication en culture cellulaire ou *in vivo*.[50,133,134]

La polymérase NS5B est une protéine associée à une membrane (tail-membrane-anchored protein). Cette association est réalisée entre une hélice α hydrophobe de 21 résidus d'acides aminés, située dans la partie C-terminale de l'enzyme, et la membrane du réticulum endoplasmique de la cellule infectée.[135] En revanche, cette partie C-terminale n'est pas nécessaire à la polymérase pour exprimer son activité *in vitro*. Cette observation a été utilisée pour la production de polymérases recombinantes, ce qui a facilité les caractérisations biochimiques et structurales de l'enzyme.[30,50,136,137] La structure cristalline de la polymérase du VHC génotype 1, exprimée sans ses 21 ou 55 résidus C-terminaux (Δ21 et Δ55) a pu être résolue, toutefois en absence de substrats ou de matrice d'ARN.[138-140] Il a été alors montré que la polymérase du VHC partageait la structure générale des polymérases ADN ou encore de la transcriptase inverse du VIH. Elle a une configuration en main droite contenant des domaines des doigts, du pouce et de la paume (figure 6).

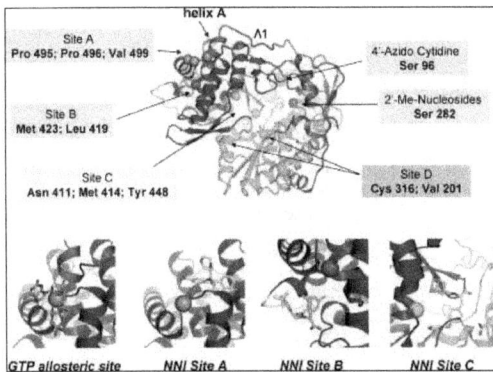

Figure 6. Structure tridimensionnelle de la polymérase NS5B du VHC et des sites de fixation des inhibiteurs non nucléosidiques (INN). Les domaines des doigts, du pouce et de la paume sont colorés en rouge, vert et bleu, respectivement. (Source : référence[111])

Le site actif de la polymérase est situé dans le domaine de la paume, présentant, comme pour la plupart des polymérases une forte conservation structurale et le motif caractéristique Asp-(X)$_4$-Asp. La chaîne latérale du premier résidu aspartate effectue la coordination de deux ions Mg^{2+} qui sont impliqués dans la réaction catalytique de phospho-transfert lors d'une incorporation au cours de la polymérisation. La matrice d'ARN et les nucléosides triphosphates (NTPs) accèdent au site catalytique par deux tunnels chargés positivement. Ils sont placés dans le site actif par des interactions avec les domaines du pouce et le domaine des doigts. De plus, une structure secondaire unique, en forme d'épingle à cheveux β (appelée β-flap), qui fait partie du domaine du pouce, semble jouer également un rôle important. Le flap s'étend vers la cavité qui contient le site actif de l'enzyme, et un rôle de « porte » lui a été attribué. Il participerait au correct positionnement de l'extrémité 3' de l'ARN matrice, assurant ainsi une initiation correcte de la réplication.[141,142] Des structures cristallines de complexes de la polymérase NS5B avec de courtes matrices d'ARN[143] ou avec des NTPs[144] ont pu être résolues. Ces informations ont fourni des éclaircissements sur le mode de fixation de la matrice virale et sur le mécanisme d'initiation *de novo*. Dans ces structures, la fixation de l'ARN ne semble pas avoir provoqué de réarrangements dans les domaines de l'enzyme. En revanche, une observation très intéressante a été faite lorsque les structures des complexes de l'enzyme avec du GTP ont été étudiées. En plus de la fixation dans le site actif, une molécule de GTP peut se fixer sur un site allostérique situé dans le domaine du pouce, éloigné d'environ 30 Å du centre catalytique de la polymérase. L'interaction entre le GTP fixé dans ce site supplémentaire et l'enzyme est supposée avoir une activité de régulation en modulant les interactions entre les domaines des doigts et du pouce pendant la réplication.[144,145] Cependant, le rôle de cette interaction dans l'activité enzymatique n'est pas encore clairement défini.

Le rôle essentiel de la polymérase NS5B dans la réplication virale, ainsi que les succès obtenus en ciblant les polymérases d'autres virus, comme le VIH ou le virus de l'hépatite B (VHB) font de cette enzyme une cible thérapeutique importante. Dans les dix dernières années, de nombreuses structures présentant des activités inhibitrices fortes et sélectives ont été décrites. Une revue récente a établi le bilan des structures chimiques et des relations structure activité (RSA) développées pour ces inhibiteurs.[146] Les inhibiteurs de la polymérase peuvent être divisés en deux grandes classes, en fonction de leur structure chimique et de leur mode d'action : des inhibiteurs nucléosidiques (INs) et des inhibiteurs non nucléosidiques (INNs).

- *Inhibiteurs nucléosidiques*

Les inhibiteurs nucléosidiques sont des analogues des nucléosides naturels. Leur entité active est leur forme 5'-triphosphate qui peut interagir avec la polymérase ciblée. Les INs peuvent être considérés comme des entités pro-drogues. Ils sont synthétisés et administrés sous leur forme 5'-non-phosphorylée, afin de faciliter leur accès à l'intérieur de la cellule infectée, où ils doivent subir trois étapes de phosphorylation, effectuées par les kinases cellulaires.[147] Si le nucléoside triphosphate ainsi généré est accepté comme substrat par la polymérase, il est alors incorporé dans la chaîne d'ARN naissant. Après incorporation du nucléoside modifié, la modification dans sa structure chimique, qui la plupart du temps est introduite au niveau de la partie osidique, va induire l'arrêt de la chaîne d'ARN en cours de polymérisation, empêchant l'incorporation d'unités nucléosidiques supplémentaires. Les INs qui agissent selon ce mécanisme sont connus sous le nom de terminateurs de chaîne (chain terminators).[148] La biodisponibilité, l'efficacité des étapes de phosphorylation par les kinases, et la compétition avec le pool des NTPs naturels sont déterminantes pour moduler l'activité de ce type d'inhibiteurs.[147] Ainsi, des études complexes de RSA pour ces structures, ainsi qu'une optimisation importante des systèmes d'évaluations *in vitro* ou en culture cellulaire ont été des points importants dans la recherche conduisant à leur développement.

Afin d'être reconnus en tant que substrats, les analogues de nucléosides ciblant l'ARN polymérase doivent avoir un caractère ribose, c'est-à-dire présenter dans leur structure chimique un groupement hydroxyle (ou bioisostère) en position 2'. Ainsi, tous les INs du VHC sont des ribonucléosides portant la modification qui va induire le caractère terminateur de chaîne sur les positions 2' ou 4' du ribose (figure 7A). L'avantage des inhibiteurs analogues de ribonucléosides est qu'ils ne seront pas substrats des ADN polymérases cellulaires, ce qui devrait éviter des problèmes de cytotoxicité potentielle.[111]

47

Les 2'-C-méthyl nucléosides ont été identifiés comme inhibiteurs spécifiques de la polymérase NS5B du VHC par deux groupes de recherche différents.[147] Le groupe de recherche d'Idenix Pharmaceuticals (Cambridge, Etats-Unis) a montré des propriétés inhibitrices contre la réplication du VHC pour la 2'-C-méthylcytidine (NM-107, composé 10, figure 7A).[149] Les propriétés inhibitrices ont d'abord été montrées sur le virus apparenté de la diarrhée bovine (BVDV). Une modeste activité dans le réplicon de VHC a ensuite été mesurée. La valopicitabine (NM-283, composé 11, figure 7A) qui est l'ester 3'-L-valinyle de la 2'-C-méthylcytidine[150] a été rapidement engagé dans des études cliniques, réalisées en collaboration avec Novartis (Bâle, Suisse).[151] Dans les phases cliniques initiales (I et IIa), la valopicitabine a été administrée en monothérapie chez des patients ne répondant pas aux autres traitements et chez des patients n'ayant jamais reçu de traitement. Une diminution de la charge virale a été montrée après un traitement de 15 jours.[111] A la suite de ces résultats préliminaires, une combinaison de valopicitabine et d'IFN-α PEGylé 2a a été administrée chez des patients infectés avec le VHC génotype 1, qui ne répondaient pas au traitement avec l'IFN-α PEGylé seul, ainsi que chez des patients n'ayant jamais reçu de traitement. Au cours de cette étude de phase II, les doses de valopicitabine ont dû être diminuées jusqu'à une dose maximale de 400 mg par jour, à cause de graves effets secondaires intestinaux observés chez certains patients. Une réponse optimale a été obtenue après 48 semaines de traitement avec une dose de 200 mg/jour, avec 53% des personnes du groupe des patients, n'ayant jamais reçu de traitement, testées négatifs quant à la présence de l'ARN du VHC.[111] Les résultats obtenus pour le groupe de patients ne répondant pas au traitement à l'IFN-α n'ont pas été aussi concluants. En effet, il n'y a pas eu de différence significative entre les réponses pré- et post-traitement.[111] Des études supplémentaires combinant la valopicitabine, l'IFN-α et la ribavirine ont été également réalisées.[111] Malheureusement, à cause du profil risque/profit globalement défavorable, déterminé par les experts de la FDA, le développement clinique de la valopicitabine a été suspendu en 2007.[112]

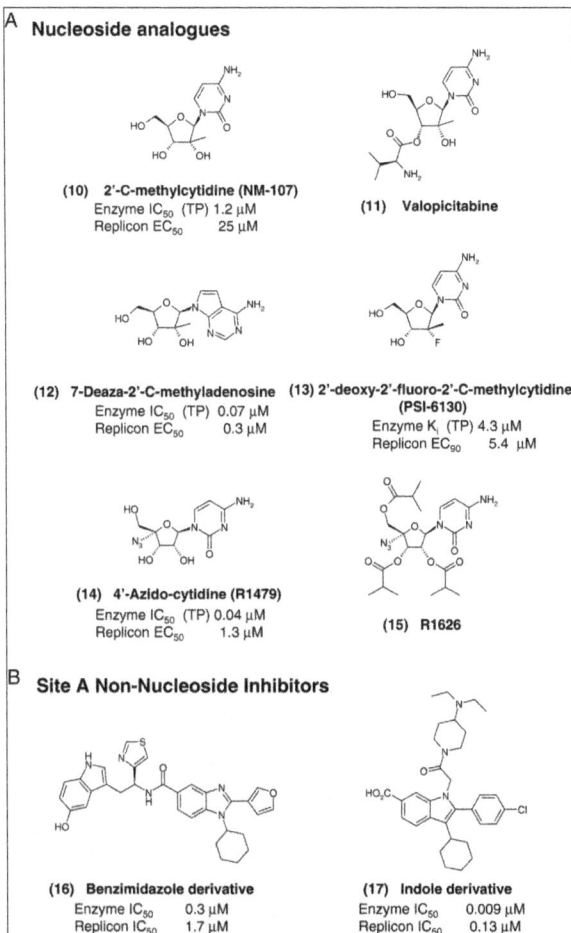

A Nucleoside analogues

(10) 2'-C-methylcytidine (NM-107)
Enzyme IC$_{50}$ (TP) 1.2 µM
Replicon EC$_{50}$ 25 µM

(11) Valopicitabine

(12) 7-Deaza-2'-C-methyladenosine
Enzyme IC$_{50}$ (TP) 0.07 µM
Replicon EC$_{50}$ 0.3 µM

(13) 2'-deoxy-2'-fluoro-2'-C-methylcytidine
(PSI-6130)
Enzyme K$_i$ (TP) 4.3 µM
Replicon EC$_{90}$ 5.4 µM

(14) 4'-Azido-cytidine (R1479)
Enzyme IC$_{50}$ (TP) 0.04 µM
Replicon EC$_{50}$ 1.3 µM

(15) R1626

B Site A Non-Nucleoside Inhibitors

(16) Benzimidazole derivative
Enzyme IC$_{50}$ 0.3 µM
Replicon IC$_{50}$ 1.7 µM

(17) Indole derivative
Enzyme IC$_{50}$ 0.009 µM
Replicon IC$_{50}$ 0.13 µM

Figure 7. Structures chimiques de quelques inhibiteurs de la polymérase NS5B du VHC.
A) Inhibiteurs nucléosidiques. B) Inhibiteurs non nucléosidiques du site allostérique A.
(Source : référence[111])

D'autres 2'-C-méthyl nucléosides, qui inhibent sélectivement la réplication du VHC sont la 2'-C-méthylguanosine, la 2'-C-méthyladénosine et la 7-déaza-2'-C-méthyladénosine (figure 7A, composé 12). Ces composés ne sont pas avancés dans les études cliniques, cependant, certains d'entre eux ont été amplement caractérisés *in vitro*, et dans des modèles d'infection pré-cliniques.[147,152]

En particulier, la 7-déaza-2'-*C*-méthyladénosine (figure 7A, composé 12) a montré une inhibition efficace et une faible toxicité, combinées à un profil pharmacocinétique très prometteur. Les résultats intéressants, obtenus dans des études précliniques chez des chimpanzés, font de ce composé un bon candidat pour un futur développement clinique.[152]

Le composé R7128 (Pharmasset, Princeton, Etats-Unis, acquis par Gilead, San Francisco, Etats-Unis en 2011) est un analogue des 2'-*C*-méthyl nucléosides qui a également fait objet d'études cliniques.[111] Il s'agit d'une pro-drogue 3',5'-di-isobutyryle de la 2'-désoxy-2'-fluoro-2'-*C*-méthylcytidine (PSI-6130 ; figure 7A, composé 13). Ce composé a montré une bonne inhibition *in vitro*, cependant, des résultats de son étude clinique n'ont pas encore été très positifs. En revanche, une deuxième pro-drogue du même nucléoside R7128 – notamment le 5'-*O*-{(Sp)-*O*-phényle-*N*-isobutyroxyalanyl}phosphoramidate (PSI-7977, sofosbuvir) a présenté beaucoup plus de succès lors de ses études cliniques. Ainsi, le sofosbuvir a été exploré dans des études cliniques en combinaison avec de l'IFN-PEG avec de la ribavirine, mais également en combinaison uniquement avec de la ribavirine (étant ainsi le seul traitement en clinique sans interféron) sur des patients ayant une hépatite C chronique de génotypes 1, 2, 3 et 4. Un nombre très important de traitements a été évalué en clinique, comme par exemple une étude ELECTRON qui a montré qu'un régiment administré avec du sofosbuvir et avec de la ribavirine seuls (sans interféron) a produit une réduction de la charge virale de 100% après un traitement de 24 semaines sur des patients infectés par le VHC de génotype 2 ou 3. En 2013, la FDA a approuvé le sofosbuvir en combinaison avec la ribavirine pour une administration orale contre le VHC de génotypes 2 et 3, ainsi qu'une trithérapie de sofosbuvir avec de l'IFN-PEG et de la ribavirine en injection pour les patients atteints du VHC de génotypes 1 et 4. Un nombre important d'études cliniques supplémentaires est en cours impliquant l'administration orale de sofosbuvir en combinaison avec un ou plusieurs inhibiteurs de la protéase NS3-4A avec ou sans ribavirine.

Une autre classe d'INs est la classe des nucléosides substitués en position 4'. L'analogue nucléosidique de cette série, faisant objet d'un développement clinique, est le composé R1626 (composé 15, figure 7A) développé par Roche. C'est une pro-drogue tri-acylée de la 4'-azidocytidine (R1479, composé 14, figure 7A), un inhibiteur efficace de la polymérase NS5B *in vitro*, qui a présenté une activité modeste en réplicon.[153] Le composé R1626 a été administré, en augmentant progressivement les doses, à des patients infectés avec le génotype 1 du VHC. Des effets secondaires défavorables n'ont pas été observés, et des baisses dans la charge virale ont été constatées après un traitement de 14 jours, à des doses assez élevées de 1500 ou 3000 mg.[111] R1626 a été ensuite évalué en études cliniques de phase II, administré en combinaison avec l'IFN-α PEGylé, avec ou sans ribavirine. En octobre 2008, Roche a communiqué l'arrêt du développement de R1626, à cause de problèmes de toxicité observés lors des études en phase IIb.

- *Inhibiteurs non nucléosidiques*

Une vaste campagne de criblage de chimiothèques de molécules variées a conduit à la découverte de plusieurs classes d'inhibiteurs non nucléosidiques (INNs) de la polymérase virale NS5B.[146,154] Ces inhibiteurs ne sont pas compétiteurs des NTPs et ils n'interfèrent pas directement avec la polymérisation de l'ARN effectuée dans le site catalytique de l'enzyme. Ce sont des inhibiteurs allostériques, qui inhibent l'enzyme avant le passage à l'étape d'élongation de la réplication virale.[155-158] Ce sont en général des petites molécules contenant un ou plusieurs cycles hétéroaromatiques (figure 7B). En se fixant sur la polymérase NS5B lors de l'étape de l'initiation de la réplication, ces inhibiteurs induisent un blocage qui empêche l'enzyme d'adopter la conformation nécessaire à l'étape de l'élongation. Ainsi la synthèse d'ARN est arrêtée. Malgré un mode d'inhibition identique, plusieurs sites allostériques de fixation des INNs ont été découverts sur la surface de la polymérase NS5B. La présence de 4 sites allostériques différents a été confirmée (représentés sur la figure 6). Les sites A et B font partie du domaine du pouce, alors que les sites C et D sont à l'interface des domaines du pouce et de la paume.

51

Plusieurs INNs du site A, portant un motif benzimidazole (figure 7B, composé 16) ont été initialement développés, et ont montré une activité inhibitrice dans les essais en réplicon, sans présenter de cytotoxicité associée. Deux analogues de cette classe ont même commencé des essais cliniques, mais ont été rapidement abandonnés.[111] Des composés contenant des indoles (figure 7B, composé 17), des quinoléines, des thiénoimidazoles et des thiénopyrroles ont été décrits.[146] Une bonne inhibition des polymérases du génotype 1 et 3 du VHC a été observée. En revanche, la faible activité inhibitrice contre celles du génotype 2 a suggéré une différence structurale au niveau des sites actifs, ce qui diminuerait l'affinité avec l'inhibiteur. Une structure cristalline d'un complexe entre NS5B et un INN du site A a été également obtenue.[159] Récemment, un composé de Boehringer-Ingelheim (BILB 1941) a fait l'objet d'une courte étude en phase clinique I, mais a été rapidement abandonné à cause d'effets secondaires.[111]

Le site B est situé du côté opposé du fond du site A (figure 6). Des INNs avec des structures très variées ont été utilisés comme inhibiteurs ciblant le site B. Parmi elles : des phénylalanines N,N-di-substituées, des 5-phényl-thiophènes, des dihydropyrones, des pyranoindoles, des carbazoles et des cyclapentaindoles.[111] Des structures cristallines des complexes entre l'enzyme et ce type d'inhibiteurs sont également disponibles.[160-163] Malheureusement, aucun des analogues de cette classe d'inhibiteurs n'a montré d'efficacité inhibitrice dans des études cliniques préliminaires.

Les sites C et D sont situés au cœur de la polymérase, à proximité du site actif de l'enzyme, et à l'interface des domaines du pouce et de la paume (figure 6). Le site C est localisé dans une cavité du site actif. Plusieurs composés liés à ce site ont été décrits comme inhibiteurs de la polymérase.[146] Parmi eux : des benzathiadiazines, des dérivés de l'acide acrylique, des pyrrolidines, des dérivés de rhodanine et d'isothiazole.[111] Des structures cristallines impliquant ce type d'inhibiteurs sont disponibles.[164,165] Il est intéressant de remarquer que dans ces structures, des liaisons covalentes de type pont di-sulfure (S-S), formées entre l'atome de soufre de l'inhibiteur (rhodanine ou isothiazole) et un résidu cystéine de l'enzyme, ont été mises en évidence.[164]

Les INNs du site D les plus caractéristiques sont des analogues contenant un motif benzofurane.[111,146] Un composé de cette classe, le HCV-796 (Viropharma, Exton, Etats-Unis et Wyeth Pharmaceuticals, Madison, Etats-Unis) a montré des propriétés inhibitrices intéressantes lors de l'étude clinique de phase I, avec une diminution de l'ARN viral observée au bout de 4 jours. Malheureusement, des phénomènes de résistance sont apparus au bout du 14e jour du traitement. Malgré cela, un traitement combiné avec de l'IFN-α PEGylé 2b, administré pendant 14 jours a présenté une activité antivirale significative, sur plusieurs génotypes du VHC.[111,112] En juillet 2007, le développement du composé HCV-796, qui était l'INN le plus avancé en études cliniques, a dû être abandonné à cause de problèmes d'hépatotoxicité.[121]

V.3.3   Autres cibles

D'autres agents thérapeutiques, ciblant les étapes du cycle de vie du VHC autres que l'hydrolyse de la polyprotéine et la réplication, sont de plus en plus développés. Ceci est dû, d'une part aux phénomènes de multi-résistance qui obligent à développer des stratégies visant d'autres cibles que les enzymes virales. D'autre part, de nouveaux modèles expérimentaux permettant de reproduire le cycle de vie viral en culture cellulaire ont facilité le développement de ces nouveaux agents thérapeutiques.

L'inhibition de l'internalisation du VHC peut être effectuée par l'utilisation d'anticorps spécifiques, qui vont neutraliser les particules virales et empêcher leur interaction avec les récepteurs cellulaires. Des immunoglobulines polyclonales ou des anticorps monoclonaux peuvent être utilisés pour une telle approche. L'utilisation d'immunoglobulines (Civacir, NABI Biopharmaceuticals, Boca Raton, Etats-Unis) a été étudiée dans deux essais cliniques de phase II. Le traitement a été bien toléré, mais les taux d'ARN viral détectés dans le sérum n'ont pas été diminués.[35] Deux anticorps monoclonaux (HCV-AB 68 et HCV-AB 65, XTL Biopharmaceuticals, Rehovot, Israël) ont montré une haute affinité pour les virions du VHC et de bonnes propriétés de neutralisation in vitro. Leurs évaluations cliniques sont en cours.

La traduction virale est généralement inhibée en utilisant des stratégies de traitement basées sur l'emploi d'oligonucléotides modifiés. Ces agents permettent l'inexpression d'un gène par blocage du cadre de lecture ou par induction d'une hydrolyse de ce dernier. L'oligonucléotide antisens phosphorothioate ISIS 14803 (Isis Pharmaceuticals, Carlsbad, Etats-Unis) est arrivé jusqu'à un développement clinique de phase II, avant d'être arrêté à cause de sa faible efficacité et des effets secondaires. Un oligonucléotide morpholino/phosphorothioate, AVI-4065 (AVI Biopharma, Portland, Etats-Unis) a montré une bonne tolérance dans les essais de phase I, mais a récemment été suspendu à cause d'un manque d'efficacité lors des essais en phase II. Le ribozyme modifié Heptazyme (Ribozyme Pharmaceuticals, San Francisco, Etats-Unis) a pu effectuer une coupure de l'ARN du VHC au niveau de l'IRES, mais son développement clinique a été abandonné à cause de problèmes de toxicité. L'IRES peut être également ciblé par la complexation de petites molécules, qui vont bloquer la formation de complexe avec le ribosome. VGX-410C (VGX Pharmaceuticals, Blue Pell, Etats-Unis) est actuellement en essai de phase II, pour lequel il n'y pas encore eu d'information publiée.[35]

L'assemblage et la libération par la cellule des particules virales nouvellement synthétisées peuvent être inhibés par des analogues d'iminosucres ou par des composés inhibant les protéines impliquées dans l'enveloppement des virions. Un dérivé d'iminosucre, UT-231 (United Therapeutics, Silver Spring, Etats-Unis) et une pro-drogue d'une castanospermine naturelle, MX-3253 (Migenix, Vancouver, Canada), sont actuellement en études cliniques de phase II.[35]

V.3.4 Emergence de phénomènes de résistance

Une limitation importante à l'efficacité des agents thérapeutiques ciblant les enzymes virales, concerne les phénomènes de résistance émergeant tant en culture cellulaire que chez les patients lors des essais cliniques.

Pour la protéase NS3-4A, une résistance contre les inhibiteurs non covalents, comme contre les inhibiteurs covalents, a été mise en évidence dans les réplicons cellulaires. Des mutations des résidus arginine 155 (R155Q – mutation d'arginine en acide glutamique), alanine 156 (A156V/T) ou acide aspartique 168 (D168V/A) ont été suffisantes pour conférer une nette diminution de l'affinité avec l'inhibiteur.[111] En effet, les chaînes latérales de ces résidus sont positionnées à proximité du site actif de l'enzyme et sont en interaction avec l'inhibiteur. En revanche, des mutations différentes semblent affecter les différentes classes d'inhibiteurs. Ainsi, un réplicon résistant au ciluprevir par une mutation D168A/V, n'a pas modifié l'activité mesurée pour le telaprevir. Et inversement, une mutation A156S a conduit à un réplicon résistant au telaprevir, tout en restant sensible à l'action des inhibiteurs non covalents.[111] Pour le telaprevir, des résistances *in vivo* chez des patients subissant un traitement en phase clinique ont également été observées. Des résistances A156S, A156T, V36X et A156X ont été détectées chez les patients qui présentaient une réponse en plateau. Bien que dans une mesure moindre, le boceprevir a également été sujet à l'apparition de phénomènes de résistance chez des patients.

Les inhibiteurs nucléosidiques sont les principaux inhibiteurs de la polymérase concernés par les phénomènes de résistance. Les mutations au sein de l'enzyme affectent surtout leur caractère terminateur de chaîne. Ainsi, les 2'-C-méthyl nucléosides sont sensibles à la mutation S282T.[148] Le phénotype résistant de la polymérase a présenté une plus faible affinité pour l'inhibiteur, ainsi qu'une aptitude à synthétiser des ARN de longueur intégrale, même lorsque le nucléoside modifié y était incorporé.[148] Des réplicons avec des mutations S96T et N142T au sein de la polymérase ont montré une résistance pour l'inhibiteur R1479. Encore une fois, des mutations différentes affectent les différentes classes d'inhibiteurs, suggérant leur possible combinaison pour palier à ces phénomènes de résistance.[111]

VI Des analogues de dinucléotides comme inhibiteurs de la polymérase NS5B. Conception des molécules cibles

L'efficacité modérée et les phénomènes de résistance liés aux inhibiteurs de la polymérase NS5B actuellement disponibles, ouvrent la porte à la conception d'autres types d'inhibiteurs, qui, dans le cas idéal, seront plus spécifiques dans leur mode d'action et plus proches des structures des substrats naturels.

VI.1 L'emploi d'analogues de dinucléotides comme inhibiteurs ciblant l'initiation de la réplication du VHC – une nouvelle approche d'interférence antivirale

En plus des deux approches d'inhibition de la réplication du VHC ciblant la polymérase virale NS5B, précédemment décrites, utilisant soit des inhibiteurs nucléosidiques, soit des inhibiteurs non nucléosidiques, une approche alternative est également possible. Il s'agit d'une approche intermédiaire aux deux autres. Elle est basée sur l'utilisation de dinucléotides modifiés, ciblant le site actif de la polymérase à l'étape d'initiation. Le dinucléotide est introduit en tant qu'inhibiteur compétitif du dinucléotide naturel produit par la polymérase lors de l'initiation. Comme précédemment expliqué, le passage du produit dinucléotide au produit trinucléotide est accompagné d'un changement de conformation par l'enzyme. Cette étape est l'étape cinétiquement déterminante de la synthèse d'ARN *de novo* catalysée par la polymérase NS5B. L'approche d'inhibition employant des dinucléotides est d'autant plus intéressante qu'elle interfère spécifiquement avec l'étape limitante. Lorsque l'inhibiteur dinucléotidique se positionne dans le site actif, il peut agir soit comme un inhibiteur nucléosidique, par un mécanisme terminateur de chaîne, soit comme un inhibiteur « allostérique », par un blocage de la conformation de la réplication, empêchant l'enzyme d'adopter la conformation nécessaire pour l'élongation de l'ARN.

Des dinucléotides modifiés comme inhibiteurs de la polymérase NS5B ont été décrits pour la première et unique fois par Zhong et *al.* en 2003.[166] Le développement de telles structures est basé sur les résultats issus du même groupe de recherche, qui a montré que la polymérase peut utiliser des oligonucléotides de petite taille pour initier efficacement la réplication *in vitro*.[142] Des petites amorces d'ARN, de deux à cinq nucléotides en longueur, ont été utilisées lors des synthèses d'ARN simple brin, catalysées par l'enzyme. Il a été montré que les dinucléotides et les trinucléotides initient très efficacement la réplication virale. Cette observation est en accord avec le mécanisme proposé pour la réplication *de novo*. Conceptuellement, ces petites amorces sont différentes des amorces impliquées dans les mécanismes cellulaires, qui s'apparient à la matrice en formant un duplex.[142] Les di- ou trinucléotides se comportent plutôt comme le nucléotide d'initiation dans la synthèse *de novo*, en accédant au site actif et en amorçant la synthèse de l'ARN. Deux structures dinucléotidiques ont été décrites en tant qu'inhibiteurs de la polymérase NS5B (figure 8).[166]

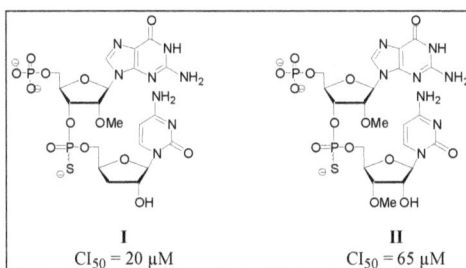

I	II
$CI_{50} = 20$ µM	$CI_{50} = 65$ µM

Figure 8. Structures chimiques des inhibiteurs dinucléotidiques décrits par Zhong et *al.* L'évaluation de l'inhibition de la polymérase *in vitro*, a permis de calculer les valeurs de CI_{50} : 20 µM pour **I**, et 65 µM pour **II**

La séquence choisie pour les dinucléotides est GC, afin de respecter l'appariement des nucléobases, par des liaisons hydrogène de type Watson et Crick, avec l'extrémité 3' de la matrice virale. Les structures contiennent un lien internucléosidique phosphorothioate, et ne portent pas de fonction hydroxyle sur leur extrémité 3'. Cette dernière modification leur confère un caractère terminateur de chaîne. Il a été également montré que la fonction 5'-monophosphate est nécessaire pour que l'inhibiteur exerce une activité. Cependant, ces analogues ont été évalués uniquement *in vitro*, et ce travail préliminaire n'a pas donné suite, probablement à cause de la modeste activité *in vitro* montrée (CI_{50} de 20 µM pour le composé **I**, et de 65 µM pour le composé **II**, figure 1).[166]

Pratiquement au même moment, un groupe de recherche chez Origenix Technologies (St. Laurent, Canada) a développé des di- et trinucléotides phosphorothioates comme inhibiteurs de la réplication du VHB.[167] Iyer et *al.* ont préparé une chimiothèque de plus de 600 di- ou tri-2'-désoxynucléotides en utilisant une synthèse en parallèle. Tous ces analogues ont alors été criblés contre le VHB en culture cellulaire. Deux dinucléotides et un trinucléotide ont montré des activités inhibitrices intéressantes (CE_{90} de 1 à 7 µM).[167] Aucun mécanisme d'action n'a été proposé, mais il a été suggéré que ces analogues interfèrent avec l'étape d'amorçage pré-élongation de la réplication d'ADN. Des résultats intéressants *in vivo* ont également été décrits pour le dinucléotide ORI-9020. Dans une souris transgénique, infectée avec le VHB, une baisse significative du taux d'ADN du VHB a été observée, avec une dose effective minimale, proche de celle utilisée avec les médicaments présents sur le marché, située entre 1,6 et 0,5 mg/kg/jour.[168]

VI.2   Conception des molécules cibles

Les molécules cibles qui font l'objet de ces travaux de thèse sont basées sur cette nouvelle approche antivirale. L'objectif est de découvrir des inhibiteurs dinucléotidiques efficaces et spécifiques pour l'étape de l'initiation de la réplication du VHC.

Leur conception est basée sur l'idée d'obtenir des inhibiteurs capables de s'apparier spécifiquement à la matrice d'ARN viral avec plus d'affinité que les dinucléotides naturels. Ces molécules doivent également être plus affines pour le site catalytique de la polymérase NS5B grâce à des interactions supplémentaires avec les résidus d'acides aminés du site actif.

Une des structures tridimensionnelles de la polymérase NS5B du VHC dans sa conformation à l'initiation, en complexe avec plusieurs NTPs[139,144] a fourni un bon modèle d'étude structurale. La conception du dinucléotide s'appuie sur la structure illustrée en figure 9, représentant une molécule de GTP dans le site P (site du premier nucléotide), et une molécule d'UTP positionnée dans le site N (site du nucléotide entrant) (figure 9).[144] Bien que cette structure ne reflète pas le positionnement d'un dinucléotide dans le site actif lors de l'initiation, elle fournit une bonne approximation du positionnement des deux NTPs avant la formation de la première liaison phosphodiester. En effet, l'analyse de la structure met en évidence des interactions (électrostatiques, liaisons hydrogène) entre certains résidus d'acides aminés et les NTPs (figure 9) :

- l'hydroxyle en position 2' sur le nucléotide du site N est stabilisé par une interaction de type liaison hydrogène avec le résidu d'acide aspartique (Asp 225), et l'hydroxyle en position 3' – avec le résidu sérine (Ser 282) ;

- le phosphate α du nucléotide du site P est stabilisé par des interactions avec trois résidus arginine : Arg 158, Arg 386, Arg 394 ;

- le site actif est fermé par le β-flap, ce qui limite l'espace.

Cependant, les informations déduites de cette structure sont limitées, car elle ne tient pas compte de la présence de la matrice d'ARN viral.

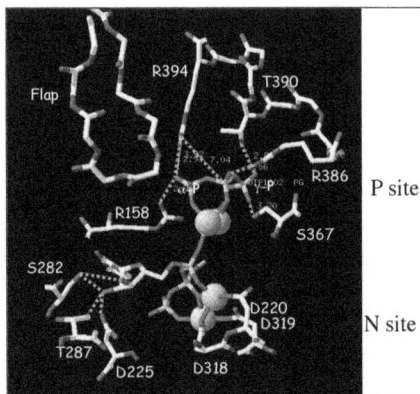

Figure 9. Structure tridimensionnelle d'un complexe entre la polymérase NS5B, une molécule de GTP dans le site P (uniquement le triphosphate est représenté) et une molécule d'UTP dans le site N. Adaptée à partir de la référence[144]

D'un point de vue mécanistique, l'interaction entre les molécules cibles et l'enzyme devrait intervenir lors de la première étape limitante de la réplication, passage entre l'étape d'initiation et l'étape de transition. Ces molécules devraient agir comme inhibiteurs compétitifs des dinucléotides produits en excès après la formation de la première liaison internucléotidique. Les modifications introduites dans le but de leur conférer une meilleure affinité vis-à-vis de la matrice d'ARN complémentaire ainsi que du site actif, devraient permettre aux inhibiteurs une fixation préférentielle avec l'enzyme par rapport aux substrats naturels abortifs. Lorsque le dinucléotide modifié sera positionné dans le site actif dans la conformation enzymatique d'initiation, il pourra soit agir comme terminateur de chaîne, soit bloquer la conformation d'initiation, empêchant ainsi l'enzyme d'adopter la conformation de transition. Dans les deux cas, la présence de l'inhibiteur dinucléotidique ne permettra pas à la polymérase de poursuivre la synthèse de l'ARN.

C'est sur la base de ces informations structurales et cinétiques, des données de la littérature et des propriétés intrinsèques connues (développées ci-après), que les molécules cibles ont été conçues (figure 10).

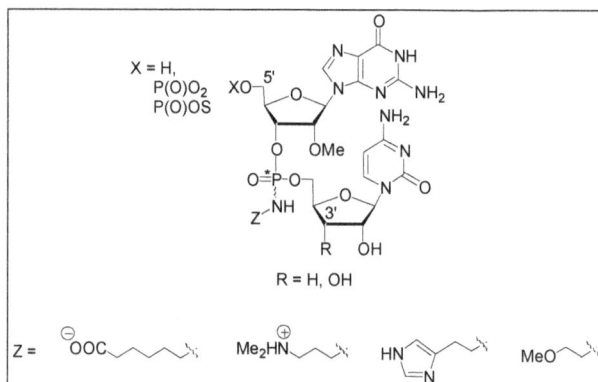

Figure 10. Représentation schématique des structures chimiques des dinucléosides phosphoramidates cibles, portant différentes fonctionnalités sur leur chaîne latérale

La séquence de nucléobases GC, employée par Zhong et *al.*[166] afin de préserver la complémentarité avec la matrice du génome viral, a été conservée.

La fonctionnalisation du lien internucléosidique par un lien phosphoramidate, portant des *N*-chaînes latérales (Z) présentant différentes fonctionnalités (chargées positivement, chargées négativement, amphiphiles ou neutres) (figure 10), permettra d'étudier la formation éventuelle d'interactions supplémentaires au sein de la polymérase, et ainsi d'augmenter l'affinité des inhibiteurs vis-à-vis de l'enzyme. Cette modification du lien internucléosidique apporte également une stabilité vis-à-vis des nucléases, ce qui doit augmenter la stabilité des inhibiteurs dans les fluides biologiques et peut aussi améliorer la pénétration cellulaire.

Pour des raisons de stabilité enzymatique et chimique, la modification 2'-*O*-méthyle sur l'unité guanosine a été choisie. En outre, elle peut conduire à une meilleure hybridation avec la matrice ainsi qu'à une meilleure pénétration cellulaire.

Suite à l'observation de Zhong et *al.* concernant la présence du 5'-monophosphate sur le dinucléotide, et les informations structurales d'interactions importantes entre ce groupement et des résidus arginine (figure 9), nous avons décidé d'étudier cette modification de façon plus approfondie, en examinant des structures non phosphorylées (X = H), ou des structures portant le groupement analogue 5'-thiophosphate (X = P(O)OS). Outre les effets d'affinité, ces modifications peuvent moduler le profil de stabilité et de pénétration cellulaire des molécules cibles.

Afin d'étudier le possible mode d'action des inhibiteurs (terminateur de chaîne *versus* le blocage de la conformation), deux grandes séries d'analogues ont été conçues, la première contenant une cytidine comme unité 3' (R = OH) et la deuxième contenant son analogue 3'-désoxy (R = H). Dans le but de conserver le caractère ribose du dimère, ainsi que l'interaction avec le résidu aspartate 225 (figure 9), l'hydroxyle en position 2' de cette unité a été conservé dans les deux séries (figure 10).

Un lien phosphoramidate diester internucléosidique contient un atome de phosphore chiral (figure 10). Toutes les molécules cibles sont donc obtenues sous la forme de mélanges de diastéréoisomères de configuration absolue R sur l'atome de phosphore asymétrique (Rp) et de configuration absolue S sur l'atome de phosphore asymétrique (Sp). Les différentes configurations absolues correspondant à des arrangements spatiaux différents, la configuration absolue du phosphore dans chaque paire de diastéréoisomères devrait avoir une influence sur le positionnement de l'inhibiteur au sein du site actif fermé par le flap (figure 9). La séparation des deux diastéréoisomères devrait ainsi permettre d'étudier cette influence.

VII   Conclusion

Après la découverte du virus de l'hépatite C en 1989, et la caractérisation de son génome, de nombreux progrès ont été réalisés dans la compréhension de sa structure, de son cycle de vie et des mécanismes enzymatiques essentiels à sa réplication et à ses fonctions. Malgré ces progrès, l'infection par le VHC représente toujours un grave problème de santé publique. Cette infection ne peut être maîtrisée qu'à un certain degré, car il n'existe qu'un traitement disponible, partiellement efficace et n'offrant pas d'alternative aux patients qui n'y répondent pas.

Plusieurs progrès ont été également réalisés dans le développement et l'évaluation de nouveaux agents thérapeutiques. La découverte du premier système réplicon en 1999, a ouvert la porte vers une décennie de recherche intense d'inhibiteurs ciblant les enzymes virales. Basés sur une forte inhibition du virus dans les systèmes cellulaires, plusieurs composés ont pu être testés sur des chimpanzés ou directement engagés dans des essais cliniques. Plusieurs d'entre eux ont avancé progressivement jusqu'aux phases cliniques II, faisant monter l'optimisme autant chez les compagnies qui les développaient, que chez les patients. C'est cet optimisme lié à l'espoir d'un prochain développement d'une nouvelle thérapie plus efficace qui a marqué le début de l'année 2007.[121] Malheureusement, cet espoir s'est très rapidement évaporé dans la deuxième moitié de l'année, avec la suspension de pas moins de huit composés, pour la plupart en phase clinique II,[121] apportant un sentiment de déception chez les patients, les médecins et chez les développeurs de médicaments.

Cependant, à terme, cet échec aura tout de même un effet profitable, car il permettra de comprendre et de connaître les principales difficultés et limitations auxquelles un futur candidat de thérapie anti-VHC est confronté. Ceci va également ouvrir la voie pour la conception de nouvelles thérapies, impliquant l'action synergique d'un mode d'action puissant et spécifique, d'un faible taux de développement de phénomènes de résistance, d'un large ciblage des différents génotypes du VHC et d'une bonne tolérance par les patients.

CHAPITRE II

SYNTHESE, ETUDE DES PROPRIETES INHIBITRICES ET DES RELATIONS STRUCTURE – ACTIVITE DE DINUCLEOSIDES PHOSPHORAMIDATES DE TYPE 2'-*O*-METHYLGUANOSIN-3'-YL-CYTIDIN-5'-YLE

I   Introduction. Etude bibliographique

La conception des molécules cibles de type dinucléosides phosphoramidates polyfonctionnels a ouvert une large fenêtre de possibilités en ce qui concerne les stratégies de synthèse, tant au niveau des structures dimériques, qu'au niveau de la préparation des monomères modifiés. Plusieurs méthodes connues, développées ou employées par notre groupe de recherche avant ces travaux de thèse, ont construit les bases de réflexion, grâce auxquelles les molécules cibles ont pu être synthétisées. D'un point de vue très général, ces molécules pouvaient être préparées par des approches classiques, typiquement utilisées dans la synthèse d'oligonucléotides modifiés sur support solide. Cependant, puisque des quantités relativement importantes du dinucléotide final purifié (30 – 50 μmol) sont nécessaires pour la caractérisation complète et pour les évaluations biologiques, la synthèse automatisée d'oligonucléotides sur support solide (échelle de 1 μmol par synthèse) a été rapidement éliminée. Une stratégie de synthèse en solution, utilisant des réactifs supportés, a alors été utilisée. Cette méthodologie avait été tout récemment développée dans notre groupe de recherche, au début de ce travail de thèse, et s'est avérée très utile pour la synthèse des dinucléosides phosphoramidates cibles. Avant de développer en détail la stratégie de synthèse, le choix des intermédiaires et le choix des synthons de départ, une brève présentation bibliographique sur la fonction phosphoramidate, sur son utilité dans la chimie des analogues des acides nucléiques et sur les voies de synthèse des oligonucléotides phosphoramidates diesters est présentée.

I.1   Acides nucléiques phosphoramidates

La fonction phosphoramidate est largement utilisée comme modification dans la chimie des analogues des acides nucléiques, car elle représente une alternative aux groupements phosphates au sein de ces molécules. Tout d'abord cette modification n'est pas substrat des nucléases, responsables de l'hydrolyse des phosphates, ce qui confère une haute stabilité enzymatique aux analogues dans lesquels des groupements phosphates sont remplacés par des fonctions phosphoramidates. En outre, de par sa partie aminée, une fonction phosphoramidate monoester ou diester permet la fonctionnalisation de l'analogue. Les fonctionnalisations introduites peuvent être très variées, et il en est de même pour leurs applications. Une modification phosphoramidate est principalement employée soit pour la synthèse d'analogues pro-drogues des nucléosides monophosphates ; soit pour la synthèse d'analogues d'oligonucléotides, contenant des liens internucléotidiques modifiés.

I.2   Nucléosides   5'-phosphoramidates   –   approche   pro-nucléotidique

Lors de l'utilisation d'analogues nucléosidiques comme agents thérapeutiques, l'entité active de ces derniers est leur métabolite 5'-triphosphate. La première étape de phosphorylation étant toujours une étape limitante et sélective des kinases, l'utilisation d'analogues monophosphates ou phosphonates est parfois préférable. Pour améliorer les propriétés de biodisponibilité et de pénétration cellulaire de ces derniers, de nombreuses stratégies pro-drogues ont été explorées (pour une revue récente voir Hecker et Erion[169] et les références citées dedans).

Des phosphoramidates diesters sous la forme d'aryl phosphoramidates ont été largement étudiés comme pro-drogues des nucléosides monophosphates (pour une revue voir Cahard et al.[170]). Dans la structure typique, les deux groupements attachés à l'atome de phosphore porté par la position 5' d'un analogue nucléosidique sont un ester méthylique d'un α-acide aminé, et un phénol (schéma 3). L'activation de la pro-drogue est initiée par l'hydrolyse de l'ester méthylique, effectuée par une estérase. Le composé résultant subit une cyclisation intramoléculaire, résultat de l'attaque nucléophile du groupement carboxylate libéré, sur l'atome de phosphore, suivie du départ de la partie phénol. L'hydrolyse du phosphoramidate monoester par une deuxième enzyme, une phosphoramidase, libère l'entité active (schéma 3).

Ce type de structures a été décrit pour la première fois par McGuigan et al.[171] et a été largement employé au sein de cette équipe de recherche. Cette approche pro-drogue

(ProTide) a été appliquée à plusieurs analogues de nucléosides présentant des propriétés antivirales.[170] Il est important de remarquer que la présence de trois substituants différents sur l'atome de phosphore génère deux diastéréoisomères lorsque les méthodes standard de synthèse sont employées.[169] Dans un travail récent, les deux diastéréoisomères ont été séparés et une activité biologique différente a pu être observée pour chacun d'entre eux.[172]

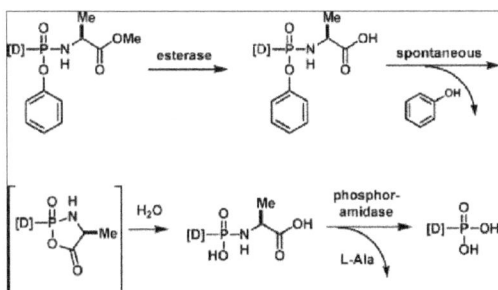

Schéma 3 : Mécanisme d'activation intracellulaire des pro-drogues aryl phosphoramidates et de libération des nucléosides monophosphates. (Source : référence[169])

Inspirés par les travaux sur les aryl phosphoramidates, le groupe de recherche de Wagner a développé une approche similaire, basée sur des pro-drogues phosphoramidates monoesters.[173] Il s'agit toujours de conjugués entre un analogue de nucléoside et un ester méthylique d'un α-acide aminé, mais cette fois via un lien phosphoramidate monoester, c'est-à-dire en absence de la partie phénol. Plusieurs analogues nucléosidiques antiviraux ont également été réévalués en utilisant cette approche.[173]

Le groupe de Périgaud a développé des pro-drogues de nucléotides comportant le groupement S-acyl-2-thioéthyle (SATE) sur un lien phosphoramidate diester présentant une partie aminée composée soit de l'ester méthylique d'un résidu d'acide aminé,[174,175] soit d'un résidu aminé aliphatique ou aromatique (figure 11).[175]

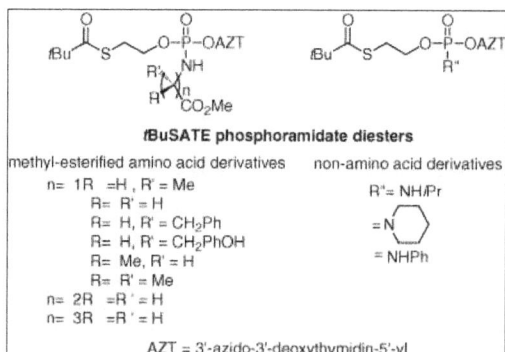

Figure 11. Structures chimiques de quelques analogues pro-nucléotides de type SATE phosphoramidates diesters. (Source : référence[175])

Ces analogues ont été développés dans le but de libérer les nucléosides 5'-monophosphates correspondants après une hydrolyse enzymatique du groupement SATE par les estérases,[175] conduisant à la formation du 5'-phosphoramidate monoester, qui est ensuite hydrolysé par l'action des phosphoramidases, comme dans le cas des deux autres types de pro-drogues phosphoramidates. Les différents 5'-phosphoramidates monoesters SATE de la 3'-azido-3'-désoxythymidine (AZT) ont été évalués pour leur activité inhibitrice contre la réplication du VIH en différentes lignées cellulaires, en comparaison avec le nucléoside parent.[175]

I.3   Oligonucléotides phosphoramidates – synthèse et propriétés

I.3.1   Présentation générale

Deux grandes classes d'oligonucléotides phosphoramidates ont été développées en tant qu'analogues modifiés des acides nucléiques. L'amélioration de la résistance aux nucléases et de la stabilité d'hybridation en duplex et triplex des oligonucléotides était la principale motivation pour le développement de ces modifications.[176]

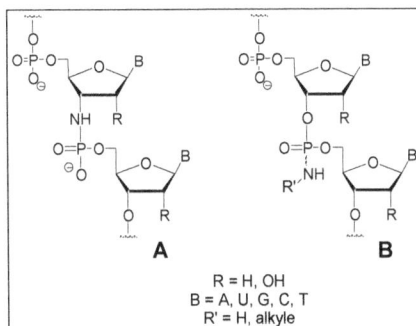

Figure 12. Représentation schématique d'oligonucléotides phosphoramidates. A)
Oligonucléotides N3'-P5' phosphoramidates. B) Oligonucléotides phosphoramidates
portant une chaîne latérale aminée

Les N3'-P5' oligodésoxyribonucléotides phosphoramidates ont été découverts en
1994 par Gryaznov et al.,[177] qui ont décrit leur synthèse sur support solide et évalué
leurs propriétés d'hybridation (figure 12A, R = H, B = A, T, C, G). Ces molécules ont
une forte affinité d'hybridation avec les brins d'ARN complémentaire, et une forte
résistance aux nucléases. Les mêmes propriétés sont observées pour les analogues
oligoribonucléotides N3'-P5' phosphoramidates (figure 12A, R = OH).[178] Dans une
approche générale antisens, visant l'appariement de l'oligonucléotide avec le brin
d'ARN messager cible complémentaire, plusieurs applications thérapeutiques ont été
étudiées pour ces analogues.[179]

L'étude d'oligodésoxyribonucléotides NH_2-phosphoramidates, dans la structure
desquels l'un des deux atomes d'oxygène non pontés du lien internucléosidique a été
remplacé par une fonction amino (figure 12B, R = R' = H), a également présenté un
intérêt dans le cadre de la stratégie antisens. Comme précédemment mentionné, le lien
modifié phosphoramidate est résistant à l'hydrolyse par les nucléases.[180-183] Le
groupement amino étant neutre, cette modification peut également favoriser le transport
membranaire. Malgré ces avantages, les oligonucléotides NH_2-phosphoramidates ont
montré une faible affinité pour leurs cibles, car ils forment un duplex moins stable avec
les brins d'ADN ou ARN, comparés aux analogues non modifiés.[183] En revanche,
l'inversion de la configuration anomère des nucléosides, de β (naturelle) en α (non

71

naturelle), a permis d'augmenter de façon importante l'affinité des oligonucléotides modifiés pour leur cible ARN ou ADN.[184] Des propriétés similaires de stabilité enzymatique et d'hybridation ont été observées pour les oligonucléotides N-alkyl phosphoramidates (figure 12B, R' = alkyle).[180-182,185-187] Pour ces analogues, la chaîne latérale N-alkyle du lien internucléosidique peut présenter une large variété de fonctionnalités. Ainsi, des oligonucléotides cationiques[186-188] ou neutres[180,181,185] ont été préparés et leurs propriétés ont été évaluées. L'équipe de Letsinger a également montré que la configuration absolue au niveau de l'atome de phosphore chiral dans ces analogues a un effet important sur leurs propriétés d'hybridation. L'oligonucléotide comportant une alternance de liens phosphodiesters non modifiés et de liens phosphoramidates d'une configuration absolue définie, a montré une forte stabilisation du duplex, alors que l'analogue contenant les liens modifiés présentant la configuration inverse, a montré une déstabilisation, comparé aux valeurs d'hybridation obtenues pour l'oligonucléotide non modifié ou par l'oligonucléotide mélange de diastéréoisomères.[189]

I.3.2   Méthodes de synthèse des oligonucléotides N-alkyl phosphoramidates. Oxydations amidatives de type Atherton-Todd

Des oligonucléotides phosphoramidates peuvent être synthétisés en utilisant plusieurs méthodes, basées sur l'emploi d'intermédiaires de phosphore trivalent ou pentavalent.[190] Parmi ces méthodes on trouve : la condensation de nucléosides phosphodiesters avec des amines, en présence de triphénylphosphine et tétrachlorure de carbone (CCl_4),[191] la substitution nucléophile de dinucléosides phosphotriesters (ex. dinucléosides trichloroéthyl phosphotriesters) par des alkylamines,[192,193] l'addition d'alkylazides aux dinucléosides phosphites triesters (ex. dinucléosides o-chlorophényl phosphites triesters),[192-194] et finalement les oxydations par l'iode (I_2) ou le CCl_4, de dinucléosides phosphites triesters (oxydation directe[195,196], ou réaction de type Arbuzov[197]), ou de dinucléosides hydrogénophosphonates diesters,[181,196] en présence d'une amine. La dernière méthode est actuellement la plus utilisée pour la synthèse d'oligonucléotides phosphoramidates, car elle fait intervenir des oligonucléotides hydrogénophosphonates diesters, qui sont des intermédiaires facilement obtenus dans une des voies optimisées et automatisées de synthèse moderne d'oligonucléotides modifiés.

Initialement développée par Atherton et Todd en 1945,[198,199] avec l'oxydation de dialkyl hydrogénophosphonates diesters par le CCl_4 en présence d'une amine (ammoniac et amines diversement substituées), la méthode a été largement appliquée depuis, à la préparation d'oligonucléotides phosphoramidates en solution[195,196] ou sur support solide.[181,185,186]

Le mécanisme de cette réaction implique le passage de l'hydrogénophosphonate (*H*-phosphonate) diester, de sa forme tautomère tétracoordonnée (phosphonate, schéma 4, composé a), en sa forme tautomère tricoordonnée (phosphite, schéma 4, composé b).[200] Le déplacement de cet équilibre vers la forme phosphite est catalysé par la présence d'une base. En général, ce rôle est exercé par la pyridine, qui est le solvant le plus communément employé pour ces réactions. Dans le cas où un solvant non basique est employé, des quantités variables de triéthylamine sont employées.[198,201] La forme trivalente peut ensuite réagir sur des électrophiles, tels que le CCl_4, pour conduire à un phosphorochloridate diester (schéma 4, composé c). La pyridine agit alors en catalyseur nucléophile,[202] en activant le chloridate en sel de pyridinium correspondant, hautement réactif (schéma 4, composé c'). L'amine introduit dans le milieu déplace alors le pyridinium pour conduire au phosphoramidate diester désiré (schéma 4, composé d)

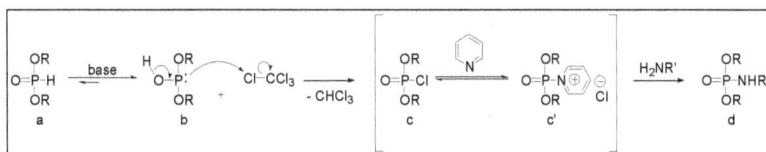

Schéma 4. Mécanisme de la réaction d'oxydation amidative d'un *H*-phosphonate diester (a, b) en phosphoramidate diester (d), par le CCl_4 en présence de pyridine et d'une amine primaire

La stéréochimie de cette réaction a également été étudiée.[201,203] Les études utilisant des *H*-phosphonates diastéréomériquement purs dans les réactions d'oxydation amidative par l'I_2 ou par le CCl_4 en présence de solvants non nucléophiles, ont montré une rétention de configuration pour la première étape d'halogénation, suivie d'une inversion de configuration lors de la substitution nucléophile $S_N2(P)$ de l'halidate par l'amine correspondante. Ainsi, globalement le résultat stéréochimique d'une oxydation amidative d'un *H*-phosphonate diester diastéréomériquement pur, est une inversion de configuration (schéma 5).[201,203]

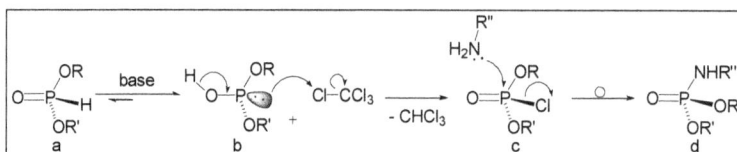

Schéma 5. Schéma stéréochimique d'une réaction d'oxydation amidative

Une procédure intéressante impliquant une double inversion de configuration lors de l'oxydation d'un *H*-phosphonate a été publiée en 2004 par Nilsson et *al.*[201] Un *H*-phosphonate diastéréoisomériquement pur, de configuration absolue Rp ou Sp, peut être converti en phosphoramidate de configuration absolue identique, avec une rétention globale de la configuration pour le produit de l'oxydation amidative (schéma 6). Après oxydation du *H*-phosphonate par l'iode (rétention de configuration), une substitution nucléophile $S_N2(P)$ sur l'iodate obtenu, par un ion chlorure, représente une première inversion de configuration. La substitution nucléophile du chloridate résultant (de configuration absolue inverse) par l'amine correspondante, conduit au phosphoramidate désiré, obtenu avec une configuration absolue identique à celle du *H*-phosphonate de départ.[201]

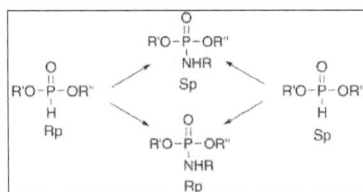

Schéma 6. Préparation des phosphoramidates Rp ou Sp à partir d'un seul précurseur *H*-phosphonate chiral. (Source : référence[201])

Cette procédure permet, entre autre, l'obtention d'un seul des diastéréoisomères du phosphoramidate final à partir de chacun des deux diastéréoisomères du *H*-phosphonate de départ.

I.3.3   Chimie des *H*-phosphonates

Les hydrogénophosphonates (*H*-phosphonates) sont des composés contenant du phosphore au degré d'oxydation III. La dualité dans leur géométrie, qui ce traduit par une versatilité dans leur réactivité, est un aspect très intéressant pour cette classe de composés.[200] En effet, en solution ces composés existent sous la forme d'un équilibre entre deux formes tautomères : une forme pentavalente, tétracoordonnée (forme phosphonate, schéma 5, composé a), et une forme trivalente, tricoordonnée (forme phosphite, schéma 5, composé b).[204] La forme phosphonate pentavalente est largement majoritaire dans cet équilibre,[205] et c'est globalement elle qui détermine le comportement chimique des *H*-phosphonates. Cependant, l'équilibre peut être déplacé vers la forme phosphite trivalente, lorsqu'en présence d'une base (pyridine ou triéthylamine), cette forme est piégée par un réactif approprié (ex. un agent de silylation), ou lorsqu'elle est consommée dans une autre réaction chimique (ex. l'oxydation amidative précédemment présentée). Ainsi, grâce à cette propriété unique, qui combine le comportement chimique des espèces phosphorées au degré d'oxydation III et au degré d'oxydation V,[200] les *H*-phosphonates diesters sont devenus aujourd'hui des intermédiaires alternatifs dans la synthèse automatisée d'oligonucléotides.[200,206] Ce sont des intermédiaires stables et non chargés, et à la différence des phosphotriesters,

75

qui sont les intermédiaires les plus utilisés, ils ne portent pas de groupement protecteur sur le phosphore. C'est l'atome d'hydrogène directement lié au phosphore qui peut être considéré comme groupement protecteur, puisque le lien *H*-phosphonate diester est stable durant l'élongation de l'oligonucléotide en cours de synthèse, et il est facilement transformé en lien phosphodiester (ou en lien analogue, ex. phosphoramidate ou phosphorothioate), suite à une oxydation en fin du cycle.[200]

La méthodologie de synthèse d'oligonucléotides en utilisant la chimie des *H*-phosphonates consiste en trois étapes : la préparation des nucléosides *H*-phosphonates monoesters, l'élongation de l'oligonucléotide, qui consiste en l'activation et le couplage entre unités monomères et détritylation, et l'oxydation des liens *H*-phosphonates diesters en fin d'élongation.

- *Préparation de H-phosphonates monoesters*

Plusieurs méthodes de préparation de *H*-phosphonates monoesters (schéma 7, composé b), utilisant des réactifs commerciaux, ont été développées, afin d'établir un outil simple, général et efficace pour la synthèse de ces unités de construction.[200] Les réactifs les plus efficaces pour l'introduction d'un *H*-phosphonate monoester sur une fonction hydroxyle sont représentés schéma 7.

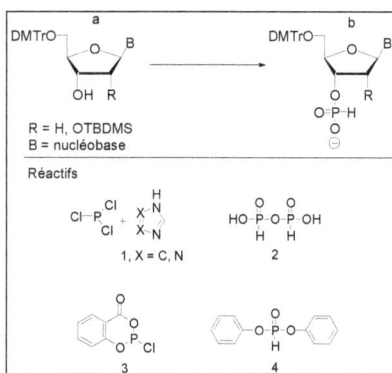

Schéma 7. Synthèse de *H*-phosphonates monoesters. Adaptée à partir de la référence[200]

76

Ces quatre réactifs (schéma 7, composés 1 à 4) permettent l'obtention des *H*-phosphonates monoesters avec de bons rendements (80 – 95%), dans des conditions réactionnelles douces (température ambiante, pyridine ou acétonitrile comme solvant, temps de réaction courts).[200] La différence de réactivité pour chacun de ces réactifs module le choix de leur utilisation, en fonction du substrat.

Par exemple, l'utilisation du système PCl$_3$/imidazole (schéma 7, composé 1, X = C)[207] et du salicylchlorophosphite (schéma 7, composé 3)[208] nécessite une protection des nucléobases du nucléoside, alors que l'emploi de l'hydrogénopyrophosphonate (schéma 7, composé 2)[209] et du diphényl phosphite (schéma 7, composé 4)[210] peut tolérer des substrats présentant des nucléobases non protégées.[200] Les réactifs 1, 3 et 4 (schéma 7) réagissent efficacement avec les hydroxyles secondaires 3' des nucléosides, alors que l'hydrogénopyrophosphonate (2) réagit plus lentement avec des hydroxyles 3', et ne réagit pratiquement pas avec des hydroxyles plus encombrés. Tout de même, le diphényl phosphite (4) semble être le réactif le plus pratique et universel à utiliser, car en plus de son efficacité pour la phosphitylation d'hydroxyles primaires et secondaires, il est commercial, stable et peu cher. Les réactions de phosphitylation avec ce réactif sont généralement associées à de bons rendements et à des traitements simples (une extraction aqueuse et une chromatographie optionnelle).[200,210]

D'autres réactifs, comme le 2-cyanoéthyl phosphorodiamidite,[211] le 2-cyanoéthyl *H*-phosphonate monoester,[212] ou différents aryl *H*-phosphonates monoesters,[213] peuvent également être utilisés pour la préparation de *H*-phosphonates monoesters.

- *Activation des monomères et couplage*

Les réactifs utilisés pour l'activation des *H*-phosphonates monoesters et pour leur couplage avec des nucléophiles (ex. nucléosides), sont généralement des chlorures d'acides encombrés (ex. chlorure de pivaloyle ou chlorure d'adamantoyle ; schéma 8, composés 1 et 5), et des chlorophosphates (schéma 8, composés 2 à 4).

La formation des *H*-phosphonates diesters (schéma 8, composé c) à partir des unités monomériques, sous l'action des réactifs de condensation, a été étudiée en détails.[200,214,215] Le mécanisme probablement le mieux compris est l'activation par les chlorures d'acides.[216,217] La formation d'un anhydride mixte phosphonique–carboxylique permet d'activer le *H*-phosphonate monoester et de le rendre réactif vis-à-vis des nucléophiles.[216] Ainsi, la réaction avec l'hydroxyle 5' de la deuxième unité nucléosidique conduit au produit de couplage *H*-phosphonate diester (schéma 8).

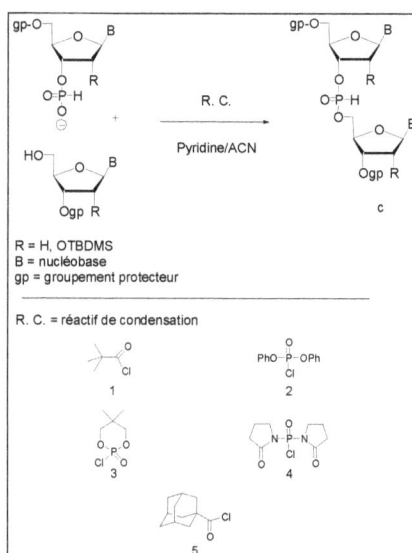

Schéma 8. Synthèse d'oligonucléotides *H*-phosphonates diesters. Adaptée à partir de la référence[200]

Il est important de remarquer, que dans le cas de couplage de deux unités non symétriques, l'atome de phosphore est chiral et il génère la formation de deux diastéréoisomères.

Lors d'un traitement prolongé du *H*-phosphonate monoester par l'activateur, différents sous-produits de suractivation de la fonction *H*-phosphonate, pentavalents (ex. *H*-pyrophosphonates) ou trivalents (ex. bis-acyl phosphites), sont formés.[200] En

78

fonction de l'activateur et de la partie nucléosidique du *H*-phosphonate monoester correspondant, d'autres sous produits peuvent également être observés.[218] Par exemple, lorsque le chlorure de pivaloyle est utilisé comme activateur, une faible quantité de produit O^6-acylé est obtenue pour les analogues contenant la guanosine.[218]

- *Oxydation*

Dans la synthèse d'oligonucléotides par la méthode des *H*-phosphonates, l'oxydation des diesters est l'étape qui représente un avantage considérable par rapport aux autres méthodes de synthèse. Elle offre la possibilité d'obtenir un grand nombre d'analogues différents, à partir d'un précurseur commun, qui est l'oligonucléotide obtenu après les étapes de couplage. En utilisant des réactifs d'oxydation différents, des modifications très variées peuvent être introduites au niveau du squelette oligonucléotidique :[200,219] des phosphodiesters, des phosphorothioates diesters, des phosphorosélénoates diesters, des fluorophosphates diesters, des boranophosphates diesters, et comme cité précédemment, des phosphoramidates diesters.

I.3.4   Synthèse en solution d'oligonucléotides *H*-Phosphonates en utilisant une activation supportée

Des activateurs de type chlorure d'acide encombré, tels que le chlorure de pivaloyle ou le chlorure d'adamantoyle (schéma 8, composés 1 et 5), ont montré une très bonne efficacité pour le couplage de *H*-phosphonates monoesters, tant en solution que sur support solide. Cependant, lorsque l'on considère la synthèse automatisée d'un oligonucléotide sur support solide, la limitation en termes de quantité de production est importante. En même temps, les prix élevés des supports rendent cette approche synthétique difficilement applicable à une échelle plus grande. Dans une optique de développement de procédés synthétiques pour la production d'oligonucléotides à grande échelle, notre groupe de recherche a mis au point une méthode de couplage d'unités *H*-phosphonate monoesters en solution, en utilisant un activateur de type chlorure d'acide supporté sur une résine polystyrène.[220] Ce procédé a permis la

79

synthèse d'oligodésoxyribonucléotides hexamères, dans une échelle de 340 µmol, sans nécessiter d'étapes de purification par chromatographie sur colonne. Les seuls traitements nécessaires ont été des étapes de filtration, d'extraction aqueuse et de précipitation.

Plusieurs activateurs supportés, de type chlorure de sulfonyle supporté, chlorocarbonyle supporté, chlorure d'acrylate supporté et deux chlorures de benzoyle supportés différents, ont été initialement étudiés.[220] Les deux premiers activateurs sont commerciaux, alors que les trois autres ont dû être préparés par l'action du chlorure de thionyle (4 équivalents) sur une résine acide carboxylique commerciale. Parmi ces activateurs, la résine polystyrène de chlorure de benzoyle (Rapp Polymers) est celle qui a présenté la meilleure efficacité dans les réactions de couplage. Elle est facilement préparée à partir de l'acide carboxylique supporté commercial, et peut être stockée plusieurs mois à –20 °C. Après utilisation, la résine peut être recyclée et réutilisée, jusqu'à cinq fois, sans perdre de son efficacité.[220]

Des études cinétiques ont montré que la fonction H-phosphonate monoester réagit avec le chlorure d'acide supporté plus rapidement que la fonction hydroxyle, ce qui évite une fixation non désirée de cette dernière sur le support.[220] L'anhydride mixte supporté est rapidement formé, et l'attaque nucléophile de l'hydroxyle 5' de la deuxième unité libère le produit de couplage en solution (schéma 9). Il a également été montré qu'un pré-mix des deux unités monomériques, additionnées par la suite sur la résine, permet d'éviter d'éventuelles réactions de suractivation du H-phosphonate.[216,218,220]

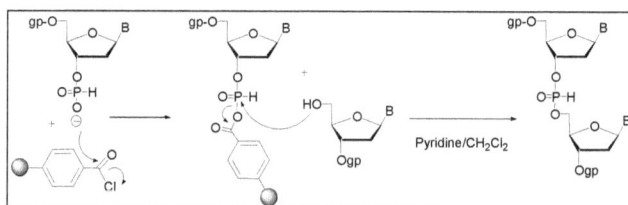

Schéma 9. Synthèse de dinucléosides H-phosphonates diesters par activation avec un chlorure de benzoyle supporté

Dans une procédure standard, 1,2 équivalents de monomère *H*-phosphonate sont mélangés avec 1 équivalent de monomère hydroxyle, et le pré-mix est ensuite additionné sur le chlorure de benzoyle supporté (généralement 5,5 équivalents).[220] Après agitation à température ambiante (30 min à 4 h), filtration, extraction et précipitation, les dinucléosides *H*-phosphonates diesters sont obtenus avec de bons rendements (69 – 100%) et une bonne pureté HPLC du composé brut (85 – 100%). Il est important de noter que l'excès de monomères reste fixé sur le support, ce qui explique la bonne pureté des mélanges bruts.

II   Analyse rétrosynthétique. Stratégie de synthèse

Pour fonctionnaliser les chaînes latérales du lien internucléosidique de nos molécules cibles (figure 10), nous nous sommes inspirés du concept et du mode de préparation des oligonucléotides *N*-alkyl phosphoramidates, discutés précédemment. La facilité d'introduction de plusieurs fonctionnalités différentes à partir d'un précurseur commun a constitué la base de notre stratégie de synthèse. L'oxydation amidative de type Atherton-Todd d'un dinucléoside *H*-phosphonate diester en présence d'amines différentes a ouvert la possibilité de synthétiser un nombre important de cibles dinucléosides phosphoramidates présentant des fonctionnalités variées (schéma 10, composé **I**, Z = chaîne alkyle variée).

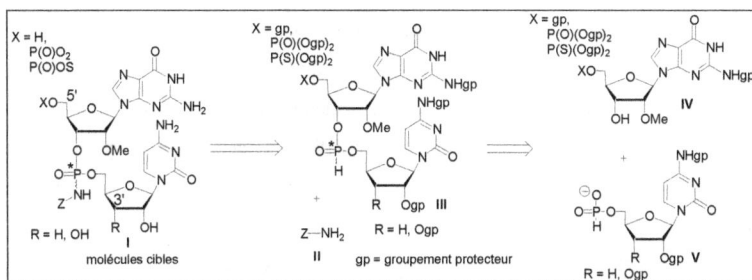

Schéma 10. Schéma général de rétrosynthèse des dinucléosides phosphoramidates cibles

81

Concrètement, en suivant le schéma de rétrosynthèse (schéma 10), les différentes molécules cibles (**I**) ont été obtenues suite à des réactions d'oxydation amidative, en présence des amines primaires appropriées (**II**), à partir des précurseurs communs *H*-phosphonates diesters (**III**), convenablement protégés. Les dinucléosides (**III**) ont été obtenus par réaction de couplage entre l'hydroxyle 3' de l'unité 5' phosphorylée, thiophosphorylée, ou non-phosphorylée de la 2-*O*-méthylguanosine (**IV**), convenablement protégée, et le 5' *H*-phosphonate monoester de l'unité cytidine (**V**, R = Ogp) ou de son analogue 3'-désoxy (**V**, R = H), convenablement protégée.

En termes de synthèse directe, une stratégie de synthèse convergente a d'abord été effectuée, comprenant la préparation de chacune des unités monomériques de construction (**IV** et **V**), suivie de leur couplage en solution, grâce à l'activation par le réactif chlorure de benzoyle supporté, précédemment décrit. A partir des précurseurs communs (**III**) ainsi obtenus, une stratégie divergente, employant la réaction d'oxydation amidative de type Atherton-Todd, en présence de différentes amines primaires (**II**), a permis d'obtenir les différents analogues fonctionnalisés qui, après déprotection, ont conduit aux dinucléosides phosphoramidates cibles désirés (**I**). On remarque également la formation d'un centre chiral au niveau de l'atome de phosphore internucléosidique (**III**), ce qui génère un mélange de deux diastéréoisomères pour ces composés. Ce mélange est également conservé au niveau des produits finaux (**I**).

En ce qui concerne le choix des intermédiaires nucléosidiques (**IV** et **V**), du fait de la présence de groupements phosphates protégés par des groupement basolabiles sur l'extrémité 5' de l'analogue contenant la 2'-*O*-méthylguanosine (**IV**, X = P(O)(Ogp)$_2$; P(S)(Ogp)$_2$), nous avons opté pour une introduction de la fonction *H*-phosphonate monoester sur la position 5' de l'autre monomère, contenant la partie cytidine (**V**, R =Ogp) ou 3'-désoxycytidine (**V**, R = H), afin d'éviter toute déprotection prématurée des phosphates en 5'.

Nous présentons dans ce chapitre la synthèse des unités monomériques (**IV**, X = P(O)(Ogp)$_2$; P(S)(Ogp)$_2$), préparées à partir de la guanosine ; ainsi que la synthèse de l'unité (**V**, R = Ogp), préparée à partir de la cytidine. Le couplage des deux unités conduit aux dimères (**III**, R = Ogp) qui, après oxydation amidative permettent d'obtenir les composés cibles d'une première série de dinucléotides (**I**, R = OH). La synthèse de l'unité monomérique contenant la 3'-désoxycytidine (**V**, R = H), des intermédiaires (**III**, R = H) et des molécules cibles de la deuxième série (**I**, R = H) sera développée dans le chapitre suivant.

III Synthèse de la N^2-isobutyryl-2'-*O*-méthylguanosine

III.1 Introduction. 2'-*O*-méthyl nucléosides – propriétés et méthodes de préparation

Les 2'-*O*-méthyl oligoribonucléotides ont été développés comme analogues modifiés pour l'approche antisens afin d'améliorer leur stabilité enzymatique en milieu biologique, et leurs propriétés d'hybridation avec l'ARN complémentaire ciblé.[179,221] Les oligonucléotides contenant cette modification ont trouvé des applications dans l'épissage de l'ARN,[222,223] pour la préparation de ribozymes,[224] et plus récemment dans les petits ARN d'interférence (siRNA).[225-228] Toutes ces applications ont gardé vif l'intérêt pour le développement de synthèses efficaces des 2'-*O*-méthyl nucléosides.

La plupart des méthodes de synthèse des 2'-*O*-méthyl nucléosides ont fait l'objet d'une revue de Beigelman et *al.* en 2000 (référence[229] et les références citées dedans). L'alkylation par le diazométhane sur un nucléoside portant une partie ribose non protégée semble être la méthode de synthèse la plus simple, la plus courte en nombre d'étapes et également la plus utilisée.[229] Une meilleure régiosélectivité pour la position 2' est obtenue lorsque l'alkylation par le diazométhane est dirigée par un catalyseur stannique.[230-232] Cependant, ces méthodes représentent un inconvénient majeur : l'emploi du diazométhane explosif et dangereux. Même si ce dernier peut être remplacé par le triméthylsilyldiazométhane (($CH_3)_3SiCHN_2$) moins dangereux,[233] ces méthodes ne présentent toujours pas d'aspect très pratique et universel. D'autre part, l'emploi des conditions classiques de méthylation (NaH/MeI) diminue la régiosélectivité pour la position OH 2'. C'est pourquoi l'utilisation d'une protection cyclique silylée 3',5' est nécessaire.[229] Le problème de régiosélectivité devient encore plus important lorsque la nature da la nucléobase est prise en compte : en effet, la guanosine et l'uridine sont connues pour subir une méthylation sur la base, résultat de la présence d'un proton acide de type lactame.[234] Notre objectif étant la synthèse de la 2'-O-méthylguanosine, nous ne ferons plus référence à l'uridine.

Plusieurs solutions existent pour obtenir la 2'-O-méthyl guanosine, en évitant la méthylation non désirée sur la position N^1 de la guanosine (schéma 11). La première solution est d'effectuer la réaction de méthylation sur un analogue contenant la 2-amino-6-chloropurine (schéma 11, composé b) ou la 2,6-diaminopurine (schéma 11, composé c) comme bases hétérocycliques, qui sont transformées en guanine après l'étape d'alkylation.[229,231,232,235] L'inconvénient de cette méthode est le prix élevé de ces nucléosides utilisés comme produit de départ, par rapport au prix de la guanosine. Une deuxième solution consiste à changer de réactif de méthylation. Dans un travail de Chow et al.[236] une méthylation sélective sur un analogue portant une guanine non protégée (schéma 11, composé d) a été décrite. Cependant, malgré la bonne sélectivité et les bons rendements, les inconvénients de cette méthode sont l'emploi d'une protection 3',5' non commerciale[237] et la manipulation difficile du MeCl gazeux. La troisième solution implique une protection sur l'oxygène O^6 de la forme lactime (énol) de la guanine. Différents groupements protecteurs ont été utilisés : le O^6-nitrophényle (schéma 11, composé e),[238] le O^6-nitrophényléthyle (schéma 11, composé f)[230,234] et le O^6-tert-butyldiphénylsilyle (schéma 11, composé g).[238,239]

L'utilisation d'une protection O^6-fluorolabile est particulièrement intéressante dans une combinaison avec le pont 3',5' disiloxane, puisque les deux groupements peuvent être hydrolysés ensemble lors d'un traitement unique. Cette méthode a été employée par Grotli et al.[238,239] lorsque le groupement TBDPS (schéma 11, composé g) a été utilisé pour protéger la base. Malheureusement, ces analogues O^6-TBDPS ne sont pas très stables, et une hydrolyse partielle pendant les purifications sur chromatographie sur gel de silice a été observée.[238]

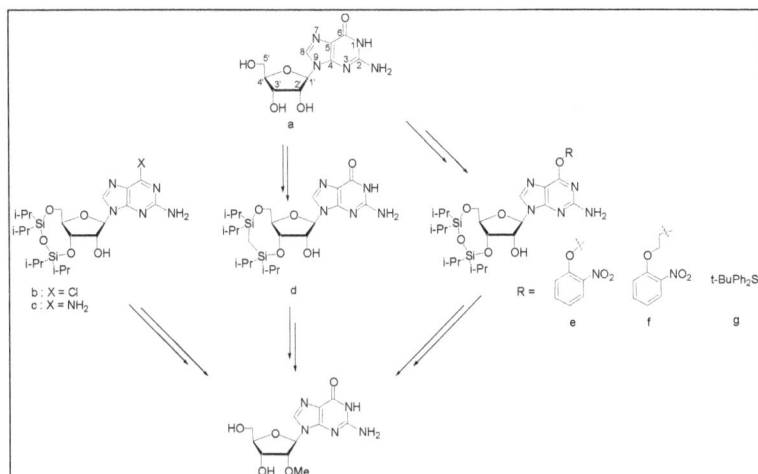

Schéma 11. Illustration de quelques stratégies de synthèse de la 2'-*O*-méthylguanosine, décrites dans la littérature

Pour la préparation des synthons contenant la 2'-*O*-méthylguanosine (schéma 10, composé **IV**), nous avons développé une nouvelle méthode de synthèse de la N^2-isobutyryl-2'-*O*-méthylguanosine (**7**), à la fois efficace et pratique, basée sur l'utilisation de deux groupements silylés non orthogonaux et stables, pour la protection des hydroxyles 3',5' et la position O^6 de la nucléobase. Pour la protection de la position O^6 de la guanine, le groupement triméthylsilyléthyle (TSE) a été choisi. C'est un groupement stable, fluorolabile, et qui a été utilisée précédemment dans notre groupe de recherche, comme protection transitoire pour la synthèse de pro-drogues d'oligonucléotides.[240,241]

III.2 Synthèse de la N^2-isobutyryl-2'-*O*-méthylguanosine par alkylation de la O^6-triméthylsilyléthyl-3',5'-di-*tert*-butylsilanediyl guanosine

La guanosine, commerciale et peu coûteuse, a été utilisée comme produit de départ. Le groupement di-*tert*-butylsilanediyle (DTBS)[242] a été introduit comme protection des hydroxyles 3' et 5'. Nous avons préféré ce groupement, plutôt que le groupement tétra-isopropyldisiloxanediyle (TIPDS) de Markiewicz,[243] à cause de sa meilleure stabilité dans les conditions basiques fortes,[237] et de son coût moins élevé.[244] En effet, le groupement TIPDS est théoriquement fragilisé par l'effet inductif attracteur de l'oxygène connectant les deux atomes de silicium.[237] La protection DTBS a été introduite sur les hydroxyles 5' et 3' après réaction du bis-triflate correspondant avec de la guanosine sèche dans du DMF anhydre, à 0 °C (schéma 12). Dans une réaction de type « one – pot », un groupement acétyle est sélectivement introduit sur l'hydroxyle 2' restant, grâce à l'utilisation d'anhydride acétique. Il est bien connu, que l'amine exocyclique de la guanine, qui est en réalité une fonction guanidine, est très peu nucléophile, et ne réagit pas avec l'anhydride acétique. Il est important de remarquer également, que la fonction amino en position 2 de la base doit être conservée non protégée, car une protection de type acyle induit la présence d'un proton acide, et l'alkylation est alors effectuée sur la position N^2 et sur la position $O^{2'}$. Après traitement, le mélange brut contenant le composé **1** a été suffisamment pur pour être engagé dans l'étape suivante sans purification supplémentaire. La conformation restreinte de la partie ribose, due à la présence de la protection cyclique, a été confirmée par analyse du spectre ^{1}H RMN, montrant une nette différence dans le déplacement chimique des protons 5' et 5'', et présentant le signal du proton anomère $H_{1'}$ comme un fin singulet.[242] L'alkylation sur la position O^6 de la base a été effectuée en deux étapes : une activation en arylsulfonate sur la forme O^6 lactime, par le chlorure de tri-isopropylbenzènesulfonyle, activé par la 4-diméthylaminopyridine (DMAP), suivie d'un déplacement nucléophile du sulfonate par le diazabicyclooctane (DABCO) et par le 2-triméthylsilyléthanol, activé par le diazabicycloundec-7-ène (DBU).[245]

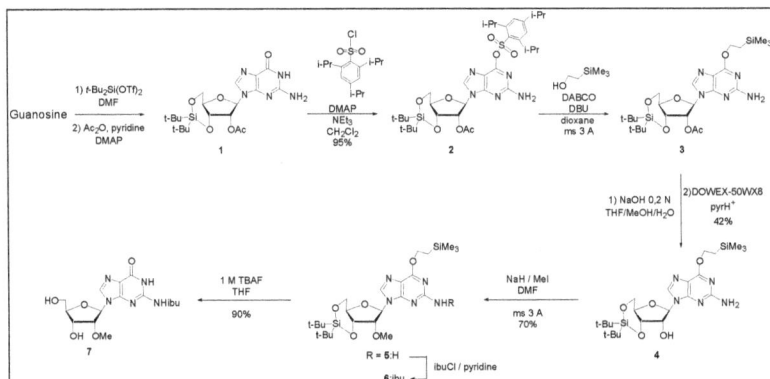

Schéma 12. Synthèse de la N^2-isobutyryl-2'-O-méthylguanosine (**7**)

Le composé **3** brut a été désacétylé par un traitement avec de la soude 0,2 N, et le mélange réactionnel a été neutralisé par l'ajout d'une résine échangeuse DOWEX-50W-X8 sous la forme pyridinium. Après filtration et purification par chromatographie sur colonne de gel de silice, le composé 2' OH (**4**) a été obtenu avec un rendement de 40% à partir de la guanosine, avec une seule chromatographie. La protection O^6-TSE était stable durant la purification sur silice, et une hydrolyse minime du groupement DTBS a été observée durant l'étape de saponification. La réaction clé de méthylation a ensuite été effectuée dans des conditions anhydres, en utilisant de l'iodométhane et de l'hydrure de sodium, dans le DMF à 0 °C, pour conduire au produit méthylé **5**, obtenu avec un rendement de 70% après une purification sur colonne de gel de silice (cette chromatographie est optionnelle). La protection isobutyryle sur l'amine exocyclique N^2 a alors été introduite en utilisant du chlorure d'isobutyryle, pour conduire à l'analogue **6**. Finalement, l'hydrolyse des deux groupements silylés permet d'obtenir la N^2-isobutyryl-2'-O-méthylguanosine (**7**)[244] utilisable dans la construction ultérieure des intermédiaires de synthèse et des molécules cibles.

L'hydrolyse simultanée des deux groupements silylés a été étudiée afin de déterminer les meilleures conditions offrant une procédure simple qui conduit à l'analogue désiré **7**. Dans un premier temps, l'utilisation du complexe HF-pyridine dilué dans la pyridine a permis d'obtenir une hydrolyse complète du pont DTBS au bout de 15 min à température ambiante. Cependant, la protection TSE n'a été que partiellement hydrolysée au bout de 4 h. Un traitement avec l'acide acétique 0,1 N dans le méthanol durant 20 h a été nécessaire pour compléter l'hydrolyse et obtenir le composé **7**. Alternativement, un traitement au TBAF 1 M dans le THF a conduit à l'analogue désiré **7** au bout d'une heure de réaction à température ambiante.[244] Pour chaque procédure, le composé **7** pur a été obtenu avec un rendement de 90%, après purification par chromatographie. Cette synthèse a permis d'obtenir la N^2-isobutyryl-2'-*O*-méthylguanosine (**7**), à partir de la guanosine peu chère, en 8 étapes et en utilisant seulement trois purifications par chromatographie, avec un rendement global de 25%.

IV Synthèse des synthons 5'-phosphorylé et 5'-thiophosphorylé comportant la 2'-*O*-méthylguanosine

L'importance d'un groupement 5'-monophosphate, présent sur les structures dinucléotidiques, inhibiteurs de la polymérase NS5B du VHC, a été montrée par Zhong et *al*.[166] Nous avons décidé d'étudier plus en détails, dans des relations structure activité (RSA), l'effet de cette modification sur l'effet inhibiteur des dinucléotides phosphoramidates cibles. Pour éclaircir le rôle du groupement 5' terminal, des phosphoramidates cibles portant le groupement 5'-monophosphate, son analogue 5'-monothiophosphate, ainsi que des structures 5'-non-phosphorylées ont été conçues (schéma 10, **I**, X = P(O)O₂, P(O)SO et H respectivement). Pour la préparation des deux premiers analogues, une introduction de la fonction phosphate ou thiophosphate, sous la forme protégée phosphotriester, permettant d'éviter l'emploi de composés chargés, est nécessaire au niveau de l'unité monomérique 5' (schéma 10, **IV**, X = P(O)(Ogp)₂ ; P(S)(Ogp)₂).

IV.1 Introduction. Méthodes de phosphorylation des nucléosides

Les nucléosides 5'-phosphates et leurs différents analogues (ex. mono- ou poly-phosphates, différentes formes de pro-drogues ou de conjugués avec d'autres molécules bioactives) sont souvent utilisés comme des composés d'intérêt biologique.[246-248] Les différentes méthodes de préparation de nucléosides triphosphates ont fait l'objet d'une revue par Burgess et Cook en 2000,[249] et une revue sur les différentes approches pro-drogues pour les analogues de nucléosides a été récemment publiée par Hecker et Erion.[169]

Pour la préparation de nucléosides monophosphates monoesters, plusieurs méthodes de phosphorylation sélective sur l'hydroxyle primaire 5' existent,[246,250-254] mais toutes ces méthodes présentent l'inconvénient de fournir des espèces polyanioniques, qui nécessitent des purifications par chromatographie aqueuse échangeuse d'anions, et qui, surtout, ne sont pas pratiques à utiliser dans la construction d'oligonucléotides. En revanche, la méthode aux phosphoramidites[255] peut être utilisée pour fournir des phosphates triesters complètement protégés, neutres et stables, qui peuvent être facilement purifiés par chromatographie sur gel de silice, et utilisés dans la construction d'unités polynucléotidiques. Il existe quelques méthodes chimiosélectives de phosphitylations O-sélectives.[256-260] En revanche, la régiosélectivité de la phosphitylation pour les différents groupements hydroxyles des nucléosides reste difficile à maîtriser. Comme expliqué par Graham et al.,[261] la méthode générale de préparation de nucléosides 5' monophosphates par des phosphoramidites est basée sur une stratégie de protection/déprotection.[262] Cette stratégie nécessite 5 étapes réactionnelles, elle est limitée en terme de rendement final (max. 60%) et par conséquent elle est relativement coûteuse, surtout si l'analogue nucléosidique utilisé est cher. Ces auteurs ont alors proposé une procédure de phosphitylation régiosélective sur l'hydroxyle primaire 5' des nucléosides en diminuant la température de réaction (– 36 °C), et en effectuant un ajout de phosphoramidite par goutte à goutte.[261]

Théoriquement, l'hydroxyle en position 5' d'un nucléoside étant un alcool primaire, la réaction de phosphitylation doit se produire majoritairement sur cette fonction (produit a, figure 13). Cependant, la phosphitylation sur des nucléosides 3',5' non protégés, par un phosphoramidite activé par du 1H-tétrazole dans l'acétonitrile, est une réaction qui se produit très rapidement sur les deux fonctions hydroxyles. Par conséquent, la sélectivité obtenue pour l'alcool primaire est faible.[261] Cette faible sélectivité induit la formation d'une certaine quantité de produit 3'-O-phosphitylé (produit b, figure 13), qui, au cours de la réaction, produit le composé 3',5'-O-diphosphitylé (produit c, figure 13). D'autre part, comme la quantité de nucléoside de départ diminue par rapport à la quantité de produit 5'-O-monophosphitylé formé, c'est ce dernier qui, statistiquement, a plus de chance de réagir avec le phosphoramidite, ce qui conduit de nouveau à la formation du produit 3',5'-O-diphosphitylé. De plus, cette réaction secondaire est difficile à éviter, car, afin de conduire la réaction jusqu'à disparition du nucléoside de départ, l'utilisation d'un léger excès de phosphoramidite (env. 1,3 équivalents) est généralement nécessaire pour compenser l'hydrolyse de ce dernier par les traces d'humidité dans le milieu réactionnel et sa consommation dans la formation du produit diphosphitylé.

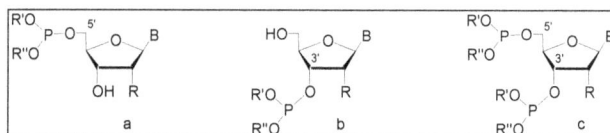

Figure 13. Différents produits de la réaction de phosphitylation de nucléosides 3',5' non protégés

Pour diminuer la quantité de produit 3',5'-O-diphosphitylé formé au cours de la réaction, nous avons décidé d'utiliser un réactif supporté comme activateur du phosphoramidite bis-cyanoéthyle[263] classiquement utilisé. En effet, nous avons émis l'hypothèse que l'activation en milieu hétérogène doit diminuer la vitesse de la réaction de phosphitylation, ce qui augmenterait la discrimination entre les hydroxyles primaire 5' et secondaire 3', et par conséquent diminuerait la proportion de produit 3',5'-O-diphosphitylé formé. De plus, l'emploi d'un phosphoramidite stériquement encombré, comme le bis-(2-cyano-1,1-diméthyléthyl)-phosphoramidite,[264] en combinaison avec l'activateur hétérogène doit nous permettre d'obtenir une régiosélectivité maximale pour l'hydroxyle primaire du nucléoside. En effet, dans une publication récente Kato et al.[257] ont décrit une régiosélectivité importante sur l'hydroxyle 5' obtenue en utilisant le di-tert-butyl-N,N-diéthylphosphoramidite stériquement encombré.

IV.2 Phosphitylation régiosélective sur l'hydroxyle primaire 5' de la N^2-isobutyryl-2'-désoxyguanosine

Pour valider nos hypothèses, nous avons effectué des études de comparaison des réactions de phosphitylation sur la N^2-isobutyryl-2'-désoxyguanosine commerciale et peu chère, activées soit en solution par le 1H-tétrazole classiquement utilisé (Tét, schéma 13, **b**), soit en milieu hétérogène par l'activateur supporté polyvinyl-pyridinium tosylate (PVP-tos, schéma 13, **a**). Ce dernier a été utilisé dans notre groupe comme activateur supporté des nucléosides phosphoramidites pour la synthèse en solution d'oligonucléotides.[265] Chacun des deux systèmes d'activation a été combiné soit avec le bis-(2-cyanoéthyl)-N,N-diisopropyl phosphoramidite (**9**), soit avec le bis-(2-cyano-1,1-diméthyléthyl)-N,N-diisopropyl phosphoramidite (**10**) (schéma 13).

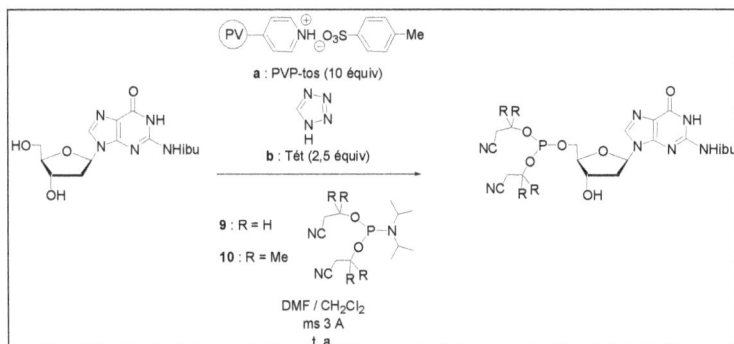

Schéma 13. Phosphitylation 5'-régiosélective sur la N^2-isobutyryl-2'-désoxyguanosine

La N^2-isobutyryl-2'-désoxyguanosine (0,1 mmol) a été solubilisée dans un mélange dichlorométhane – DMF (1 : 1, v/v), et la solution a été séchée une nuit sur du tamis moléculaire 3 Å activé. L'activateur PVP-tos (**a**, 10 équivalents) ou tétrazole (**b**, 2,5 équivalents) a été ensuite introduit, suivi par l'ajout du phosphoramidite **9** ou **10**, additionné sous forme de solution à 0,3 M dans du dichlorométhane, en trois portions (ex. : pour **9** : 0,60 équiv, 0,45 équiv, 0,30 équiv ; pour **10** : 1,05 équiv, 0,30 équiv, 0,15 équiv).[266] Le mélange a été agité à température ambiante, et l'avancement a été suivi par des injections du brut réactionnel en HPLC analytique toutes les 30 min après chaque addition de portion d'amidite. Le pourcentage de chaque espèce phosphitylée a été calculé en fonction de l'aire relative du pic correspondant sur le chromatogramme HPLC. Ces valeurs, ainsi que le pourcentage de conversion du nucléoside de départ, sont représentés dans le tableau 1.

Ces valeurs confirment que l'utilisation des conditions classiques de phosphitylation, employant le phosphoramidite **9** et l'activateur 1*H*-tétrazole, ne fournit qu'une faible régiosélectivité pour l'hydroxyle primaire 5' du nucléoside. Au cours de cette réaction (**9** Tét.), une sélectivité, relativement bonne, de 84% de produit 5'-monophosphitylé a été obtenue, lorsque 83% du nucléoside de départ sont consommés. Malheureusement, l'ajout de réactif, permettant une conversion de 90%, a été dommageable, car seulement 70% du composé 5'-monophosphitylé ont alors été obtenus, avec 27% de formation du composé 3',5'-diphosphitylé. De façon intéressante, l'utilisation de l'amidite **10** stériquement encombré (**10** Tét.), a permis une nette amélioration dans la sélectivité, avec 86% du produit 5'-monophosphitylé obtenus, et seulement 9% du produit 3',5'-diphosphitylé, pour une conversion similaire de 89%.[266]

L'utilisation de l'activateur hétérogène PVP-tos combiné avec l'amidite standard **9** (**9**, PVP-tos) a fourni une bonne régiosélectivité de 90% pour l'hydroxyle primaire 5', avec une conversion de 88% du nucléoside de départ. Comme observé pour l'activation avec le tétrazole, l'utilisation du phosphoramidite encombré **10** (**10** PVP-tos) a permis une nette amélioration de la régiosélectivité, avec jusqu'à 95% de formation de produit 5'-monophosphitylé. Pour les deux amidites utilisés, des faibles quantités de sous produits 3',5'-diphosphitylé (3 à 5%) et 3'-monophosphitylé (2 à 5%) ont été obtenues. L'ensemble de ces résultats est très encourageant car en comparaison avec le tétrazole, l'activation hétérogène a permis une bonne régiosélectivité pour l'hydroxyle primaire 5' (90 – 95%), pour des taux de conversion du nucléoside de départ similaires (88 – 91%).[266]

Tableau 1 : Phosphitylation régiosélective de la N^2-isobutyryl-2'-désoxyguanosine avec du 1H-tétrazole (Tét) ou du polyvinyl-pyridinium tosylate (PVP-tos) comme agent d'activation, et du phosphoramidite 9 ou 10 comme réactif de phosphitylation :

Amidite Activateur	Equivalents d'amidite (9 ou 10)[a]	Ratio des phosphites (%)			Conversion (%)[b]
		5'-	3'-	3',5'-	
9 Tét.	0,60 (0,5)	76	14	10	46
	1,05 (0,93)	84	4	12	83
	1,35 (1,07)	70	3	27	90
10 Tét.	1,05 (0,55)	92	5	3	53
	1,35 (0,71)	91	5	4	68
	1,50 (1,02)	86	5	9	89
9 PVP-tos	0,60 (0,32)	89	9	2	32
	1,05 (0,91)	91	6,5	2,5	90
	1,35 (1,01)	90	5	5	88
10 PVP-tos	1,05 (0,45)	96	3	1	45
	1,35 (0,66)	96	2	2	65
	1,50 (0,93)	95	2	3	91

[a]Entre parenthèses, les équivalents de réactif de phosphitylation, réellement consommés

[b]Pourcentage du nucléoside de départ consommé

Ces informations ont clairement montré que :

- pour une activation par le 1H-tétrazole standard, l'utilisation d'un phosphoramidite stériquement encombré, permet d'augmenter la régiosélectivité 5' de 70% à 86%, avec une conversion de 90%

- l'utilisation d'une activation hétérogène par le réactif supporté PVP-tos augmente la sélectivité de 70 à 90%, avec une conversion similaire du matériel de départ
- la combinaison de l'amidite encombré **10** et du réactif supporté d'activation PVP-tos fournit la meilleure sélectivité pour l'hydroxyle primaire 5' (95%).

IV.3 Phosphitylation régiosélective sur l'hydroxyle primaire 5' de la N^2-isobutyryl-2'-*O*-méthylguanosine

Pour effectuer la préparation des blocs de construction (**IV**, schéma 10, X = P(O)(Ogp)$_2$; P(S)(Ogp)$_2$), la N^2-isobutyryl-2'-*O*-méthylguanosine (**7**) a été sélectivement phosphitylée sur son hydroxyle 5' en utilisant la méthode précédemment développée. L'activateur supporté PVP-tos a été employé, en combinaison avec chacun des deux phosphoramidites **9** et **10** (schéma 14). Les amidites ont été ajoutés sous forme de solution à 0,3 M dans le dichlorométhane, en trois portions (0,60 équiv, 0,45 équiv, 0,30 équiv). Entre chaque ajout de phosphoramidite, l'avancement de la réaction a été contrôlé par HPLC (figure 14).

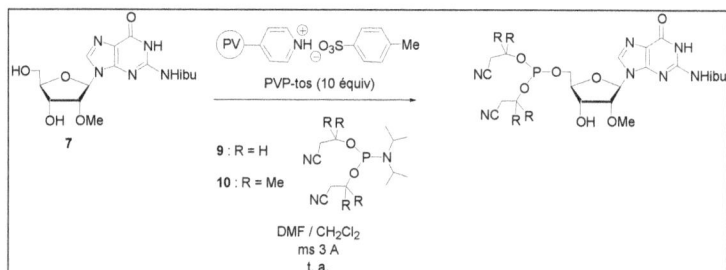

Schéma 14. Phosphitylation 5'-régiosélective sur la N^2-isobutyryl-2'-*O*-méthylguanosine

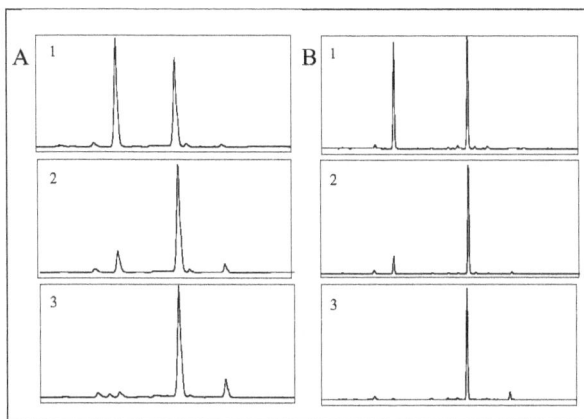

Figure 14. Suivi HPLC de l'avancement de la phosphitylation 5'-régiosélective sur la
N^2-isobutyryl-2'-O-méthylguanosine. A) Spectres HPLC 260 nm du mélange
réactionnel avec l'amidite **9** après l'ajout de : 1) 0,6 équiv, 2) 0,45 équiv suppl., 3) 0,3
équiv suppl. B) Spectres HPLC 260 nm du mélange réactionnel avec l'amidite **10** après
l'ajout de : 1) 0,6 équiv, 2) 0,45 équiv suppl., 3) 0,3 équiv suppl.

Le suivi HPLC (figure 14) montre clairement la bonne régiosélectivité de cette
méthode de synthèse en employant un phosphoramidite standard (**9**) (figure 14A), avec
la conversion quasi-totale du nucléoside de départ (**7**, le pic de plus petit temps de
rétention – T_r) et la formation majoritaire du produit 5'-monophosphitylé (le pic de T_r
intermédiaire) accompagné d'une faible proportion de produit 3',5'-diphosphitylé (le
pic de plus grand T_r). La meilleure régiosélectivité observée avec le phosphoramidite
encombré (**10**), est également bien illustrée (figure 14B). Comme précédemment, le
pourcentage de chaque espèce phosphitylée est calculé en fonction de l'aire relative du
pic correspondant sur le chromatogramme HPLC. Ces valeurs, ainsi que le pourcentage
de conversion du nucléoside de départ, sont représentés dans le tableau 2.

Ces résultats montrent la haute régiosélectivité de cette méthode de
phosphitylation sur l'hydroxyle primaire 5', avec 88% et 95% de formation de produit
5'-monophosphitylé pour les réactions avec les amidites **9** et **10**, respectivement, pour
une conversion du nucléoside de départ de 96% et 100% respectivement. Ce deuxième

point est particulièrement important, car généralement lorsque le taux de conversion augmente, la sélectivité diminue.[261]

Tableau 2 : Phosphitylation régiosélective de la N^2-isobutyryl-2'-O-méthylguanosine avec du polyvinyl-pyridinium tosylate (PVP-tos) comme agent d'activation, et du phosphoramidite **9** ou **10** comme réactif de phosphitylation :

Amidite	Equivalents d'amidite (**9** ou **10**)[a]	Ratio des phosphites (%)			Conversion (%)[b]
		5'-	3'-	3',5'-	
9	0,60 (0,48)	95	2,5	2,5	47
	1,05 (0,89)	93	1,5	5,5	85
	1,35 (1,07)	88	5	12	96
10	0,60 (0,52)	98	1,4	0,6	52
	1,05 (0,88)	97	1	2	87
	1,35 (1,03)	95	0	5	100

[a]Entre parenthèses, les équivalents de réactif de phosphitylation, réellement consommés

[b]Pourcentage du nucléoside de départ consommé

IV.4 Oxydation supportée. Préparation des unités de construction 11, 12 et 13

Une fois la réaction de phosphitylation terminée, les mélanges réactionnels ont été filtrés, afin d'enlever le réactif supporté. Les mélanges bruts ont ensuite été directement traités avec deux oxydants supportés différents : du periodate supporté (Amberlyst A-26 – IO_4^-), qui permet d'obtenir le phosphotriester correspondant, protégé par deux groupements cyanoéthyles (schéma 15, composé **11**) ; ainsi que du tétrathionate supporté (Amberlyst A-26 – $S_4O_6^{2-}$), qui permet d'obtenir les thionophosphotriesters, protégés soit par deux cyanoéthyles, soit par deux cyano-diméthyléthyles (schéma 15, composés **12** et **13**, respectivement). Cette méthode d'oxydation a été développée précédemment dans notre groupe de recherche.[265] Elle facilite les traitements, car une simple filtration permet d'éliminer les réactifs d'oxydation en excès, et les sous-produits de la réaction qui restent accrochés sur la résine.

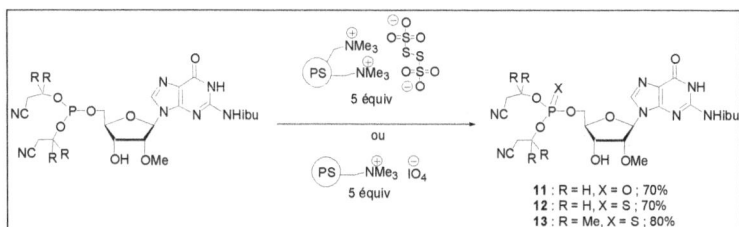

Schéma 15. Oxydation des phosphites triesters en utilisant des réactifs supportés

L'oxydation par le periodate supporté a nécessité 2 h d'agitation à température ambiante, alors que celle par le tétrathionate supporté a nécessité des temps de réaction beaucoup plus longs. La conversion du phosphite triester bis-cyanoéthyle en **12** a été totale au bout d'une nuit d'agitation, alors que la conversion du triester bis-cyano-diméthyléthyle en **13** a nécessité 3 jours. Cette différence peut être expliquée par l'effet d'encombrement stérique des groupements méthyles sur les positions α, α' du groupement cyano-di-méthyléthyle.[266] Après filtration de la résine, les composés **11**, **12** et **13** ont été obtenus purs après purification par chromatographie sur gel de silice avec de bons rendements (70 – 80%).

V   Synthèse du synthon comportant la cytidine. Préparation de l'unité de construction 16

Une fois les unités de construction comportant la partie 2'-*O*-méthylguanosine (**11**, **12** et **13**) préparées, la synthèse de l'unité 5'-*H*-phosphonate monoester de la cytidine (schéma 10, **V**, R = Ogp) a été réalisée, en utilisant la cytidine commerciale comme produit de départ. La synthèse du N^4,2',3'-*O,O*-tribenzoylcytidin-5'-yl *H*-

97

phosphonate monoester (**16**) a été effectuée en 5 étapes avec un rendement global de 63% (schéma 16).

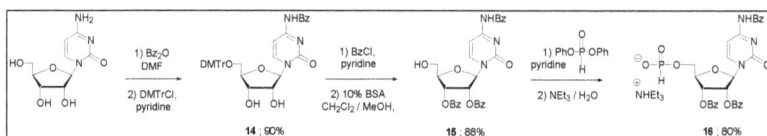

Schéma 16. Synthèse de l'unité de construction **16**

La cytidine a été d'abord protégée sur l'amine exocyclique N^4 par l'action de 1,1 équivalents d'anhydride benzoïque dans du DMF.[267] Après remplacement du DMF par la pyridine, le mélange brut a été traité avec du chlorure de diméthoxytrityle, pour conduire au composé **14**, obtenu après traitement et chromatographie avec un rendement de 90% à partir de la cytidine. Cet intermédiaire a été benzoylé sur les deux hydroxyles secondaires 2' et 3', sous l'action du chlorure de benzoyle dans la pyridine, et après neutralisation et traitement de la réaction, le mélange brut a été traité avec une solution à 2,5% d'acide benzène sulfonique afin de déprotéger le groupement diméthoxytrityle en position 5'. Ainsi, la N^4,2',3'-O,O-tribenzoylcytidine (**15**) a été obtenue, après purification, avec un rendement de 88%. La dernière étape de la synthèse consistait en l'introduction de la fonction H-phosphonate monoester sur la position 5'. Le diphényl phosphite a été choisi comme réactif de phosphitylation, à cause des avantages pratiques liés à son utilisation, qui ont été précédemment discutés. Après hydrolyse aqueuse,[210] extraction et purification par chromatographie sur gel de silice, l'unité de construction **16** a été obtenue avec un rendement de 80%.

VI   Couplage des unités de construction. Synthèse des intermédiaires 17, 18 et 19

Le couplage des deux unités de construction, celle de la cytidine (**16**) et celles de la 2'-O-méthylguanosine (**8**, **11**, **13**), a été effectué en utilisant le chlorure de benzoyle supporté sur du polystyrène[220] (schéma 17).

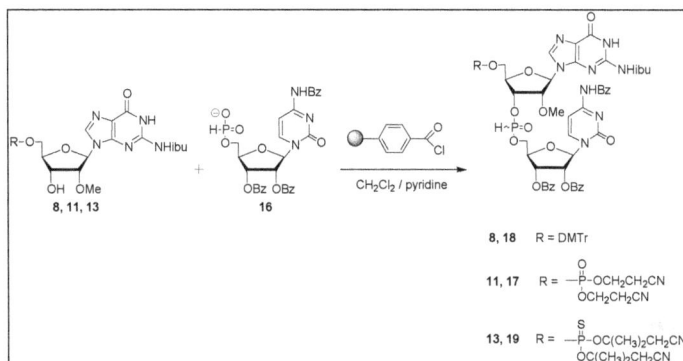

Schéma 17. Couplage des unités de construction – synthèse des intermédiaires *H*-phosphonates diesters **17**, **18** et **19**

Comme précédemment expliqué, ce type de couplage est effectué en deux étapes, d'abord la fonction *H*-phosphonate monoester du composé **16** réagit avec l'activateur supporté pour former un anhydride mixte, qui est déplacé par l'attaque nucléophile de l'hydroxyle 3' des monomères **8**, **11** ou **13**, conduisant à la formation des dimères **17**, **18** et **19** en solution. Ainsi, l'excès de *H*-phosphonate **16** reste accroché sur la résine, ce qui permet d'obtenir les dimères formés en solution avec une bonne pureté des mélanges bruts (Tableau 3).

Tableau 3 : Rendement et pureté HPLC à 260 nm pour les mélanges bruts des dimères **17**, **18** et **19**

H-phosphonate diester	Rendement (%)	Pureté HPLC à 260 nm (%)
17	65	85
18	77	90
19	70	93

Comme cette réaction de couplage n'est pas stéréosélective, les trois *H*-phosphonates diesters **17**, **18** et **19** sont obtenus sous forme d'un mélange de deux diastéréoisomères de configuration Sp et Rp au niveau de l'atome de phosphore internucléosidique chiral. Leur présence a été confirmée par RMN du ^{31}P, où deux pics, un pour chaque diastéréoisomère, correspondant au signal de la liaison P-H du *H*-phosphonate diester, ont été observés entre 7,3 et 9,8 ppm.

VII   Oxydations amidatives. Déprotections. Synthèse des molécules cibles

L'oxydation amidative de chacun de ces *H*-phosphonates diesters (**17**, **18**, **19**), en présence d'amines différentes, a conduit à la formation des composés fonctionnalisés sur le lien internucléosidique, complètement protégés (schéma 18, composé **Ia**). La déprotection appropriée de ces analogues, suivie par les purifications appropriées, et un échange d'ions conduisant à la forme sodium, ont permis d'obtenir les molécules finales cibles (schéma 18, composés **PA**), adaptées aux évaluations biologiques.[268]

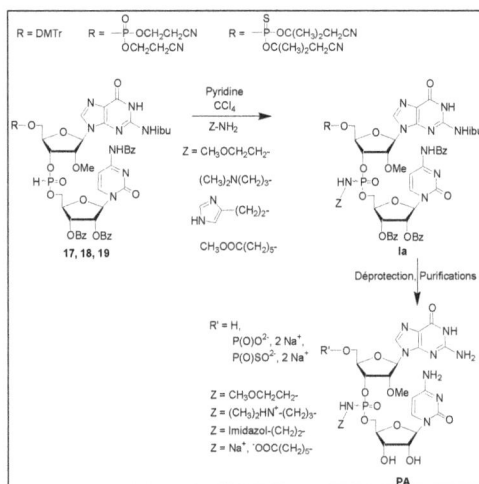

Schéma 18. Schéma général d'oxydation amidative et déprotection/purifications, conduisant aux molécules cibles **PA**

VII.1   Oxydations en présence de 2-méthoxyéthylamine

Les dinucléosides phosphoramidates cibles, présentant une chaîne latérale neutre (fonction éther méthylique), ont été préparés par oxydation amidative des dimères **17**, **18** et **19** en présence de la 2-méthoxyéthylamine commerciale.

VII.1.1   Synthèse de **PA-1**

Le *H*-phosphonate diester **17** a été solubilisé dans de la pyridine anhydre, et le CCl_4 (30 équiv) et la 2-méthoxyéthylamine (10 équiv) ont été ajoutés. La réaction d'oxydation amidative a permis la formation des deux diastéréoisomères (Rp et Sp) du phosphoramidate diester correspondant, avec la formation d'une faible quantité de dinucléoside phosphodiester (environ 10%), suite à une oxydation parasite, due à la présence de traces d'humidité dans le milieu réactionnel. La déprotection complète des groupements protecteurs sur les parties nucléosidiques (benzoyle et isobutyryle), ainsi que celle des groupements cyanoéthyles sur le monophosphate 5' terminal, a été effectuée par un traitement avec une solution d'ammoniaque concentrée (28%), à 40 °C pendant 6 h (schéma 19). Le dimère cible **PA-1** a été obtenu pur après deux étapes de purification par chromatographie : une chromatographie échangeuse d'anions DEAE-A25 Sephadex, suivie d'une purification par HPLC préparative en phase inverse. La forme di sodée finale a été obtenue, après échange sur une colonne de résine échangeuse de cations DOWEX-50WX8 forme Na$^+$, avec un rendement de 47%.

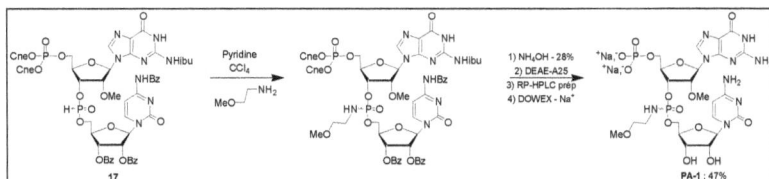

Schéma 19. Oxydation amidative de **17** en présence de 2-méthoxyéthylamine. Synthèse de **PA-1**

L'analyse RMN du ^{31}P a confirmé la présence des deux diastéréoisomères (Rp et Sp), puisque deux pics distincts pour le signal de la liaison P-N du phosphoramidate diester ont été observés (δ_{P-N} = 11,4 et 11,0 ppm). L'intégration des pics a montré que les deux diastéréoisomères ont été formés dans des proportions égales (1 : 1).

VII.1.2   Synthèse de **PA-5**

L'analogue phosphoramidate diester neutre et non-phosphorylé en position 5' (**PA-5**) a été obtenu par oxydation du *H*-phosphonate diester **18** en présence de 2-méthoxyéthylamine (schéma 20). Après oxydation, le résidu a d'abord été traité à l'ammoniaque 28% afin de déprotéger les groupements protecteurs basolabiles sur les parties nucléosidiques, puis à l'acide acétique 80% pour hydrolyser le groupement 5'-diméthoxytrityle.

Le phosphoramidate cible **PA-5** a été obtenu pur après purification par HPLC préparative en phase inverse, avec un rendement de 60%, sous la forme d'un mélange d'isomères Rp et Sp en proportion 1 : 1.

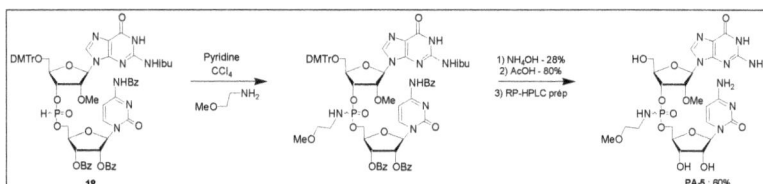

Schéma 20. Oxydation amidative de **18** en présence de 2-méthoxyéthylamine. Synthèse de **PA-5**

VII.1.3   Synthèse de **PA-6**

Finalement, l'analogue phosphoramidate portant la chaîne latérale *N*-(2-méthoxyéthyle) et le groupement monothiophosphate en position 5' (**PA-6**), a été préparé, par oxydation du *H*-phosphonate diester **19** en présence de 2-méthoxyéthylamine (schéma 21). Le traitement à l'ammoniaque 28%, suivi de l'étape de purification par HPLC préparative en phase inverse et l'échange sodium, a permis d'obtenir l'amidate cible **PA-6** avec un rendement de 58%, toujours sous forme d'un mélange Rp/Sp en proportion 1 : 1.

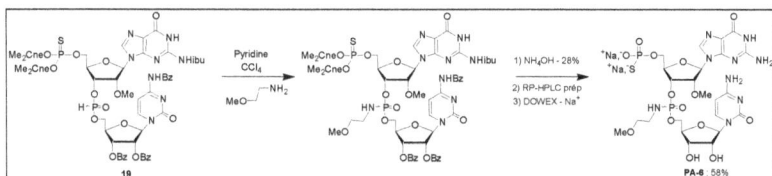

Schéma 21. Oxydation amidative de **19** en présence de 2-méthoxyéthylamine. Synthèse de **PA-6**

Cependant, la déprotection des groupements 2-cyano-1,1-diméthyléthyle n'étant pas totale après le traitement à l'ammoniaque durant 6 h à 40 °C, le mélange a été évaporé à sec, de l'ammoniaque fraîche a été ajoutée et la réaction a été poursuivie pendant 8 h supplémentaires à 50 °C. Malgré la déprotection complète, obtenue avec cette procédure, le contact prolongé avec une solution d'ammoniaque concentrée peut présenter des risques de désulfurisation.[269] Un traitement alternatif[270] a donc été employé pour la synthèse des analogues suivants (voir la synthèse de **PA-8**).

VII.2 Oxydation en présence de 3-(*N*,*N*-diméthylamino)-propylamine. Synthèse de PA-2

Le dinucléoside phosphoramidate cible **PA-2**, présentant une chaîne latérale chargée positivement (fonction amine tertiaire, protonnée à pH neutre), a été préparé par oxydation amidative du dimère **17** en présence de la 3-(*N*,*N*-diméthylamino)-propylamine (10 équiv) commerciale (schéma 22).

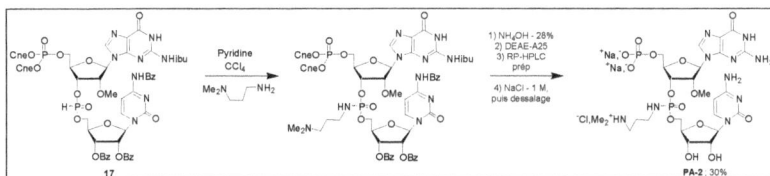

Schéma 22. Oxydation amidative de **17** en présence de 3-(*N*,*N*-diméthylamino)-propylamine. Synthèse de **PA-2**

L'analogue 5'-phosphorylé **PA-2** a été le seul analogue de la série de phosphoramidates portant la chaîne *N*-[3-(*N*,*N*-diméthylamino)-propyle] préparé, à cause de ces propriétés inhibitrices faibles (voir plus loin). Une proportion non négligeable (environ 10%) de produit de transamination[271] sur la N^4-benzoylcytidine a été observée lors de l'oxydation en présence de la 3-(*N*,*N*-diméthylamino)-propylamine. Environ 20% de dinucléoside phosphodiester ont également été formés.

Ainsi, après l'étape de déprotection à l'ammoniaque, et les purifications par chromatographie échangeuse d'anions DEAE et par HPLC préparative, suivies par l'échange d'ions, le phosphoramidate cible **PA-2** a été obtenu avec un rendement de 30%, toujours sous forme d'un mélange d'isomères Rp/Sp (1 : 1).

VII.3   Oxydation en présence de l'histamine. Synthèse de PA-3

De même, l'analogue 5'-monophosphorylé (**PA-3**) a été le seul analogue synthétisé dans la série de phosphoramidates comportant une chaîne latérale imidazolyléthyle. Il a été préparé par oxydation du dimère **17** en présence d'une solution 10 M d'histamine base (50 équiv) dans la pyridine anhydre (schéma 23). Lors de cette oxydation, les proportions des produits phosphoramidate N^4-transaminé (env. 30%) et dinucléoside phosphodiester (transaminé ou non, env. 30% pour l'ensemble) ont été encore plus élevées, comparé à la synthèse de **PA-2**.

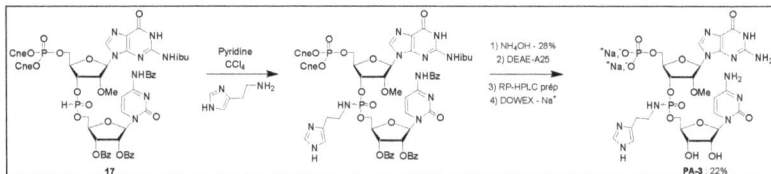

Schéma 23. Oxydation amidative de **17** en présence d'histamine. Synthèse de **PA-3**

Par conséquent, le rendement, avec lequel le phosphoramidate cible désiré **PA-3** a été obtenu, après les procédures standard de déprotection et de purifications, a été de 22% seulement (schéma 23).

VII.4 Oxydation en présence de l'ester méthylique de l'acide 6-aminohexanoïque 20

Les dinucléosides phosphoramidates cibles, présentant une chaîne latérale chargée négativement (fonction carboxylique), ont été préparés par oxydation amidative des *H*-phosphonates diesters **17**, **18** et **19**, en présence de l'ester méthylique de l'acide 6-aminohexanoïque, sous sa forme chlorhydrate (**20**). La longueur de la chaîne alkyle espaçant la fonction latérale carboxylique et le lien phosphoramidate internucléosidique a été augmentée pour des raisons de stabilité chimique des composés cibles. Suite à des problèmes de solubilité lors des essais d'oxydation en présence d'acide 6-aminohexanoïque libre, nous avons finalement utilisé l'ester méthylique correspondant.

VII.4.1 Synthèse de 20

L'ester méthylique de l'acide 6-aminohexanoïque a été préparé selon la méthode d'estérification sélective des acides aminés, décrite par Rachele en 1963.[272] L'utilisation du 2,2-diméthoxypropane en milieu acide permet la formation de l'ester méthylique de l'acide aminé correspondant, facilement isolé en fin de réaction par recristallisation, sous sa forme chlorhydrate, avec des rendements quasi-quantitatifs. En

105

utilisant cette méthode, nous avons préparé l'ester méthylique **20** (schéma 24), qui a ensuite été utilisé dans les réactions d'oxydation amidative conduisant aux molécules cibles comportant la chaîne latérale chargée négativement.

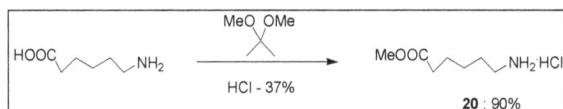

Schéma 24. Synthèse de l'ester méthylique de l'acide 6-aminohexanoïque **20**

VII.4.2   Synthèse de **PA-4**

Le phosphoramidate cible, comportant la chaîne anionique latérale et le groupement 5' monophosphate, (**PA-4**) a été synthétisé à partir du *H*-phosphonate diester **17** suite à l'oxydation amidative par le CCl₄, en présence de l'amine **20** (10 équiv). Dix équivalents de triéthylamine ont été ajoutés pour libérer la fonction amine primaire de sa forme chlorhydrate non nucléophile (schéma 25).

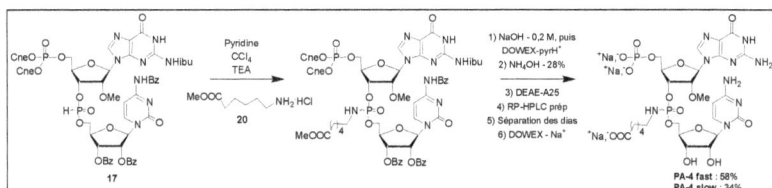

Schéma 25. Oxydation amidative de **17** en présence de l'ester méthylique de l'acide 6-aminohexanoïque **20**. Synthèse de **PA-4**

Sur le mélange d'oxydation brut, une saponification à la soude 0,2 M a permis l'hydrolyse de l'ester méthylique sur la chaîne *N*-latérale et l'hydrolyse des esters benzoïques sur la partie cytidine. Après neutralisation du milieu, les protections de type amide ainsi que les groupements cyanoéthyles ont été hydrolysés suite au traitement standard à l'ammoniaque 28% à 50 °C. Après les étapes de purification, de séparation des diastéréoisomères sur l'atome de phosphore asymétrique et d'échange d'ions, les deux diastéréoisomères « fast » et « slow » du phosphoramidate cible **PA-4** ont été obtenus avec des rendements de 58% et de 34% respectivement. De façon intéressante, la présence de la longue chaîne alkyle, ainsi que la fonction ester carboxylique sur l'amine **20** a eu une influence sur la proportion de chaque diastéréoisomère formé au cours de l'oxydation. Ainsi, dans le spectre RMN du ^{31}P, le diastéréoisomère phosphoramidate « fast », résonnant à des champs plus forts (« up-field, uf », δ_{P-N} = 10,8 ppm) a été obtenu de façon majoritaire, dans un ratio d'environ 2 pour 1, par rapport à l'isomère « slow », résonnant à des champs plus faibles (« down-field, df », δ_{P-N} = 11,3 ppm).

VII.4.3   Synthèse de **PA-7**

L'analogue carboxylique 5'-non-phosphorylé (**PA-7**) a été préparé à partir du *H*-phosphonate diester **18**, en suivant un protocole d'oxydation et de déprotection similaire. L'étape de détritylation à l'acide acétique 80% a été effectuée après le traitement à l'ammoniaque (schéma 26).

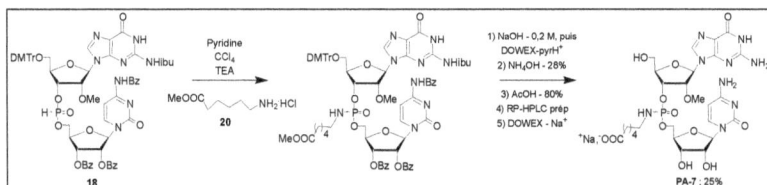

Schéma 26. Oxydation amidative de **18** en présence de l'ester méthylique de l'acide 6-aminohexanoïque **20**. Synthèse de **PA-7**

Le phosphoramidate cible **PA-7** a été obtenu après purification par HPLC préparative et échange sodium avec un rendement de 25%, sous forme d'un mélange de diastéréoisomères dans un rapport « uf »/« df » d'environ 1,8 pour 1.

VII.4.4   Synthèse de **PA-8**

107

Finalement, le phosphoramidate carboxylique portant le groupement 5'-monothiophosphate (**PA-8**) a été préparé par oxydation du *H*-phosphonate diester **19** en présence de l'amine **20** (schéma 27).

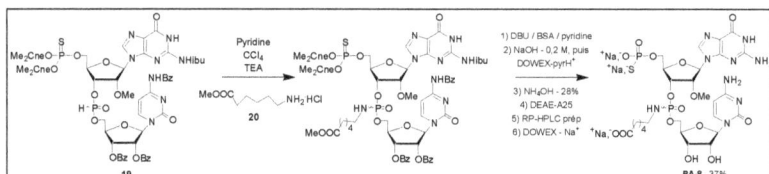

Schéma 27. Oxydation amidative de **19** en présence l'ester méthylique de l'acide 6-aminohexanoïque **20**. Synthèse de **PA-8**

Pour éviter le traitement prolongé à l'ammoniaque, nécessaire pour la déprotection complète des groupements cyano-diméthyléthyle (voir la synthèse de **PA-6**), un protocole alternatif a été utilisé. L'utilisation de DBU en présence de *N,O*-bis-(triméthylsilyl)-acétamide (BSA) dans la pyridine anhydre,[270] permet une déprotection rapide des groupements cyano-di-méthyléthyle. La saponification par la soude 0,2 M, suivie du traitement à l'ammoniaque 28% durant 6 h à 50 °C a permis d'obtenir le phosphoramidate **PA-8** brut, complètement déprotégé. Après les étapes de purification et échange d'ions, la molécule cible **PA-8** a été obtenue avec un rendement de 37%, sous forme d'un mélange de diastéréoisomères dans un rapport « uf »/« df » d'environ 1,8 pour 1.

VIII Séparation des diastéréoisomères des molécules cibles PA-1, PA-4, PA-6 et PA-8. Attribution de la configuration absolue sur l'atome de phosphore chiral

Il a été montré que la présence d'atomes de phosphore asymétrique dans les oligonucléotides modifiés induit des différences au niveau de la structure et des propriétés physiques d'un des diastéréoisomères par rapport à l'autre (pour une revue voir Lebedev et Wickstrom[273] et les références citées dedans). Par exemple, toutes les expériences d'hybridation et de stabilité des complexes entre un oligonucléotide chiral modifié et sa cible complémentaire, ont mis en évidence des différences significatives entre les propriétés des diastéréoisomères Rp et Sp.[273]

Plusieurs exemples d'activité antivirale différente, mesurée pour les différents diastéréoisomères Rp et Sp de certains pro-nucléotides phosphoramidates, ont également été décrits.[172,274-277] De plus, depuis 1992, la FDA recommande, pour tout composé candidat de mise sur le marché, la résolution des stéréoisomères ainsi que leur évaluation séparée, afin d'établir leurs profils individuels d'effets thérapeutiques et de toxicité.[278]

Une évaluation initiale *in vitro* des composés cibles, sous forme d'un mélange de deux diastéréoisomères, a été effectuée (voir plus loin).[268] Pour les mélanges qui ont montré une activité inhibitrice intéressante, nous avons séparé les deux diastéréoisomères (Rp et Sp), afin de pouvoir ensuite étudier l'effet de la configuration absolue de l'atome de phosphore asymétrique sur l'effet inhibiteur de chaque isomère.

VIII.1 Méthode de séparation des diastéréoisomères par HPLC C_{18} préparative

Plusieurs publications décrivent la difficulté de séparation des différents diastéréoisomères des phosphoramidates diesters sur une phase inverse en C_{18}, en employant des méthodes d'HPLC préparative ou semi-préparative.[274,276,279] Par conséquent, quelques techniques alternatives de séparation par chromatographie ont été développées. Une méthode, utilisant des polymères à empreinte moléculaire comme phase stationnaire a été décrite,[279] mais l'efficacité correspondante a été assez limitée. D'autre part, une séparation efficace de plusieurs mélanges de diastéréoisomères a pu être effectuée par HPLC en phase inverse, sur une phase stationnaire chirale, de type polysaccharide.[276] Cependant, ces deux méthodes de séparation présentent certains inconvénients, comme la difficulté de préparation de la phase stationnaire à empreinte moléculaire, pour la première méthode ; et le coût élevé, ainsi que la longue et difficile mise en œuvre des conditions optimales pour la deuxième.

Nous avons donc décidé de séparer les deux diastéréoisomères de nos dinucléosides phosphoramidates cibles par HPLC préparative en phase inverse C_{18}, en utilisant une colonne préparative Waters DeltaPak C_{18} (7,8 × 300 mm, 15 µm), installée sur l'appareil Waters, utilisé pour les injections en HPLC analytique. Les détections ont été effectuées à la longueur d'onde de 260 nm. Une optimisation sur les gradients linéaires employés a été effectuée, et les meilleurs résultats ont été obtenus pour un gradient proche de l'isocratique (un gradient linéaire de 7% à 10% d'ACN, dans un tampon TEAAc 50 mM, pendant 30 min a été utilisé, avec un débit de 2 mL/min). Le volume d'injection ne pouvant pas dépasser 200 µL, des injections de 150 µL ont été typiquement réalisées, et la charge maximale de la colonne par injection a été établie à 1 mg de mélange par injection (environ 7×10^{-3} mg/µL). Un exemple de profil de la séparation des deux diastéréoisomères (composé **PA-1**) en HPLC préparative C_{18} est représenté en figure 15.

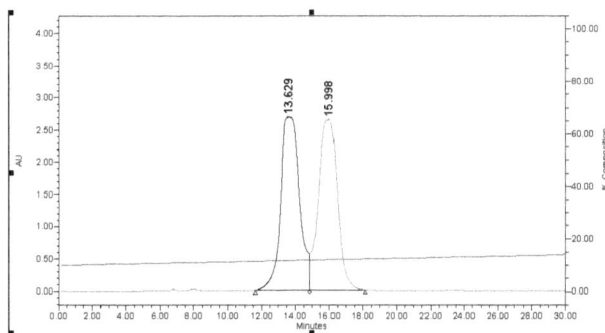

Figure 15. Chromatogramme d'HPLC préparative à 260 nm de la séparation des diastéréoisomères du composé **PA-1**. La pente bleue représente le gradient linéaire employé : 7 à 10 % d'ACN en 30 min.

Cette méthode de séparation a fourni des résultats satisfaisants, car les diastéréoisomères de tous les analogues ont été obtenus purs à plus de 95% (HPLC à 260 nm), sans contamination visible d'un isomère par l'autre.[268]

Les deux diastéréoisomères ont été différenciés par leur temps de rétention sur la phase stationnaire C_{18}. Après séparation, chacun des isomères a été analysé seul, et en mélange équimolaire avec l'autre (figure 16). L'isomère ayant le plus faible temps de rétention sur C_{18}, tant en HPLC préparative qu'en HPLC analytique, donc l'isomère le plus polaire, a été appelé diastéréoisomère « fast », pour « fast-eluting ». Inversement, le diastéréoisomère présentant le plus grand temps de rétention sur C_{18}, donc le moins polaire, a été appelé « slow », pour « slow-eluting » (figure 16).

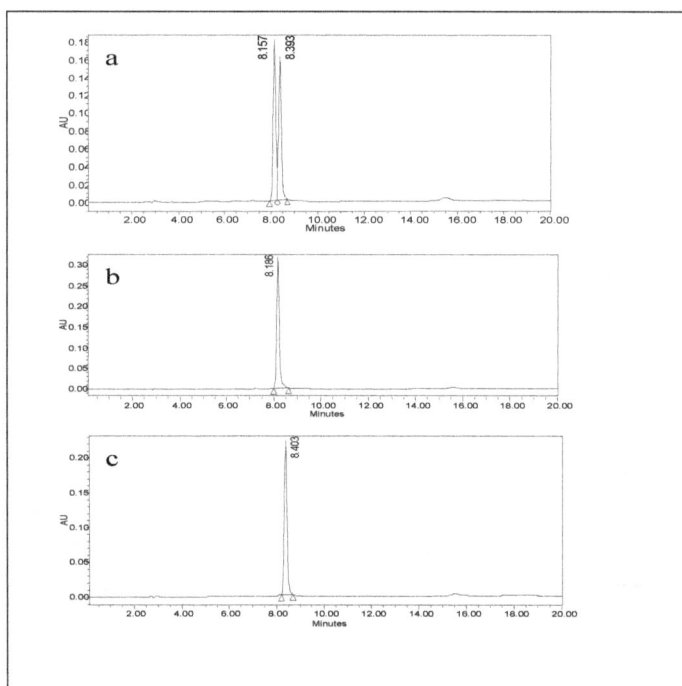

Figure 16. Chromatogrammes d'HPLC analytique à 260 nm de : (a) le mélange des diastéréoisomères du composé **PA-1** ; (b) l'isomère **PA-1** « fast » pur ; (c) l'isomère **PA-1** « slow » pur.

111

VIII.2 Attribution de la configuration absolue de l'atome de phosphore chiral

La spectroscopie par diffraction des rayons X est la méthode de choix pour déterminer la configuration absolue du phosphore asymétrique des oligonucléotides chiraux. Cependant, l'utilisation de cette méthode est conditionnée par l'obtention de monocristaux de bonne qualité, ce qui souvent s'avère être une tâche difficile.[273] Dans ce contexte, la spectroscopie de RMN se trouve alors être la technique appropriée.

En effet, à chaque configuration absolue (Rp ou Sp) correspond une organisation spatiale propre, qui se traduit par des distances interatomiques différentes entre atomes identiques, proches du centre asymétrique. Ces distances interatomiques peuvent être accessibles par le phénomène de relaxation croisée ou NOE (nuclear Overhauser enhancement). En effet, lorsque deux noyaux sont suffisamment proches dans l'espace, il se produit un effet de relaxation mutuelle, dont l'intensité est d'autant plus grande que les noyaux sont proches. Le NOE étant directement proportionnel à r^{-6} (où r est la distance internucléaire), il est donc possible d'obtenir un tel effet pour des protons distants d'environ 5 Å.

En RMN homonucléaire ^{1}H, l'effet NOE peut être >0 ou <0, selon la taille de la molécule étudiée. Si, en pratique on a le plus souvent recours à des expériences de NOESY bidimensionnelle pour étudier les molécules de taille importante, pour les molécules de taille intermédiaire (500 – 2000 Da) on est confronté à un effet NOE faible, voir nul. Pour remédier à cette limitation, une variante de la NOESY appelée ROESY (Rotationary Frame Nuclear Overhouser Effect SpectroscopY)[280] a été proposée, pour laquelle la relaxation croisée est toujours positive.

En absence de monocristaux pour nos dinucléosides phosphoramidates cibles, diastéréoisomériquement purs, nous avons décidé de réaliser des expériences de ROESY pour déterminer la configuration absolue du phosphore chiral sur un composé modèle et de l'extrapoler aux autres analogues. Une quantité convenable (30 µmol) de chaque isomère du composé **PA-4** a été préparée, et des expériences de ROESY (400

MHz, temps de mélange – 200 ms, température ambiante, D_2O, [0,05 M]) ont été réalisées. Malheureusement, et comme précédemment observé pour d'autres dinucléosides N-alkylphosphoramidates,[203,281] nous n'avons pas observé d'effets NOE entre les protons des parties nucléosidiques du dimère et le groupement méthylène α, de la chaîne latérale portée par le lien phosphoramidate internucléosidique.

Par conséquent, en absence de méthode permettant de déterminer directement la configuration absolue sur l'atome de phosphore internucléosidique chiral, nous nous sommes basés sur une corrélation, établie entre les temps de rétention en HPLC sur C_{18} et les déplacements chimiques du signal de liaison P-N du phosphoramidate monoester dans le spectre RMN du ^{31}P dans D_2O, mesurés pour chaque diastéréoisomère. Cette corrélation, qui est en accord avec des observations précédemment décrites pour ce type de composés,[203] nous a permis de suggérer la configuration absolue pour les dinucléosides cibles diastéréoisomériquement purs.

En effet, une nette relation a été observée pour chaque paire de diastéréoisomères séparés, car tous les isomères ayant le temps de rétention le plus faible (isomères « fast ») ont également présenté un déplacement chimique du signal de la liaison P-N du phosphoramidate diester résonnant dans les champs forts («up-field, uf ») ; et inversement, tous les isomères avec le temps de rétention le plus grand (isomères « slow ») ont présenté un déplacement chimique du phosphoramidate P-N résonnant dans les champs faibles (« down-field, df »). Ces valeurs sont représentées dans le tableau 4. En accord avec le comportement précédemment établi pour les dinucléosides phosphoramidates diesters,[203] les isomères « fast » et « uf » ont été désignés comme étant les isomères Rp, et les isomères « slow » et « df » – comme les isomères Sp (tableau 4).

Cette désignation a été appuyée par la comparaison des valeurs des constantes de couplage $^{3}J_{C(G2')-P}$, mesurées entre le carbone 2' de la moitié guanosine et le phosphore internucléosidique, pour chaque diastéréoisomère du composé modèle **PA-4**. Comme précédemment établi par Tomoskozi et al.,[203] la valeur supérieure mesurée correspond au phosphoramidate de configuration absolue Sp, et inversement, la valeur la plus faible correspond à l'isomère Rp.

Tableau 4. Corrélation entre le temps de rétention en HPLC C_{18}, le déplacement chimique δ_{P-N} en RMN du ^{31}P et la configuration absolue suggérée pour les diastéréoisomères séparés des phosphoramidates cibles **PA-1**, **PA-4**, **PA-6** et **PA-8**

Composé	Diastéréoisomère	Temps de rétention (min)[a]	δ_{P-N} (ppm)	Configuration absolue
PA-1	« fast »	8,19	10,5 (« uf »)	Rp
	« slow »	8,40	10,8 (« df »)	Sp
PA-6	« fast »	8,08	10,4 (« uf »)	Rp
	« slow »	8,27	10,7 (« df »)	Sp
PA-4	« fast »	7,92	10,8 (« uf »)	Rp
	« slow »	8,12	11,3 (« df »)	Sp
PA-8	« fast »	7,91	10,7 (« uf »)	Rp
	« slow »	8,10	11,2 (« df »)	Sp

[a]Gradient linéaire : 0 à 40 % en ACN en 15 min

Cette règle est en accord avec les observations expérimentales pour les isomères de **PA-4**, car une constante de couplage $^3J_{C-P}$ de 4,6 Hz a été mesurée pour l'isomère « slow, df », désigné comme le Sp, et une valeur de 3,7 Hz a été trouvée pour l'isomère « fast, uf », désigné comme le Rp.

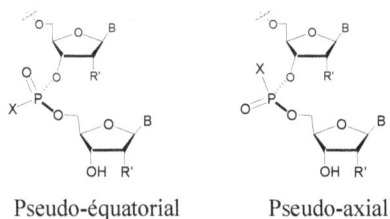

| | Pseudo-équatorial | Pseudo-axial |

| | Configuration | |
X	Pseudo - équatorial	Pseudo - axial
-S	Sp (uf)	Rp (df)
-NHR	Rp (uf)	Sp (df)

Figure 17. Structures et corrélation entre déplacement chimique δ_{P-X} et configuration absolue pour les diastéréoisomères des dinucléosides phosphorothioates (X = S) et des dinucléosides phosphoramidates (X = NHR). Adaptée à partir de la référence[273]

Une corrélation similaire, entre les temps de rétention en HPLC C_{18}, les déplacements chimiques du signal de la liaison P-S, et la configuration absolue respective, pour différents dinucléosides phosphorothioates diesters, a été précédemment établie. Ce postulat, basé sur une quantité suffisante de données expérimentales, a été établi par Eckstein en 1983,[282] et est connu aujourd'hui comme la règle d'Eckstein.[283] Selon cette règle, les diastéréoisomères phosphorothioates Rp résonnent à des champs plus faibles « down-field » que les diastéréoisomères Sp résonnant à des champs plus forts « up-field ».[282] Dans une comparaison avec les résultats observés pour les dinucléosides N-alkylphosphoramidates, on peut remarquer que les déplacements chimiques « uf » ou « df » correspondent au même positionnement, pseudo-équatorial ou pseudo-axial, de la modification (X) sur l'atome de phosphore asymétrique (figure 17). La configuration absolue, en revanche est inversée, à cause du changement d'ordre de priorité des substituants entre les phosphoramidates (X = NHR) et les phosphorothioates (X = S).

La validité de cette attribution indirecte des configurations absolues a été également appuyée par les résultats de modélisation moléculaire (voir plus loin).[268]

IX Evaluations biologiques et relations structure – activité développées pour les molécules cibles

Les dinucléosides phosphoramidates cibles ont été évalués en tant qu'inhibiteurs de la polymérase NS5B du VHC, interférant avec l'étape d'initiation de la réplication virale. Tout d'abord, l'activité inhibitrice des composés a été évaluée *in vitro* sur une polymérase recombinante purifiée NS5B-Δ55 tronquée. Ces expériences ont été réalisées par le Dr. Hélène Dutartre dans le groupe du Dr. Bruno Canard, au sein du département de virologie structurale dans l'UMR 6098 AFMB, à Marseille, France.

Un modèle moléculaire du complexe entre la polymérase NS5B et l'inhibiteur le plus efficace a été construit afin d'expliquer les tendances de relations structure – activité (RSA) observées *in vitro*, et afin de proposer un mécanisme de l'inhibition. La modélisation moléculaire a été réalisée par le Dr. Ivan Barvik, au sein du département de physique, à l'université Charles, à Prague, République Tchèque.

Finalement, l'effet inhibiteur des composés a été évalué en culture cellulaire contenant un réplicon sub-génomique du VHC. Ces expériences ont été réalisées dans le groupe du Dr. Johan Neyts, au sein de l'institut Rega de recherche médicale, à l'université catholique de Louvain, à Louvain, Belgique.

IX.1 Evaluation *in vitro* sur la polymérase NS5B

Comme discuté dans le chapitre précédent, dans un travail sur l'étude de la réplication d'ARN catalysée par la polymérase NS5B, sur une matrice polyC, Dutartre et al.[52] ont identifié trois étapes cinétiquement distinctes. La formation des produits G_2, de G_3 à G_6, et $>G_6$, ont été décrites comme étant les étapes d'initiation, de transition et d'élongation de la synthèse d'ARN. Les dinucléosides phosphoramidates GC synthétisés ont été conçus afin de cibler l'étape de l'initiation de la synthèse d'ARN. Ils sont complémentaires de l'extrémité 3' d'un oligonucléotide synthétique, correspondant à l'extrémité 3' du brin négatif du génome du VHC.

Le test d'inhibition *in vitro* a consisté à mesurer la production du dinucléotide naturel pppGC, formé à partir de GTP et de CTP radiomarqué sur le phosphore α, et d'évaluer la capacité des dinucléosides phosphoramidates cibles à inhiber cette production (figure 18). Comme décrit par Shim et *al.*,[55] lors de l'utilisation d'une telle matrice ARN (figure 18A), la polymérase du VHC est capable d'initier la synthèse d'ARN à partir de deux sites différents, pour former le dinucléotide désiré pppGC et une faible quantité de sous-produit pppCC. Lorsque le dinucléoside phosphoramidate cible est ajouté dans le milieu réactionnel, la quantité de produit pppGC diminue, ce qui reflète l'inhibition de la synthèse d'ARN (figure 18A).[268] La concentration en produit pppGC peut être quantifiée par dosage de la radioactivité, et sa diminution, en fonction de l'augmentation de la concentration en inhibiteur, permet de déterminer la concentration d'inhibition de 50% (CI_{50}) des différents dinucléosides phosphoramidates (figure 18B-C).[268]

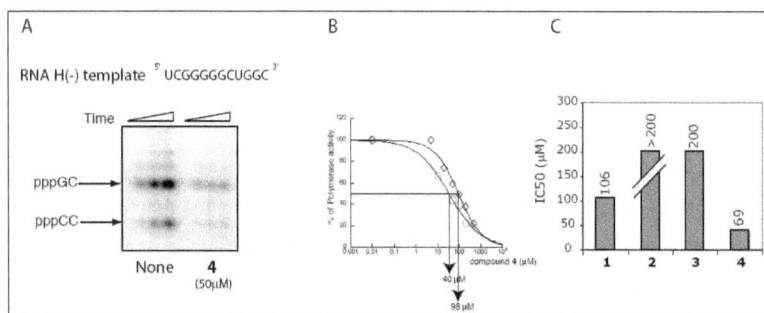

Figure 18. Diminution de la formation de produits d'initiation (pppGC et pppCC) synthétisés par une polymérase recombinante purifiée NS5B. A) Cours de la réaction de formation des produits d'initiation par la polymérase NS5B, à partir d'une matrice ARN, correspondant à l'extrémité 3' du brin (-) du génome du VHC, en absence (None), et en présence du composé **PA-4 (4)** à la concentration de 50 µM. Les produits

117

d'initiation ont été séparé sur gel d'électrophorèse. B) Les produits pppGC obtenus pour différentes concentrations du composé **PA-4** ont été quantifiés, et les valeurs sont représentées en fonction de la concentration. Les courbes de deux expériences différentes sont représentées, et les valeurs correspondantes calculées pour les CI_{50} sont notées sous les flèches. C) Les produits pppGC obtenus pour différentes concentrations des composés **PA 1** à **4** (**1 – 4**) ont été quantifiés comme décrit en B). Les valeurs de CI_{50} calculées à partir des courbes sont représentées par une barre pour chaque dinucléoside phosphoramidate. Toutes les valeurs représentent une valeur moyenne d'au moins trois expériences séparées.

IX.1.1   Effet de la fonctionnalité de la chaîne latérale du phosphoramidate

Les dinucléosides phosphoramidates comportant une chaîne latérale *N*-alkyle présentant une fonctionnalité chargée positivement (amine tertiaire, **PA-2**, figure 19) ou amphiphile (imidazole, **PA-3**, figure 19) n'ont pas montré d'effet significatif sur la production de pppGC, présentant des valeurs de CI_{50} >200 µM et de 200 µM, respectivement (figure 18C).[268] En revanche, lorsque les composés contenant une chaîne latérale neutre (éther, **PA-1**, figure 19) ou chargée négativement (carboxylate, **PA-4**, figure 19) ont été évalués, une inhibition significative et reproductible a été observée, avec le meilleur effet inhibiteur mesuré pour le dinucléoside phosphoramidate chargé négativement **PA-4** (CI_{50} = 69 µM).[268] Après ces premiers résultats d'évaluation *in vitro*, qui ont montré l'effet négatif de l'introduction d'une fonctionnalité chargée positivement ou amphiphile sur le lien internucléosidique, uniquement les analogues **PA-1** et **PA-4** ont été sélectionnés pour les études supplémentaires.

IX.1.2   Effet du groupement 5'-terminal

Leurs analogues 5'-non-phosphorylés (**PA-5** et **PA-7**) et 5'-thiophosphorylés (**PA-6** et **PA-8**) (figure 19) ont ensuite été évalués *in vitro* sur l'enzyme.

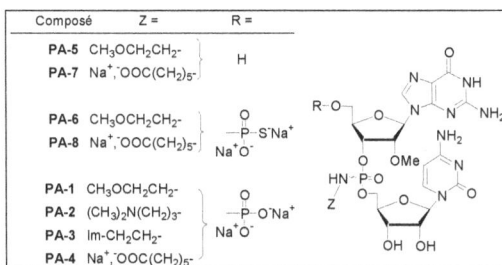

Figure 19. Représentation schématique des structures des composés utilisés dans les évaluations biologiques

L'absence du groupement 5'-monophosphate dans les analogues **PA-5** et **PA-7** a conduit à la perte de l'activité inhibitrice, avec une augmentation des valeurs de CI_{50} >200 µM et >100 µM respectivement (non illustré). En revanche, la substitution du groupement 5'-monophosphate par le 5'-monothiophosphate a augmenté le pouvoir inhibiteur des dinucléosides phosphoramidates, et ce quelque soit la fonctionnalité portée par la chaîne latérale N-alkyle : pour le phosphoramidate neutre (**PA-6**) et pour le phosphoramidate chargé négativement (**PA-8**), les valeurs de CI_{50} ont été diminuées jusqu'à deux fois (figure 20A : 52 µM pour **PA-8** et 47 µM pour **PA-6**) comparés aux dinucléosides 5'-monophosphates (figure 20A : 69 µM pour **PA-4** et 106 µM pour **PA-1**).[268]

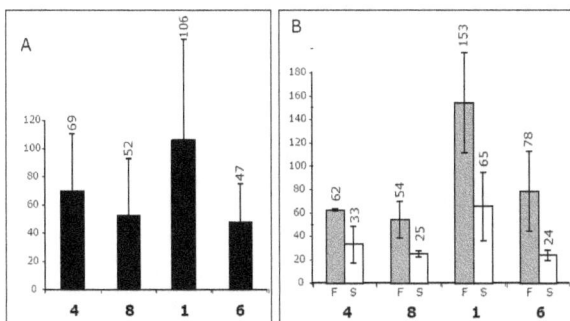

Figure 20. La modification 5'-monothiophosphate et la séparation des diastéréoisomères augmentent l'efficacité des dinucléosides phosphoramidates. A) Valeurs de CI_{50} des analogues carboxyliques (**PA-4** et **PA-8**) et des analogues neutres (**PA-1** et **PA-6**). B) Evaluation *in vitro* des diastéréoisomères séparés des dinucléosides phosphoramidates carboxyliques (**PA-4** et **PA-8**) et neutres (**PA-1** et **PA-6**). Le signe « F » correspond à l'isomère « fast », c'est-à-dire l'isomère élué le plus rapidement en HPLC sur C_{18}, et « S » correspond à l'isomère « slow », élué plus lentement en HPLC sur C_{18}.

IX.1.3 Effet de la configuration absolue de l'atome de phosphore chiral

Pour les quatre dinucléosides phosphoramidates **PA-1**, **4**, **6** et **8** le mélange des diastéréoisomères Sp et Rp a été séparé et chaque diastéréoisomère a été évalué individuellement. Les valeurs de CI_{50} obtenues (figure 20B) montrent que la meilleure activité d'inhibition est toujours obtenue pour les isomères « slow », précédemment désignés comme les isomères de configuration Sp (figure 20B, composés notés « S »). Le diastéréoisomère « slow » (Sp) est toujours deux à trois fois plus efficace que l'isomère « fast » (Rp) (ex. 54 µM pour **PA-8F** comparé à 25 µM pour **PA-8S**).[268] Cette tendance est observée quelque soit la nature de la chaîne latérale portée par le lien phosphoramidate internucléosidique. En outre, la séparation des diastéréoisomères n'a pas infirmé les résultats de RSA obtenus pour les mélanges : la série neutre **PA-1** étant la moins efficace, suivie par la série carboxylique **PA-4** ; les séries analogues 5'-thiophosphorylées **PA-6** et **PA-8** présentant toujours la meilleure activité inhibitrice.

IX.2 Modélisation moléculaire du complexe entre PA-8 et la polymérase

Comme précédemment mentionné, la résolution de la structure cristalline de la polymérase NS5B du VHC a indiqué la présence d'une structure secondaire particulière, appelé « flap », qui encercle le site actif de la polymérase.[139,144] Par conséquent, l'orientation spatiale de la modification phosphoramidate et de sa chaîne latérale

120

devrait influencer le positionnement de l'inhibiteur dinucléotidique au sein de ce site actif fermé et très contraint.

En effet, seule la structure du diastéréoisomère Sp (composé **PA-8S**, figure 21) a pu être convenablement modélisée à l'intérieur du site actif de la polymérase NS5B (figure 22).[268] Comme attendu, et comme décrit pour les substrats NTPs naturels, des interactions importantes de type liaison hydrogène et/ou interactions électrostatiques entre la partie 5'-monophosphate ou monothiophosphate et les trois résidus arginine (Arg 158, Arg 386 et Arg 394) peuvent être observées dans notre modèle (figure 22). Dans la configuration absolue Sp, l'atome d'oxygène non pontant du lien phosphoramidate internucléosidique est situé dans la position pseudo-équatoriale (figure 21), dirigé vers les deux ions magnésium (Mg^{2+}) présents dans le site de polymérisation, ce qui permet une complexation entre eux (figure 22).[268]

Par ailleurs, la configuration absolue Sp représente l'unique moyen de positionner convenablement la longue chaîne latérale du lien phosphoramidate à l'intérieur du site actif de la polymérase, en la dirigeant dans le tunnel d'entrée des NTPs.

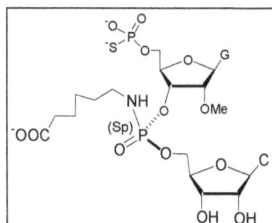

Figure 21. Structure chimique de l'isomère Sp du composé **PA-8**, utilisé dans l'expérience de modélisation moléculaire

La fonction carboxylate portée à l'extrémité de la chaîne latérale *N*-alkyle est alors en interaction avec des résidus d'acides aminés basiques, situés sur le chemin d'entrée des NTPs durant la polymérisation. En effet, des interactions électrostatiques, entre le carboxylate et des résidus arginine (Arg 158, Arg 48) et lysine (Lys 155), sont possibles selon le modèle construit (figure 22).[268]

121

Un tel positionnement de la longue chaîne alkyle peut, par une sorte de « clash » stérique, bloquer l'accès de NTPs vers le site actif, ce qui expliquerait l'effet inhibiteur observé. Le dinucléoside phosphoramidate mime la présence du produit d'initiation GC dans le site actif de la polymérase NS5B. La transition entre l'étape d'initiation et la phase suivante dans la synthèse de l'ARN est initiée par un repositionnement du produit d'initiation GC, qui permet l'introduction d'un nouveau NTP dans le site de polymérisation. Il semble, cependant, que ce changement de conformation de l'enzyme est bloqué par la présence de trois facteurs importants dans la structure de l'inhibiteur dinucléoside phosphoramidate : le groupement 5'-monophosphate/monothiophosphate, le groupement carboxylate en bout de la chaîne latérale portée par le lien phosphoramidate et la configuration absolue Sp du phosphore internucléosidique, qui permet une orientation efficace pour l'atome d'oxygène non pontant et pour la longue chaîne alkyle latérale (figure 22). Ainsi, l'accès de NTPs semble être obstrué par la chaîne latérale carboxylique, qui crée un réseau de liaisons hydrogène avec les résidus arginine et lysine chargés positivement, qui sont normalement impliqués dans l'introduction des NTPs vers le site actif. Ces résidus basiques, étant impliqués dans les interactions avec le groupement carboxylique du phosphoramidate, ne peuvent plus servir comme point d'attache pour les parties triphosphates des NTPs entrants.[268]

En complément des RSA développées suite aux résultats d'évaluation *in vitro*, le modèle du complexe entre la polymérase et le dinucléoside phosphoramidate, affiné par des simulations de dynamique moléculaire, a confirmé la meilleure activité inhibitrice obtenue pour les analogues 5'-phosphorylés ou thiophosphorylés, comportant une chaîne latérale carboxylique placée sur un lien internucléosidique phosphoramidate dans la configuration absolue Sp. L'ensemble de ces modifications s'est révélé important, conduisant d'après notre modèle, à des interactions cruciales entre le dinucléoside phosphoramidate et des résidus d'acides aminés dans le site actif, qui induisent l'inhibition.

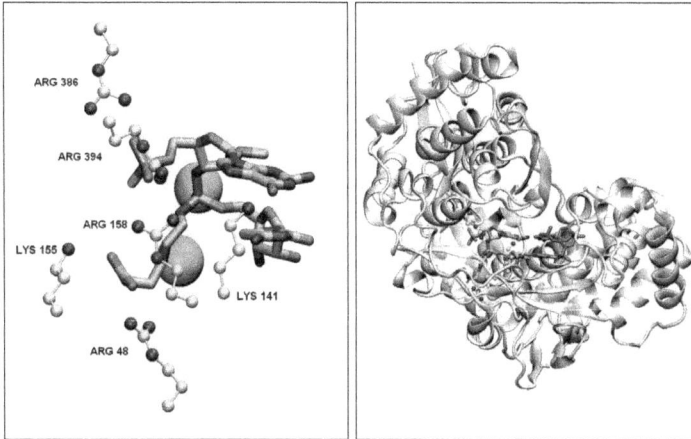

Figure 22. Modèle moléculaire entre l'isomère Sp du composé **PA-8** et le site actif de la polymérase NS5B du VHC. Représentation des interactions avec des résidus d'acides aminés

IX.3 Evaluation en culture cellulaire comportant un réplicon sub-génomique du VHC

Les dinucléosides phosphoramidates les plus efficaces contre la polymérase NS5B *in vitro* ont été évalués dans une culture cellulaire Huh-5-2, qui est une lignée de cellules hépatocytes, comportant le réplicon I3891uc-ubi-neo/NS3-3'/5.1 du VHC. Ce réplicon contient une protéine rapporteur, luciférase phosphotransférase fusionnée, dont l'expression est strictement dépendante du niveau de réplication du réplicon. Les activités des composés **PA-1**, **PA-4**, et de leurs analogues 5'-mono-thiophosphates **PA-6** et **PA-8** ont été évaluées dans ce modèle (figure 23). Tous les composés se sont révélés non cytotoxiques (CC_{50} >60 µM, non illustré). A la différence des résultats obtenus lors des évaluations *in vitro*, les phosphoramidates portant la fonctionnalité éther (**PA-1** et **PA-6**), testés en tant que mélange de diastéréoisomères, n'ont pas inhibé la réplication du réplicon à la concentration la plus élevée utilisée (60 µM, figure 23A).[268] Les mélanges diastéréoisomériques des phosphoramidates carboxyliques (**PA-4** et **PA-8**) ont montré une inhibition de la réplication avec des valeurs de concentration

123

efficace de 50% (CE_{50}) d'environ 40 μM (figure 23A). Lorsque les isomères ont été évalués individuellement, les diastéréoisomères « slow » (**PA-4S** et **8S**) ont montré une activité au moins deux fois supérieure (figure 23B, 56 et 9 μM, respectivement) à celle des isomères « fast » (**PA-4F** et **8F**, >60 et 21 μM, respectivement).[268]

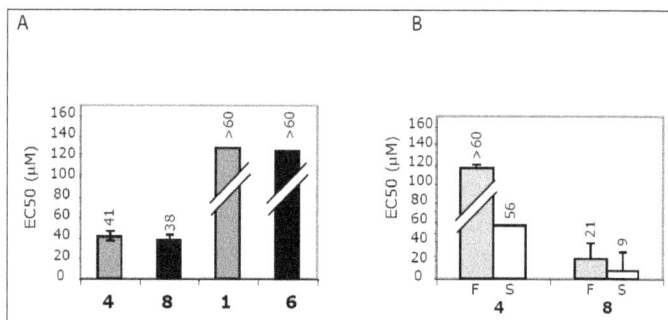

Figure 23. A) Evaluation des composés **PA-1**, **4**, **6** et **8** en cellules Huh-5-2, contenant un réplicon sub-génomique du VHC, incubées avec une quantité croissante de dinucléosides phosphoramidates. B) Evaluation des diastéréoisomères séparés des composés **PA-4** et **PA-8**. La réplication du VHC a été analysée par quantification de l'activité luciférase de la protéine rapporteur après 72 h, et le signal pour les différentes concentrations de chaque composé a été exprimé en pourcentage de cellules non traitées, puis utilisé pour calculer les valeurs de CE_{50}. Toutes les valeurs représentent une valeur moyenne d'au moins trois expériences différentes.

La meilleure inhibition a été observée pour les deux diastéréoisomères séparés du dinucléoside phosphoramidate 5'-thiophosphorylé, comportant la chaîne latérale carboxylique (**PA-8S** et **8F**, CE_{50} de 9 et 21 μM respectivement), qui se sont révélés plus efficaces que l'isomère actif « slow » du composé **PA-4** (CE_{50} de 56 μM). De plus, cette différence est nettement plus marquée que celle observée dans l'évaluation *in vitro* (figure 20). Elle pourrait être expliquée par une meilleure stabilité enzymatique et une meilleure pénétration en culture cellulaire de l'analogue 5'-thiophosphorylé (**PA-8**) par rapport à l'analogue 5'-monophosphate (**PA-4**). Deux facteurs peuvent être à l'origine de ce résultat : d'une part, la fonction 5'-monothiophosphate est plus résistante à l'hydrolyse par des phosphatases cellulaires, et d'autre part,

124

l'hydrophobicité plus élevée de l'atome de soufre doit augmenter la lipophilie des analogues 5'-thiophosphates par rapport aux monophosphates, permettant éventuellement une meilleure pénétration cellulaire.

X   Conclusion

A la recherche de nouveaux inhibiteurs efficaces de la polymérase NS5B du VHC, nous avons conçu et synthétisé une première série d'analogues dinucléosides phosphoramidates de type 2'-*O*-méthylguanosin-3'-yl-cytidin-5'-yle. Ces molécules ont été préparées en utilisant une stratégie de synthèse convergente puis une stratégie de synthèse divergente. Tout d'abord, les différentes unités de construction ont été synthétisées, puis leur couplage a été effectué grâce à un réactif d'activation supporté, conduisant aux intermédiaires dinucléosides *H*-phosphonates diesters. Ces derniers ont finalement été oxydés en présence d'amines primaires différentes, pour conduire, après déprotection et purification, aux molécules cibles désirées, présentant une liaison phosphoramidate internucléosidique portant différentes fonctionnalités. Les rendements et les proportions d'isomères Rp et Sp (« uf » et « df » respectivement) obtenus pour les produits des réactions d'oxydations amidatives des différents dinucléosides *H*-phosphonates diesters ont été exclusivement dépendants de la nature de la chaîne latérale de l'amine primaire utilisée.

L'activité *in vitro* des composés a d'abord été évaluée sur une polymérase NS5B recombinante purifiée. L'analyse RSA a révélé que l'efficacité la plus importante est obtenue pour les analogues portant une fonction carboxylique ou éther sur la chaîne latérale du lien phosphoramidate internucléosidique et un groupement 5'-phosphate ou thiophosphate. Par ailleurs, les diastéréoisomères de configuration absolue Sp sur l'atome de phosphore internucléosidique ont nettement montré une meilleure activité, comparée à celle des isomères Rp et à celle des mélanges, et ceci quelque soit la fonctionnalité de la chaîne latérale.

Ces résultats de RSA ont été expliqués par modélisation moléculaire du complexe entre l'inhibiteur le plus efficace (**PA-8S**), et le site actif de la polymérase, montrant des interactions cruciales entre les modifications clés et des résidus d'acides aminés de l'enzyme.

Cet analogue, comportant la chaîne carboxylique et le groupement 5'-monothiophosphate, a également montré la meilleure activité inhibitrice pour la réplication d'un réplicon sub-génomique du VHC en culture cellulaire Huh-5-2. Les résultats d'inhibition de la réplication en culture cellulaire du VHC, par des inhibiteurs de type dinucléotides n'ont pas, à notre connaissance, été rapportés dans la littérature.

PARTIE EXPERIMENTALE

Les chromatographies sur couche mince (CCM) analytiques sont réalisées sur plaques de silice Merck 60F$_{254}$ (art. 5554). Les composés sont révélés à la lumière Ultraviolette à 254 nm et/ou par pulvérisation d'une solution d'acide sulfurique à 10% dans l'éthanol 95, puis par chauffage. Les composés contenant du phosphore sont révélés par pulvérisation avec le réactif molybdate de Hanes[284]. Les amines sont révélées par pulvérisation dans une solution saturée de ninhydrine dans de l'éthanol 95 (1,4 g de ninhydrine dans 200 mL d'éthanol).

Les chromatographies sur colonne de gel de silice sont effectuées avec de la silice Merck 60 (art. 9385). Les chromatographies « *flash* » sont effectuées sur un appareil Biotage SP1.

Les chromatographies liquides sur phase inverse RP-18 sont effectuées avec de la silice greffée C$_{18}$ Merck LiChroprep® RP-18 (art. 9303) en utilisant un système ISCO, équipé d'une pompe TRIS et d'un détecteur UV (254 nm) UA-6.

Les purifications sur colonne échangeuse d'anions DEAE sont effectuées avec de la résine Pharmacia Sephadex® A-25 (art. 170). Le triéthylammonium bicarbonate (TEAB) 1 M, pH = 7,5 est préparé à partir de triéthylamine, eau milli Q et dioxyde de carbone (gaz).

Les échanges de cations sont réalisés en utilisant de la résine DOWEX 50WX8(ou X2)-200 forme H$^+$ (Aldrich), les différentes formes ioniques sont obtenues par lavage avec des solutions aqueuses 2 M, ensuite la résine est rincée avec de l'eau déminéralisée jusqu'à pH = 7.

Les chromatographies d'exclusion de taille sont effectuées sur gel de résine Sephadex® G-10 GE Healthcare (art. 10).

La résine polyvinylpyridinium *p*-toluènesulfonate utilisée est commercialisée par Aldrich et est utilisée telle que reçue, après séchage sur P$_2$O$_5$ sous vide. Les résines A-26 periodate (IO$_4^-$) et A-26 tétrathionate (S$_4$O$_6^{2-}$) sont obtenues par lavage de la résine Amberlyst A-26 (forme OH$^-$) commerciale (Aldrich) avec du méthanol, du dichlorométhane, puis avec une solution aqueuse 0,2 M de periodate de sodium (1,3 éq.) ou avec une solution aqueuse 0,5 M de tétrathionate de potassium (3 éq.) respectivement. Les résines sont ensuite rincées au méthanol, au dichlorométhane et finalement séchées sous vide sur P_2O_5.[265] La résine polystyrène chlorure d'acide est préparée à partir de la résine polystyrène carboxylate commerciale (Rapp-Polymers), traitée par du chlorure de thionyle (4 éq.) en suspension dans du dichlorométhane anhydre (7 mL/mmol) et du DMF (25 µL/mmol) sous agitation magnétique et à reflux pendant trois heures. La résine est ensuite filtrée, rincée au dichlorométhane et à l'éther, puis séchée sous vide sur P_2O_5[220] et stockée à –20 °C.

Les études HPLC analytiques sont effectuées en utilisant une colonne analytique en phase inverse (Nucleosil, C_{18}, 150 × 4,6 mm, 5 µm) équipée avec un préfiltre et une précolonne (Nucleosil, C18, 5 µm) et une détection à photodiode à 260 ou 254 nm. Les composés sont élués en utilisant un gradient linéaire de 0 à 80% d'acétonitrile dans un tampon d'acétate d'ammonium (TEAAc) 50 mM (pH = 7), sur un temps de 30 minutes avec un débit de 1 mL/min.

Les purifications par HPLC préparative sont effectuées en utilisant une colonne préparative en phase inverse (Waters DeltaPak, C_{18}, 7,8 × 300 mm, 15 µm) avec les conditions d'élution d'HPLC analytique avec un débit de 2 mL/min.

Les séparations des diastéréoisomères sont effectuées en utilisant les conditions générales de purification par HPLC préparative (paragraphe au-dessus). Les conditions de gradient et la charge maximale de la colonne préparative sont données pour chaque mélange. Après élution, le tampon TEAAc est enlevé par lyophilisations consécutives dans l'eau. Les temps de rétention pour chaque diastéréoisomère pur sont donnés après injection en colonne analytique d'un mélange équimolaire. En fonction du temps de rétention, les noms « *fast* » et « *slow* » sont attribués pour l'isomère le moins retenu, et pour l'isomère le plus retenu, respectivement.

Toutes les réactions sensibles à l'humidité sont effectuées dans des conditions anhydres en utilisant une atmosphère d'argon et de la verrerie sèche.

L'acétonitrile est distillé sur hydrure de calcium, après une nuit d'agitation à température ambiante et deux heures de reflux, puis stocké sur tamis moléculaire 3 Å. La pyridine et la triéthylamine sont distillées sur hydrure de calcium après une nuit d'agitation à température ambiante et deux heures de reflux. Le dichlorométhane et le tétrachlorure de carbone sont distillés sur P_2O_5 après deux heures de reflux. Le dioxane est rendu anhydre après passage sur une colonne de Al_2O_3 neutre, puis stocké sur tamis moléculaire 3 Å. L'éthanol est distillé sur sodium après deux heures de reflux. Tous les autres solvants sont commandés auprès des fournisseurs et utilisés tels quels.

Le tamis moléculaire 3 Å ou 4 Å est régénéré pendant trois heures à 300 °C avant l'emploi.

Techniques générales de caractérisation

Les spectres de masse (SM) basse résolution ou haute résolution (SMHR) sont effectués selon les méthodes d'ionisation FAB en mode positif (FAB⁺) ou négatif (FAB⁻), avec un appareil JEOL SX102, avec comme matrice de l'alcool 3-nitrobenzylique (NBA) ou un mélange glycérol/thioglycérol [50/50, v/v, (GT)] et/ou selon les méthodes d'ionisation MALDI en mode positif (>0) ou négatif (<0), avec un appareil Perspective Biosystems Voyager DE, avec comme matrice un mélange 2,4,6-trihydroxyacétophénone/citrate d'ammonium [10/1, m/m, en solution saturée dans un mélange eau/acétonitrile - 1/1, v/v, (THAP/cit)] et/ou selon le mode d'ionisation ESI avec un appareil Q-Tof Micromass. De la fragmentation de la liaison N-glycosidique résultent des fragments notés (Su) pour sucre et (B) pour base.

Les spectres infra rouge (IR) sont enregistrés avec un appareil Perkin Elmer Paragon 1000.

Les spectres de RMN du proton (¹H) et du carbone (¹³C) sont enregistrés à température ambiante avec un appareil Brüker (400, 300 et 200 MHz pour ¹H, 100 et 75 MHz pour ¹³C). Les déplacements chimiques (δ) sont exprimés en partie par million (ppm) par rapport au signal résiduel du $CHCl_3$ fixé à 7,27 ppm pour ¹H et à 77,0 ppm pour ¹³C respectivement (DMSO-d_6 à 2,49 et à 39,5 ppm ; D_2O à 4,79 + référence interne goutte de CH_3OH à 49,5) pris comme référence interne.[285] Les constantes de couplage sont exprimées en Hertz. L'attribution des signaux est basée sur des corrélations 2D homonucléaires ¹H/¹H et hétéronucléaires ¹H/¹³C et sur des échanges avec l'oxyde de deutérium. La multiplicité des signaux est indiquée par une (ou plusieurs) lettre(s) minuscules(s) : s(singulet), d(doublet), t(triplet), q(quadruplet), qn(quintuplet), m(multiplet), l(large), p(pseudo), dd(doublet dédoublé), dt(doublet triplé), dq(doublet quadruplé), éch(échangeable).

Les spectres RMN du phosphore (^{31}P) sont enregistrés à température ambiante avec un appareil Brüker (81, 101 et 121 MHz) en mode phosphore découplé (intégré) ou en mode couplé phosphore proton (pour les *H*-Phosphonates). Les déplacements chimiques (δ) sont exprimés en partie par million (ppm) par rapport au signal de H_3PO_4-80% comme référence externe. Les constantes de couplage sont exprimées en Hertz pour les spectres effectués en mode couplé phosphore proton.

Les spectres UV sont enregistrés avec un appareil VARIAN Cary 300 Bio.

2'-*O*-Acétyl-3',5'-*O*-di-*tert*-butylsilanediyl guanosine (1)

A une suspension d'hydrate de guanosine (1,4 g, 5 mmol, 1 éq.), séché trois fois par coévaporation azéotropique avec de la pyridine anhydre et deux fois avec de l'acétonitrile anhydre, dans le *N*,*N*-dimethylformamide anhydre (10 mL), à 0 °C sous agitation magnétique et sous flux continu d'argon, est ajoutée goutte à goutte pendant dix minutes une solution de di-*tert*-butylsilyl-bistriflate (1,8 mL, 5,5 mmol, 1,1 éq.). Le mélange est agité pendant une heure et laissé revenir à température ambiante. Sont ensuite ajoutés de la 4-diméthylaminopyridine (DMAP) (0,12 g, 1 mmol, 0,2 éq.), de la pyridine anhydre (8 mL) et de l'anhydride acétique (1,2 mL, 12,5 mmol, 2,5 éq.). La solution est agitée pendant une nuit à température ambiante. Le mélange réactionnel est ensuite hydrolysé par l'ajout de 20 mL de méthanol. Les solvants sont évaporés à sec (pompe à palette), l'huile obtenue est reprise dans de l'acétate d'éthyle et lavée trois fois avec une solution aqueuse saturée en $NaHCO_3$, puis trois fois avec une solution aqueuse saturée en NaCl. Les phases organiques sont rassemblées, séchées sur Na_2SO_4 et évaporées à sec. Le produit brut ainsi obtenu est analysé et engagé dans l'étape suivante sans purification supplémentaire.

R_f : 0,69 – DCM/MeOH – 9 : 1 (v/v)

RMN-^{1}H : (DMSO-d_6, 200 MHz) δ *10,72* (1H, s, l, H_1) ; *7,98* (1H, s, H_8) ; *6,50* (2H, s, l, NH_2) ; *5,90* (1H, s, $H_{1'}$) ; *5,65* (1H, d, $H_{2'}$, $^3J_{H2'-H3'}$ = 5,4 Hz) ; *4,55* (1H, dd, $H_{3'}$, $^3J_{H2'-H3'}$ = 5,5 Hz) ; *4,40* (1H, dd, $H_{5'}$, $^3J_{H4'-H5'}$ = 4,2 Hz) ; *4,05* (2H, m, $H_{4'}$, $H_{5''}$) ; *2,15* (3H, s, $CH_{3\text{-acétyle}}$) ; *1,05 – 1,10* (18H, 2s, $CH_{3\text{-DTBS}}$).

SM : FAB^+ (GT) m/z *466* $(M+H)^+$; *315* $(Su)^+$; *152* $(BH_2)^+$; FAB^- (GT) m/z *464* (M-H)$^-$; *150* (B)$^-$.

O^6-[(2,4,6-Tri-isopropyl)-benzenesulfonyl]-2'-*O*-acétyl-3',5'-*O*-di-*tert*-butylsilanediyl guanosine (2)

133

A une solution du produit brut **1** (5 mmol, 1 éq.), coévaporé trois fois à l'acétonitrile anhydre, dans le dichlorométhane anhydre (30 mL), sont ajoutés, sous agitation magnétique, sous atmosphère inerte et à température ambiante, la 4-diméthylaminopyridine (DMAP) (130 mg, 1 mmol, 0,2 éq.), la triéthylamine (3 mL, 20 mmol, 4 éq.) et finalement le chlorure de 2,4,6-tri-isopropylbenzènesulfonyle (5 g, 16 mmol, 3 éq.). Après deux heures d'agitation à température ambiante le milieu réactionnel est dilué avec 100 mL d'acétate d'éthyle, puis lavé trois fois avec une solution aqueuse saturée en NaHCO$_3$ et ensuite trois fois avec une solution aqueuse saturée en NaCl. Les phases organiques sont rassemblées, séchées sur Na$_2$SO$_4$ et évaporées à sec. L'huile obtenue est *rapidement* chromatographiée sur colonne de gel de silice (éluant : cyclohexane/AcOEt – 7 : 3 (v/v) en mode isocratique). Les fractions appropriées sont rassemblées, concentrées à sec pour conduire au composé **2** sous forme d'une mousse jaune (3,5 g, Rdt = 90% à partir de la guanosine).

R$_f$: 0,33 – cyclohexane/AcOEt – 7 : 3 (v/v)

RMN-^{1}H : (CDCl$_3$, 200 MHz) δ *7,70* (1H, s, H$_8$) ; *7, 22* (2H, s, H$_{arom}$) ; *5,85* (1H, s, H$_{1'}$) ; *5,75* (1H, d, H$_{2'}$, $^3J_{H2'-H3'}$ = 5,2 Hz) ; *4,90* (1H, dd, H$_{3'}$, $^3J_{H2'-H3'}$ = 5,3 Hz, $^3J_{H3'-H4'}$ = 9,1 Hz) ; *4,45* (1H, m, H$_{5'}$) ; *4,30* (2H, septet, C*H*(CH$_3$)$_2$ortho, ^3J = 6,7 Hz) ; *4,05* (2H, m, H$_{4'}$, H$_{5''}$) ; *2,91* (1H, septet, C*H*(CH$_3$)$_2$para, ^3J = 6,8 Hz) ; *2,20* (3H, s, C*H*$_{3\text{-acétyle}}$) ; *1,20 – 1,25* (18H, 2d, C*H*$_{3\text{-iPr}}$, ^3J = 6,6 Hz et 6,9 Hz) ; *1,05* (18H, 2s, C*H*$_{3\text{-DTBS}}$).

SM : FAB$^+$ (GT) m/z **732** (M+H)$^+$; **418** (BH$_2$)$^+$; **315** (Su)$^+$.

O^6-[(2-Triméthylsilyl)-éthyl]-2'-O-acétyl-3',5'-O-di-*tert*-butylsilanediyl guanosine (3)

A une solution de **2** (3,5 g, 4,8 mmol, 1 éq.) dans du 1,4-dioxane anhydre (80 mL) sont ajoutés le 1,4-diazabicyclo[2.2.2]octane (DABCO) (1,2 g, 10,66 mmol, 2 éq.) et du tamis moléculaire 3 Å (3 g), sous agitation magnétique, sous atmosphère inerte et à température ambiante. L'agitation est poursuivie pendant 30 minutes puis le 2-

(triméthylsilyl)éthanol (4 mL, 26,6 mmol, 5 éq.) et le 1,8-diazabicyclo[5.4.0]-undec-7-ène (DBU) (2 mL, 13,8 mmol, 2,5 éq.) sont ajoutés. L'agitation est poursuivie pendant une nuit et le milieu réactionnel est ensuite dilué avec 250 mL d'acétate d'éthyle, puis lavé trois fois avec une solution aqueuse saturée en NaCl. Les phases organiques sont rassemblées, séchées sur Na_2SO_4 et évaporées à sec. Le produit brut **3** est analysé puis engagé dans l'étape suivante sans purification supplémentaire.

R_f : 0,44 – DCM/AcOEt – 9 : 1 (v/v)

RMN-^{1}H : (CDCl$_3$, 200 MHz) δ *7,65* (1H, s, H$_8$) ; *5,85* (1H, s, H$_{1'}$) ; *5,80* (1H, d, H$_{2'}$, $^3J_{H2'-H3'}$ = 5,2 Hz) ; *4,95* (1H, m, H$_{3'}$) ; *4,60* (2H, m, OCH_2-TSE) ; *4,45* (1H, pd, H$_{5'}$) ; *4,10* (2H, m, H$_{4'}$, H$_{5''}$) ; *2,20* (3H, s, CH_3-acétyle) ; *1,20* (2H, m, TMS-CH_2-TSE) ; *1,05* – *1,10* (18H, 2s, CH_3-DTBS) ; *0,10* (9H, s, SiCH_3-TSE).

SM : FAB$^+$ (GT) m/z **566** (M+H)$^+$; **538** (M+H-28$_{TSE}$)$^+$; **466** (M+H-100$_{TSE}$)$^+$; **315** (Su)$^+$; **252** (BH$_2$)$^+$; **224** (BH$_2$-28$_{TSE}$)$^+$; **152** (BH$_2$-100$_{TSE}$)$^+$; FAB$^-$ (GT) m/z **464** (M-H-100$_{TSE}$)$^-$; **250** (B)$^-$.

O^6-[(2-Triméthylsilyl)-éthyl]-3',5'-O-di-*tert*-butylsilanediyl guanosine (4)

A une solution du produit **3** brut (4,8 mmol, 1 éq.) dans un solvant ternaire – THF/MeOH/H$_2$O – 5 : 3 : 1 (v/v/v) (180 mL), sous agitation magnétique et à 0 °C est ajoutée une solution aqueuse d'hydroxyde de sodium 2 N (12 mL, 24 mmol, 5 éq.), préalablement refroidie. Après 5 minutes d'agitation à 0 °C, le milieu réactionnel est neutralisé avec une quantité suffisante (pH 7) de résine DOWEX 50WX8 sous sa forme pyridinium (pyrH$^+$). Après 5 minutes d'agitation à température ambiante, la résine est filtrée, ensuite rincée deux fois à l'eau, puis deux fois au THF. Les filtrats sont rassemblés, évaporés à sec et ensuite chromatographiés sur colonne de gel de silice (éluant : gradient linéaire cyclohexane/AcOEt – 7 : 3 jusqu'à 5 : 5 (v/v)). Les fractions appropriées sont rassemblées, concentrées à sec pour conduire au composé **4** sous forme d'une huile incolore qui cristallise dans le dichlorométhane (1,1 g, Rdt = 42% à partir de **2**).

R$_f$: 0,43 – cyclohexane/AcOEt – 5 : 5 (v/v)

RMN-^{1}H : (DMSO-d_6, 200 MHz) δ *8,02* (1H, s, H$_8$) ; *6,35* (2H, s, l, NH$_2$) ; *5,80* (1H, s, H$_{1'}$) ; *5,75* (1H, d, l, OH$_{2'}$, $^3J_{H2'-OH2'}$ = 3,9 Hz) ; *4,50* (2H, m, H$_{3'}$, H$_{2'}$) ; *4,40* (2H, m, OC*H*$_{2\text{-TSE}}$) ; *4,30* (1H, m, H$_{5'}$) ; *4,00* (2H, m, H$_{4'}$, H$_{5''}$) ; *1,10* (2H, m, TMS-C*H*$_{2\text{-TSE}}$) ; *1,00 – 1,05* (18H, 2s, C*H*$_{3\text{-DTBS}}$) ; *0,10* (9H, s, Si(C*H*$_3$)$_{3\text{-TSE}}$).

SM : FAB$^+$ (GT) m/z **524** (M+H)$^+$; **496** (M+H-28$_{TSE}$)$^+$; **424** (M+H-100$_{TSE}$)$^+$; **252** (BH$_2$)$^+$; **224** (BH$_2$-28$_{TSE}$)$^+$; **152** (BH$_2$-100$_{TSE}$)$^+$; FAB$^-$ (GT) m/z **522** (M-H)$^-$; **422** (M-H-100$_{TSE}$)$^-$; **250** (B)$^-$; **150** (B-100$_{TSE}$)$^-$.

SMHR : FAB$^+$ (GT) m/z calculé pour (C$_{23}$H$_{42}$N$_5$O$_5$Si$_2$)$^+$: **524,2725**, trouvé : **524,2707**

O^6-[(2-Triméthylsilyl)-éthyl]-2'-O-méthyl-3',5'-O-di-*tert*-butylsilanediyl guanosine (5)

A une solution de **4** coévaporé trois fois à l'acétonitrile anhydre (0,19 g, 0,35 mmol, 1 éq.) dans du *N,N*-dimethylformamide anhydre (2,5 mL) en présence de tamis moléculaire 3 Å, sous agitation magnétique, sous atmosphère inerte (flux continu d'argon) et à 0 °C, sont ajoutés l'iodométhane (65 μL, 1 mmol, 3 éq.) et l'hydrure de sodium en dispersion dans de l'huile minérale-60% (16 mg, 0,4 mmol, 1,1 éq.). Après une heure d'agitation à 0 °C, la quantité équimolaire d'hydrure de sodium est rajoutée et le mélange est agité pendant 30 min, ensuite hydrolysé avec 10 mL d'éthanol absolu, puis dilué avec 50 mL d'acétate d'éthyle froid et finalement lavé trois fois avec une solution aqueuse saturée en NH$_4$Cl. Les phases organiques sont rassemblées, séchées sur Na$_2$SO$_4$ et évaporées à sec. Le produit brut obtenu est chromatographié sur colonne de gel de silice (éluant : gradient linéaire cyclohexane 100% jusqu'à 30% d'AcOEt). Les fractions appropriées sont rassemblées, concentrées à sec pour conduire au composé **5** sous forme d'une huile incolore qui cristallise dans le dichlorométhane (0,13 g, Rdt = 70%). Cette chromatographie est optionnelle.

R$_f$: 0,33 – cyclohexane/AcOEt – 7 : 3 (v/v)

RMN-^{1}H : (CDCl$_3$, 400 MHz) δ *7,50* (1H, s, H$_8$) ; *5,72* (1H, s, H$_{1'}$) ; *4,59* (1H, dd, H$_{3'}$, ^3J = 4,7 Hz) ; *4,48* (2H, m, OC$H_{2\text{-TSE}}$) ; *4,35* (1H, dd, H$_{5'}$, $^3J_{H5'\text{-}H4'}$ = 4,8 Hz, $^2J_{H5'\text{-}H5''}$ = 9,0 Hz) ; *4,12* (1H, d, H$_{2'}$, $^3J_{H2'\text{-}H3'}$ = 4,6 Hz) ; *4,00* (1H, m, H$_{4'}$, $^3J_{H4'\text{-}H5'}$ = 4,8 Hz, $^3J_{H4'\text{-}H5''}$ = 10,3 Hz) ; *3,91* (1H, dd, H$_{5''}$, $^2J_{H5'\text{-}H5''}$ = 9,1 Hz, $^3J_{H4'\text{-}H5''}$ = 10,4 Hz) ; *3,55* (3H, s, 2'-O-CH_3) ; *1,12* (2H, m, TMS-C$H_{2\text{-TSE}}$) ; *1,00* (18H, 2s, C$H_{3\text{-DTBS}}$) ; *0,05* (9H, s, Si(CH_3)$_{3\text{-TSE}}$).

RMN-^{13}C : (CDCl$_3$, 100 MHz) δ *161,5* (C$_6$) ; *159,3* (C$_2$) ; *152,9* (C$_4$) ; *137,6* (C$_8$) ; *116,4* (C$_5$) ; *89,2* (C$_{1'}$) ; *82,1* (C$_{2'}$) ; *77,2* (C$_{3'}$) ; *74,5* (C$_{4'}$) ; *67,6* (C$_{5'}$) ; *65,0* (O-CH$_{2\text{-TSE}}$) ; *59,3* (2'-O-CH$_3$) ; *27,4 ; 26,9* (CH$_{3\text{-DTBS}}$) ; *22,8 ; 20,3* (C$_{DTBS}$) ; *17,6* (CH$_{2\text{-}}$TMS$_{TSE}$) ; *-1,38* (CH$_{3\text{-TSE}}$).

SM : FAB$^+$ (GT) m/z **538** (M+H)$^+$; **510** (M+H-28$_{TSE}$)$^+$; **438** (M+H-100$_{TSE}$)$^+$; **252** (BH$_2$)$^+$; **224** (BH$_2$-28$_{TSE}$)$^+$; **152** (BH$_2$-100$_{TSE}$)$^+$.

SMHR : FAB$^+$ (GT) m/z calculé pour (C$_{24}$H$_{44}$N$_5$O$_5$Si$_2$)$^+$: **538,2881**, trouvé : **538,2878**

N^2-Isobutyryl-O^6-[(2-triméthylsilyl)-éthyl]-2'-O-méthyl-3',5'-O-di-*tert*-butylsilanediyl guanosine (6)

A une solution de **5** coévaporé trois fois à la pyridine anhydre (0,21 g, 0,39 mmol, 1 éq.) dans de la pyridine anhydre (5 mL), sous agitation magnétique, sous atmosphère d'argon et à 0 °C, est ajouté goutte à goutte le chlorure d'isobutyryle (82 µL, 0,78 mmol, 2 éq.). Après une heure d'agitation à température ambiante, le mélange réactionnel est hydrolysé par l'ajout de 10 mL de méthanol et agité pendant 30 min. Les solvants sont évaporés sous pression réduite, puis le résidu obtenu est solubilisé dans 20 mL d'acétate d'éthyle et lavé trois fois par une solution aqueuse saturée en NaHCO$_3$. Les phases organiques sont rassemblées, séchées sur Na$_2$SO$_4$ et évaporées à sec. Le produit brut **6** est analysé puis engagé dans l'étape suivante sans purification supplémentaire.

R$_f$: 0,36 – cyclohexane/AcOEt – 7 : 3 (v/v)

RMN-^{1}H : (CDCl$_3$, 400 MHz) δ *7,72* (1H, s, H$_8$) ; *7,68* (1H, s, éch., NH$_{ibu}$) ; *5,81* (1H, s, H$_1$·) ; *4,53* (2H, 2 dt, ^2J = 9,7 Hz, OCH_2-TSE) ; *4,38* (1H, pt, H$_3$·, ^3J = 4,7 Hz) ; *4,36* (1H, m, H$_5$·) ; *4,15* (1H, d, H$_2$·, $^3J_{H2'\text{-}H3'}$ = 4,6 Hz) ; *4,06* (1H, m, H$_4$·, ^3J = 4,8 Hz) ; *3,92* (1H, dd, H$_5$··, $^2J_{H5'\text{-}H5''}$ = 9,1 Hz, $^3J_{H4'\text{-}H5''}$ = 10,4 Hz) ; *3,57* (3H, s, 2'-O-CH_3) ; *2,85* (1H, septet, CH_{ibu}) ; *1,18* (6H, d, C$H_{3\text{-}ibu}$) ; *1,12* (2H, m, TMS-CH_2-TSE) ; *1,00* (18H, 2s, C$H_{3\text{-}DTBS}$) ; *0,05* (9H, s, Si(CH_3)$_{3\text{-}TSE}$).

RMN-^{13}C : (CDCl$_3$, 100 MHz) δ *180,4* (CO$_{ibu}$) ; *161,8* (C$_6$) ; *161,2* (C$_2$) ; *152,2* (C$_4$) ; *139,5* (C$_8$) ; *118,8* (C$_5$) ; *89,5* (C$_1$·) ; *82,1* (C$_2$·) ; *77,3* (C$_3$·) ; *74,6* (C$_4$·) ; *67,5* (C$_5$·) ; *65,9* (O-CH$_2$-TSE) ; *59,4* (2'-O-CH$_3$) ; *35,5* (CH$_{ibu}$) ; *27,3 ; 27,3* (CH$_{3\text{-}DTBS}$) ; *19,3* (CH$_{3\text{-}ibu}$) ; *18,9 ; 18,3* (C$_{DTBS}$) ; *17,5* (CH$_2$-TMS$_{TSE}$) ; *-1,4* (CH$_{3\text{-}TSE}$).

SM : FAB$^+$ (GT) m/z **608** (M+H)$^+$; **580** (M+H-28$_{TSE}$)$^+$; **508** (M+H-100$_{TSE}$)$^+$; FAB$^-$ (GT) m/z **606** (M-H)$^-$.

N^2-Isobutyryl-2'-O-méthyl guanosine (7)

Méthode A : A une solution du produit brut **6** (0,34 mmol, 1 éq.) dans 2 mL de dichlorométhane anhydre, dans un ballon en Téflon, sous agitation magnétique, sous atmosphère inerte (flux continu d'argon) et à 0 °C sont ajoutés 60 µL de complexe HF.pyridine, préalablement dilué dans 0,37 mL de pyridine anhydre. Le mélange est agité à 0 °C pendant une heure, ensuite dilué avec 10 mL d'acétate d'éthyle et lavé trois fois avec une solution de TEAB 1 M – les phases aqueuses contenant le produit complètement déprotégé sont gardées, les phases organiques contenant le produit partiellement déprotégé sont évaporées à sec, puis traitées avec 3 mL d'une solution aqueuse d'acide acétique 0,1 M en présence de 0,5 mL de méthanol pendant 24 heures, puis neutralisées avec une solution de TEAB 1 M. Les deux fractions contenant le nucléoside déprotégé **7** sont rassemblées et chromatographies sur colonne de gel de silice (éluant : gradient linéaire dichlorométhane 100% jusqu'à 10% de MeOH). Les fractions appropriées sont rassemblées, concentrées à sec. Le composé **7** a été obtenu sous forme d'un solide spongieux blanc après lyophilisation dans l'eau (0,11 g, Rdt = 90%).

Méthode B : A une solution du produit brut **6** (0,48 mmol, 1 éq.) dans 2,5 mL de THF anhydre, dans un ballon en Téflon, sous agitation magnétique, sous atmosphère inerte (flux continu d'argon) et à température ambiante sont ajoutés 5,2 mL (5,2 mmol, 10 éq.) d'une solution de fluorure de tétra-*n*-butylammonium (TBAF) 1 M dans du THF. Le mélange est agité pendant une heure à température ambiante, ensuite neutralisé avec 9 mL d'une solution de TEAB 1 M et finalement les solvants sont évaporés à sec. Le résidu marron obtenu est alors purifié par chromatographie liquide en phase inverse sur colonne RP-18 (éluant : gradient linéaire H_2O milli Q 100% jusqu'à 50% d'acétonitrile). Les fractions appropriées sont rassemblées, lyophilisées dans l'eau pour conduire au composé **7** sous forme d'un solide spongieux blanc (0,16 g, Rdt = 90%).

R_f : 0,44 – DCM/MeOH – 9 : 1 (v/v)

RMN-^{1}H : (DMSO-d_6, 400 MHz) δ *12,09* (1H, s, éch., NH_1) ; *11,65* (1H, s, éch., NH_{ibu}) ; *8,32* (1H, s, H_8) ; *5,91* (1H, d, $H_{1'}$, $^3J_{H1'-H2'}$ = 6,1 Hz) ; *5,26* (1H, d, éch., $OH_{3'}$, $^3J_{OH3'-H3'}$ = 4,5 Hz) ; *5,09* (1H, t, éch., $OH_{5'}$, $^3J_{OH5'-H5'}$ = 5,1 Hz) ; *4,31* (1H, pd, $H_{3'}$, $^3J_{H3'-H4'}$ = 3,2 Hz) ; *4,23* (1H, pt, $H_{2'}$, $^3J_{H2'-H1'}$ = 5,6 Hz, $^3J_{H2'-H3'}$ = 4,8 Hz) ; *3,93* (1H, pd, $H_{4'}$, $^3J_{H4'-H3'}$ = 2,9 Hz) ; *3,50 – 3,65* (2H, m, $H_{5'}$, $H_{5''}$) ; *3,30* (3H, s, 2'-O-CH_3) ; *2,77* (1H, septet, CH_{ibu}, ^3J = 6,9 Hz) ; *1,16* (6H, d, C$H_{3\text{-ibu}}$, ^3J = 7,2 Hz).

RMN-^{13}C : ((DMSO-d_6, 100 MHz) δ *180,1* (CO$_{ibu}$) ; *154,8* (C$_6$) ; *148,2* (C$_2$) ; *86,1* (C$_{4'}$) ; *84,4* (C$_{1'}$) ; *82,9* (C$_{2'}$) ; *68,6* (C$_{3'}$) ; *61,1* (C$_{5'}$) ; *57,5* (2'-O-CH_3) ; *34,7* (CH_{ibu}) ; *18,8* (C$H_{3\text{-ibu}}$).

SM : FAB$^+$ (GT) m/z **735** (2M+H)$^+$; **368** (M+H)$^+$; **222** (BH$_2$)$^+$; **152** (BH$_2$ - ibu)$^+$; FAB$^-$ (GT) m/z **733** (2M-H)$^-$; **366** (M-H)$^-$; **220** (B)$^-$.

SMHR : FAB$^+$ (GT) m/z calculé pour (C$_{15}$H$_{22}$N$_5$O$_6$)$^+$: **368,1570**, trouvé : **368,1558**

N^2-Isobutyryl-2'-O-méthyl-5'-O-(4,4'-diméthoxytrityl) guanosine (8)

Le composé **8** a été acheté chez Rasayan Inc. et utilisé tel quel.

Bis-(2-cyanoéthyl)-N,N-di-isopropylphosphoramidite (9)

A une solution de 2-cyanoéthanol (1,35 mL, 20 mmol, 2 éq.) dans du dichlorométhane anhydre (20 mL) en présence de triéthylamine anhydre (2,75 mL, 22 mmol, 2,2 éq.) à 0 °C et sous flux d'argon est ajoutée, goutte à goutte, une solution de N,N-diisopropylphosphorodichloridite (2 g, 10 mmol, 1 éq.) dans 5 mL de dichlorométhane anhydre. Le mélange est agité pendant trois heures, et est ensuite versé dans 50 mL de dichlorométhane, puis lavé trois fois avec une solution aqueuse saturée en NaHCO$_3$. Les phases organiques sont séchées sur Na$_2$SO$_4$ puis filtrées et évaporées à sec. Le résidu obtenu est alors purifié par chromatographie de colonne de gel de silice (éluant : cyclohexane/DCM/NEt$_3$ – 90 : 7 : 3 (v/v/v) en mode isocratique). Les fractions appropriées sont rassemblées, concentrées à sec, pour conduire au composé **9** sous forme d'une huile incolore (1,58 g, Rdt = 60%).

R$_f$: 0,41 – cyclohexane/AcOEt/Et$_3$N – 5 : 4 : 1 (v/v/v)

RMN-^{1}H : (CDCl$_3$, 200 MHz) δ *3,90 – 3,77* (4H, m, OCH_2) ; *3,68 – 3,56* (2H, m, CH(CH$_3$)$_2$, ^3J = 6,8 Hz) ; *2,69* (4H, t, CNCH_2, ^3J = 5,9 Hz) ; *1,21* (12H, d, CH_3, ^3J = 6,8 Hz).

RMN-^{31}P : (CDCl$_3$, 81 MHz) δ *149,5*

Bis-(2-cyano-1,1-diméthyléthyl)-N,N-di-isopropylphosphoramidite (10)

A une solution de 2-cyano-1,1-diméthyléthanol (0,85 mL, 8 mmol, 2 éq.) dans du dichlorométhane anhydre (8 mL) en présence de triéthylamine anhydre (1,26 mL, 8,8 mmol, 2,2 éq.) à 0 °C et sous flux d'argon est ajoutée, goutte à goutte (3 min), une solution de N,N-diisopropylphosphorodichloridite (0,74 g, 4 mmol, 1 éq.) dans 2 mL de dichlorométhane anhydre. Le mélange est agité pendant trois heures, et est ensuite versé dans 30 mL de dichlorométhane, puis lavé trois fois avec une solution aqueuse saturée en NaHCO$_3$. Les phases organiques sont séchées sur Na$_2$SO$_4$ puis filtrées et évaporées à sec. Le résidu obtenu est alors purifié par chromatographie de colonne de gel de silice (éluant : cyclohexane/DCM/NEt$_3$ – 90 : 7 : 3 (v/v/v) en mode isocratique). Les fractions appropriées sont rassemblées, concentrées à sec, pour conduire au composé **10** sous forme d'une huile incolore qui cristallise à froid (0,81 g, Rdt = 60%).

R$_f$: 0,50 – cyclohexane/AcOEt/Et$_3$N – 5 : 4 : 1 (v/v/v)

RMN-^{1}H : (CDCl$_3$, 200 MHz) δ *3,73 ; 3,68* (2H, 2septets, CH(CH$_3$)$_2$, ^3J = 6,8 Hz) ; *2,68 ; 2,66* (4H, 2s, CNCH_2) ; *1,51 ; 1,49* (12H, 2s, CH_3) ; *1,22* (12H, d, CH_{3iPr}, ^3J = 6,7 Hz).

RMN-^{31}P : (CDCl$_3$, 81 MHz) δ *133,8*

O,O-[Bis-(2-cyanoéthyl)]-O-(N^2-isobutyryl-2'-O-méthylguanosin-5'-yl) phosphate

(11)

Phosphitylation : Le nucléoside **7** (0,38 g, 1,0 mmol, 1 éq.) est coévaporé trois fois à l'acétonitrile anhydre, séché sous vide sur P$_2$O$_5$ à température ambiante et mis en solution dans 14 mL d'une solution DMF anhydre/DCM anhydre – 1 : 1 – (v/v), en présence de résine polyvinylpyridinium tosylate (5 g, 10 éq.), préalablement séchée sous vide sur P_2O_5 à reflux d'éthanol, et de tamis moléculaire 3 Å (2,5 g). Le mélange est agité pendant une nuit sous argon. Sont ensuite ajoutés 2 mL (0,6 mmol, 0,6 éq.) d'une solution à 0,3 M de bis-(2-cyanoéthyl)-*N,N*-diisopropylphosphoramidite **9** en solution dans du dichlorométhane anhydre (0,4 g, 1,5 mmol, 1,5 éq.). L'avancement de la réaction est suivi par HPLC analytique. Un deuxième ajout de 1,5 mL (0,45 mmol, 0,45 éq.) de la solution de phosphoramidite est fait à 15 minutes de réaction, puis un dernier de 1 mL (0,3 mmol, 0,3 éq.) à une heure de réaction. Au bout de 1 h 30, le produit de départ est consommé, la résine est alors filtrée sur fritté et rincée trois fois avec du dichlorométhane. Le filtrat est concentré à moitié de volume et engagé dans l'étape d'oxydation suivante.

Oxydation : Au filtrat concentré brut est ajoutée de la résine A-26 IO_4^- (2 g, 5 éq.) et le mélange est agité pendant deux heures jusqu'à une coloration jaune intense. L'avancement est suivi par HPLC et MALDI-TOF SM. Au bout de deux heures la totalité de phosphite triester est oxydée, la résine est alors filtrée, rincée plusieurs fois au dichlorométhane, et le filtrat est évaporé à sec. Le résidu brut est chromatographié sur colonne de gel de silice (éluant : gradient linéaire dichlorométhane 100% jusqu'à 10% de MeOH). Les fractions appropriées sont rassemblées, concentrées à sec pour conduire au composé **11** sous forme d'une mousse blanche (0,39 g, Rdt = 70%).

R_f : 0,28 – DCM/MeOH – 9 : 1 (v/v)

RMN-^{1}H : ($CDCl_3$, 400 MHz) δ *12,48* (1H, s, éch., NH_1) ; *10,79* (1H, s, éch., NH_{ibu}) ; *8,31* (1H, s, H_8) ; *5,97* (1H, d, $H_{1'}$, $^3J_{H1'-H2'}$ = 4,3 Hz) ; *4,86* (1H, pt, $H_{3'}$, $^3J_{H3'-H2'}$ = 4,9 Hz) ; *4,53* (2H, m, $H_{5'}$, $H_{5''}$) ; *4,49* (1H, pt, $H_{2'}$, $^3J_{H2'-H3'}$ = 4,8 Hz) ; *4,39* (2H, m, Hα$_{CNE}$, $^3J_{H-P}$ = 6,1 Hz, $^3J_{H-H}$ = 5,9 Hz) ; *4,33* (1H, m, $H_{4'}$) ; *4,26* (2H, m, Hα'$_{CNE}$, $^3J_{H-P}$ = 7,3 Hz, $^3J_{H-H}$ = 6,0 Hz) ; *3,47* (3H, s, 2'-O-CH_3) ; *3,40* (1H, septet, CH_{ibu}, ^3J = 6,5 Hz) ; *2,85* (2H, t, Hβ'$_{CNE}$, ^3J = 6,0 Hz) ; *2,76* (2H, t, Hβ$_{CNE}$, ^3J = 5,9 Hz) ; *1,42* (6H, d, CH_{3-ibu}).

RMN-^{13}C : ($CDCl_3$, 100 MHz) δ *180,5* (CO_{ibu}) ; *154,5* (C_6) ; *149,0* (C_2) ; *147,7* (C_4) ; *140,3* (C_8) ; *116,6* (CN) ; *88,9* ($C_{1'}$) ; *83,2* ($C_{4'}$) ; *82,1* ($C_{2'}$) ; *69,5* ($C_{3'}$) ; *68,1* ($C_{5'}$) ; *62,9 ; 62,7* (OCH$_{2-CNE}$) ; *59,0* (2'-O-CH_3) ; *47,4* (CH_{ibu}) ; *19,7* (CNCH_2) ; *19,1* (CH_{3-ibu}).

RMN-^{31}P : (CDCl$_3$, 81 MHz) δ *-1,9*

SM : FAB$^+$ (GT) m/z **554** (M+H)$^+$; **501** (M+H-CNE)$^+$; **222** (BH$_2$)$^+$; **152** (BH$_2$ - ibu)$^+$; FAB$^-$ (GT) m/z **499** (M-CNE)$^-$; **446** (M+H-2CNE)$^-$; **220** (B)$^-$; **150** (B - ibu)$^-$.

SMHR : FAB$^+$ (GT) m/z calculé pour (C$_{21}$H$_{29}$N$_7$O$_9$P)$^+$: **554,1764**, trouvé : **554,1766**

O,O-[Bis-(2-cyanoéthyl)]-*O*-(*N*^{2}-isobutyryl-2'-*O*-méthylguanosin-5'-yl) phosphorothioate (12)

Phosphitylation : Le nucléoside **7** (0,38 g, 1,0 mmol, 1 éq.) est coévaporé trois fois à l'acétonitrile anhydre, séché sous vide sur P$_2$O$_5$ à température ambiante et mis en solution dans 14 mL d'une solution DMF anhydre/DCM anhydre – 1 : 1 – (v/v), en présence de résine polyvinylpyridinium tosylate (5 g, 10 éq.), préalablement séchée sous vide sur P$_2$O$_5$ à reflux d'éthanol, et de tamis moléculaire 3 Å (2,5 g). Le mélange est agité pendant une nuit sous Argon. Sont ensuite ajoutés 2 mL (0,6 mmol, 0,6 éq.) d'une solution à 0,3 M de bis-(2-cyanoéthyl)-*N,N*-diisopropylphosphoramidite **9** en solution dans du dichlorométhane anhydre (0,4 g, 1,5 mmol, 1,5 éq.). L'avancement de la réaction est suivi par HPLC analytique. Un deuxième ajout de 1,5 mL (0,45 mmol, 0,45 éq.) de la solution de phosphoramidite est fait à 15 minutes de réaction, puis un dernier de 1 mL (0,3 mmol, 0,3 éq.) à une heure de réaction. Au bout de 1 h 30, le produit de départ est consommé, la résine est alors filtrée sur fritté et rincée trois fois avec du dichlorométhane. Le filtrat est concentré à moitié de volume et engagé dans l'étape d'oxydation suivante.

Oxydation : Au filtrat concentré brut est ajoutée de la résine A-26 S$_4$O$_6$$^{2-}$ (3,4 g, 5 éq.) et le mélange est agité pendant une nuit à température ambiante. La résine est alors filtrée, rincée plusieurs fois au dichlorométhane, et le filtrat est évaporé à sec. Le résidu brut est chromatographié sur colonne de gel de silice (éluant : gradient linéaire dichlorométhane 100% jusqu'à 10% de MeOH). Les fractions appropriées sont rassemblées, concentrées à sec, puis lyophilisées dans le dioxane pour conduire au phosphorothioate triester **12** sous forme d'un solide spongieux blanc (0,4 g, Rdt = 70%).

R_f : 0,41 – DCM/MeOH – 9 : 1 (v/v)

RMN-^{1}H : (CDCl$_3$, 400 MHz) δ *12,26* (1H, s, éch., NH$_1$) ; *9,69* (1H, s, éch., NH$_{ibu}$) ; *7,28* (1H, s, H$_8$) ; *5,84* (1H, d, H$_{1'}$, $^3J_{H1'-H2'}$ = 3,8 Hz) ; *4,67* (1H, pt, H$_{3'}$, $^3J_{H3'-H2'}$ = 5,6 Hz) ; *4,40 – 4,15* (8H, m, H$_{5'}$, H$_{5''}$, H$_{2'}$, Hα$_{CNE}$, H$_{4'}$, Hα'$_{CNE}$) ; *3,41* (3H, s, 2'-O-CH_3) ; *2,85* (5H, m, Hβ$_{CNE}$, Hβ'$_{CNE}$, CH_{ibu}) ; *1,22 ; 1,19* (6H, 2d, CH_{3-ibu}, ^3J = 6,8 Hz).

RMN-^{13}C : (CDCl$_3$, 100 MHz) δ *179,8* (CO$_{ibu}$) ; *155,6* (C$_6$) ; *148,2* (C$_2$) ; *138,3* (C$_8$) ; *121,4* (C$_5$) ; *116,8* (C$_{NCNE}$) ; *87,4* (C$_{1'}$) ; *82,6* (C$_{4'}$, J_{P-C} = 9,1 Hz) ; *82,4* (C$_{2'}$) ; *69,6* (C$_{3'}$) ; *67,6* (C$_{5'}$, J_{P-C} = 5,0 Hz) ; *62,7* (OCH$_2$-CNE, J_{P-C} = 4,0 Hz) ; *58,9* (2'-O-CH$_3$) ; *36,2* (CH_{ibu}) ; *19,6* (CNCH_2, J_{P-C} = 2,0 Hz) ; *19,1 ; 19,0* (CH$_{3-ibu}$).

RMN-^{31}P : (CDCl$_3$, 81 MHz) δ *68,4*

SM : FAB$^+$ (GT) m/z **570** (M+H)$^+$; **517** (M+H-CNE)$^+$; **222** (BH$_2$)$^+$; **152** (BH$_2$ - ibu)$^+$; FAB$^-$ (GT) m/z **515** (M-CNE)$^-$; **220** (B)$^-$.

SMHR : FAB$^+$ (GT) m/z calculé pour (C$_{21}$H$_{29}$N$_7$O$_8$PS)$^+$: **570,1536**, trouvé : **570,1564**

O,O-[Bis-(2-cyano-1,1-diméthyléthyl)]-O-(N^2-isobutyryl-2'-O-méthylguanosin-5'-yl) phosphorothioate (13)

Phosphitylation : Le nucléoside **7** (0,19 g, 0,5 mmol, 1 éq.) est coévaporé trois fois à l'acétonitrile anhydre, séché sous vide sur P$_2$O$_5$ à température ambiante et mis en solution dans 7 mL d'une solution DMF anhydre/DCM anhydre – 1 : 1 – (v/v), en présence de résine polyvinylpyridinium tosylate (2 g, 10 éq.), préalablement séchée sous vide sur P$_2$O$_5$ à reflux d'éthanol, et de tamis moléculaire 3 Å (2 g). Le mélange est agité pendant une nuit sous argon. Sont ensuite ajoutés 1 mL (0,3 mmol, 0,6 éq.) d'une solution à 0,3 M de bis-(2-cyano-1,1-diméthyléthyl)-*N,N*-diisopropylphosphoramidite **10** en solution dans du dichlorométhane anhydre (0,25 g, 0,75 mmol, 1,5 éq.). L'avancement de la réaction est suivi par HPLC analytique. Un deuxième ajout de 0,75 mL (0,23 mmol, 0,45 éq.) de la solution de phosphoramidite est fait à 15 minutes de réaction, puis un dernier de 0,5 mL (0,15 mmol, 0,3 éq.) à une heure de réaction. Au bout de 1 h 30 le produit de départ est consommé, la résine est alors filtrée sur fritté et rincée trois fois avec du dichlorométhane. Le filtrat est concentré à moitié de volume et engagé dans l'étape d'oxydation suivante.

Oxydation : Au filtrat concentré brut est ajoutée de la résine A-26 $S_4O_6^{2-}$ (2,5 g, 5 éq.). Le mélange est agité pendant trois jours à température ambiante et l'avancement de la réaction est suivi par HPLC analytique. Au bout de trois jours, la totalité de phosphite triester est oxydée, la résine est alors filtrée, rincée plusieurs fois au dichlorométhane, et le filtrat est évaporé à sec. Le résidu brut est chromatographié sur colonne de gel de silice (éluant : gradient linéaire dichlorométhane 100% jusqu'à 10% de MeOH). Les fractions appropriées sont rassemblées, concentrées à sec, puis lyophilisées dans le dioxane pour conduire au phosphorothioate triester **13** sous forme d'un solide spongieux blanc (0,25 g, Rdt = 80%).

R$_f$: 0,5 – DCM/MeOH – 9 : 1 (v/v)

RMN-^{1}H : (CDCl$_3$, 400 MHz) δ *12,17* (1H, s, éch., NH$_1$) ; *9,28* (1H, s, éch., NH$_{ibu}$) ; *7,84* (1H, s, H$_8$) ; *5,82* (1H, d, H$_{1'}$, $^3J_{H1'-H2'}$ = 4,7 Hz) ; *4,56* (1H, pq, H$_{3'}$, ^3J = 4,8 Hz) ; *4,36* (1H, pt, H$_{2'}$, ^3J = 4,9 Hz) ; *4,33 – 4,16* (3H, m, H$_{5'}$, H$_{5''}$, H$_{4'}$) ; *3,38* (3H, s, 2'-O-CH$_3$) ; *3,26* (1H, d, éch., OH$_{3'}$, $^3J_{OH3'-H3'}$ = 5,2 Hz) ; *2,90* (4H, m, Hβ$_{DMCNE}$, Hβ'$_{DMCNE}$) ; *2,71* (1H, septet, CH$_{ibu}$, ^3J = 6,8 Hz) ; *1,64 ; 1,62 ; 1,61 ; 1,60* (12H, 4s, CH$_{3-DMCNE}$) ; *1,19* (6H, 2d, CH$_{3-ibu}$, ^3J = 6,8 Hz).

RMN-^{13}C : (CDCl$_3$, 100 MHz) δ *179,4* (CO$_{ibu}$) ; *155,6* (C$_6$) ; *148,1* (C$_2$) ; *147,9* (C$_4$) ; *138,4* (C$_8$) ; *122,1* (C$_5$) ; *116,8* (CN) ; *87,3* (C$_{1'}$) ; *82,7* (C$_{4'}$, J_{P-C} = 10,0 Hz) ; *82,3 ; 82,2* (OC(CH$_3$)$_2$) ; *82,2* (C$_{2'}$) ; *69,7* (C$_{3'}$) ; *67,0* (C$_{5'}$, J_{P-C} = 7,0 Hz) ; *58,9* (2'-O-CH$_3$) ; *36,2* (CH$_{ibu}$) ; *31,8 ; 31,6* (CH$_{2-DMCNE}$, J_{P-C} = 5,0 Hz) ; *27,6* (CH$_{3-DMCNE}$, J_{P-C} = 4,0 Hz) ; *19,1 ; 19,0* (CH$_{3-ibu}$).

RMN-^{31}P : (CDCl$_3$, 81 MHz) δ *50,0*

SM : FAB$^+$ (GT) m/z **626** (M+H)$^+$; **545** (M+H-DMCNE)$^+$; **222** (BH$_2$)$^+$; **152** (BH$_2$ - ibu)$^+$; FAB$^-$ (GT) m/z **624** (M-H)$^-$; **543** (M-DMCNE)$^-$; **220** (B)$^-$.

SMHR : FAB$^+$ (GT) m/z calculé pour (C$_{25}$H$_{37}$N$_7$O$_8$PS)$^+$: **626,2162**, trouvé : **626,2139**

N^4-Benzoyl-5'-O-(4,4'-diméthoxytrityl) cytidine (14)

A une solution de cytidine (0,5 g, 2,0 mmol, 1 éq.) dans du N,N-diméthylformamide anhydre (10 mL), à température ambiante, sous agitation magnétique et sous flux continu d'argon est ajouté de l'anhydride benzoïque (0,7 g, 3,09 mmol, 1,5 éq.). Le mélange est agité à température ambiante et sous argon pendant 24 h. Au bout de ce temps la réaction est complète et le nucléoside benzoylé précipite dans le milieu sous forme d'une poudre blanche fine. Le DMF est alors évaporé et le résidu coévaporé trois fois à la pyridine anhydre, puis solubilisé dans 20 mL de pyridine anhydre. A la solution est ajouté le chlorure de 4,4'-diméthoxytrityle (0,82 g, 2,4 mmol, 1,2 éq.), et le mélange est agité à température ambiante pendant deux heures. Le mélange réactionnel est alors hydrolysé avec 5 mL de méthanol, concentré à moitié de volume, dilué avec du dichlorométhane et lavé trois fois par une solution aqueuse saturée en NaHCO$_3$. Les phases organiques sont rassemblées, séchées sur Na$_2$SO$_4$ et évaporées à sec. Le produit brut obtenu est chromatographié sur colonne de gel de silice (éluant : gradient linéaire DCM 99%, NEt$_3$ 1% jusqu'à 5% de MeOH). Les fractions appropriées sont rassemblées, concentrées à sec et coévaporées trois fois à l'acétonitrile pour conduire au composé **14** sous forme d'une mousse blanche (1,3 g, Rdt = 90%).

R$_f$: 0,43 – DCM/MeOH – 95 : 5 (v/v)

RMN-^{1}H : (CDCl$_3$, 300 MHz) δ *8,97* (1H, s, l, NH$_{Bz}$) ; *8,27* (1H, d, H$_6$, $^3J_{H6\text{-}H5}$ = 7,5 Hz) ; *7,81* (2H, d, H$_{ortho}$, $^3J_{o\text{-}m}$ = 7,5 Hz) ; *7,50* (1H, t, systAB, H$_{para}$, $^3J_{p\text{-}m}$ = 7,2 Hz) ; *7,39* (2H, pt, systAB, H$_{meta}$, $^3J_{m\text{-}o}$ = 7,5 Hz) ; *7,26 – 7,11* (9H, m, H$_5$, H$_{DMTr}$) ; *6,78 – 6,74* (5H, m, H$_{DMTr}$) ; *5,83* (1H, d, H$_{1'}$, $^3J_{H1'\text{-}H2'}$ = 2,9 Hz) ; *4,35 – 4,28* (3H, m, H$_{2'}$, H$_{3'}$, H$_{4'}$) ; *3,70 ; 3,68* (6H, 2s, O-C$H_{3\text{-}DMTr}$) ; *3,43* (2H, m, H$_{5',5''}$).

RMN-^{13}C : (CDCl$_3$, 75 MHz) δ *166,3* (CO$_{Bz}$) ; *162,6* (C$_4$) ; *158,7 ; 158,6* (COMe) ; *156,4* (C$_2$) ; *144,9* (C$_6$) ; *144,1 ; 135,5 ; 135,2* (C$_{DMTr}$) ; *133,1* (CH$_{para}$) ; *130,1 ; 129,9* (CH$_{DMTr}$) ; *128,9* (CH$_{meta}$) ; *128,1 ; 128,0* (CH$_{DMTr}$) ; *127,1* (CH$_{ortho}$) ; *113,3* (CH$_{DMTr}$) ; *96,9* (C$_5$) ; *93,0* (C$_{1'}$) ; *87,0* (CAr$_3$) ; *85,1* (C$_{4'}$), 76,5 ; 70,8 (C$_{2'}$, C$_{3'}$) ; *62,4* (C$_{5'}$) ; *55,2 ; 55,2* (OCH$_{3\text{-}DMTr}$).

SM : FAB$^+$ (GT) m/z **650** (M+H)$^+$; **303** (DMTr)$^+$; **216** (BH$_2$)$^+$; FAB$^-$ (GT) m/z **648** (M-H)$^-$; **544** (M-Bz-H)$^-$; **214** (B)$^-$.

N^4, 2'-O, 3'-O-Tribenzoyl cytidine (15)

A une solution du nucléoside **14**, coévaporé trois fois à la pyridine anhydre (2,1 g, 3 mmol, 1 éq.), dans 15 mL de pyridine anhydre, sous agitation magnétique, sous atmosphère d'argon et à 0 °C sont ajoutés 1,2 mL de chlorure de benzoyle (9 mmol, 3 éq.). Le bain de glace est enlevé et le mélange est agité pendant 30 min. Au bout de ce temps sont ajoutés 5 mL de méthanol, puis le mélange réactionnel est concentré à moitié de volume, repris dans 30 mL de dichlorométhane et lavé trois fois avec 20 mL d'une solution aqueuse saturée en NaHCO$_3$. Les phases organiques sont rassemblées, séchées sur Na$_2$SO$_4$, filtrées et évaporées à sec. Le résidu brut est ensuite coévaporé trois fois à l'acétonitrile anhydre, solubilisé dans 46 mL d'une solution DCM/MeOH – 7 : 3 (v/v) et refroidi à 0 °C. Est ensuite ajoutée, par addition goutte à goutte, une solution d'acide benzène sulfonique à 10% (1,4 g de BSA, 9 mmol, 3 éq. dans 14 mL de solution DCM/MeOH – 7 : 3 (v/v)) et le mélange est agité pendant 30 min à 0 °C. Au bout de ce temps, le milieu réactionnel est neutralisé en ajoutant 40 mL d'une solution aqueuse saturée en NaHCO$_3$ et agité pendant encore 20 min. Le mélange neutralisé est ensuite transvasé dans une ampoule à décanter, extrait avec du dichlorométhane, les phases organiques sont alors lavées trois fois avec une solution aqueuse saturée en bicarbonate, séchées sur Na₂SO₄, filtrées et évaporées à sec. L'huile jaune obtenue est chromatographiée sur colonne de gel de silice (éluant : gradient linéaire DCM 100% jusqu'à 10% de MeOH). Les fractions appropriées sont rassemblées, concentrées à sec pour conduire au composé **15** sous forme d'une mousse blanche (1,4 g, Rdt = 88%).

R$_f$: 0,34 – DCM/MeOH – 95 : 5 (v/v)

RMN-^{1}H : (CDCl₃, 300 MHz) δ *9,00* (1H, s, l, NH$_{Bz}$) ; *8,38* (1H, d, H₆, $^3J_{H6\text{-}H5}$ = 7,5 Hz) ; *7,83 – 7,53* (6H, m, H$_{ortho}$) ; *7,49 – 7,39* (4H, m, H₅, H$_{para}$) ; *7,35 – 7,18* (6H, m, H$_{meta}$) ; *6,41* (1H, d, H₁', $^3J_{H1'\text{-}H2'}$ = 4,2 Hz) ; *5,91 – 5,87* (2H, m, H₂', H₃') ; *4,43* (1H, d, H₄', ^3J = 2,2 Hz) ; *4,16* (1H, s, l, OH₅') ; *3,97* (2H, m, H₅',₅'').

RMN-^{13}C : (CDCl₃, 75 MHz) δ *165,7 ; 165,3* (CO$_{Bz}$) ; *162,8* (C₄) ; *155,7* (C₂) ; *145,9* (C₆) ; *133,6 ; 133,5 ; 133,1 ; 129,9 ; 129,8 ; 128,9* (CH$_{Bz}$) ; *128,7* (C$_{Bz}$) ; *128,5 ; 128,4 ; 127,8* (CH$_{Bz}$) ; *97,8* (C₅) ; *89,7* (C₁') ; *84,4* (C₄'), *75,0 ; 71,9* (C₂', C₃') ; *61,6* (C₅').

SM : FAB$^+$ (GT) m/z **556** (M+H)$^+$; **341** (Su)$^+$; **216** (BH₂)$^+$; FAB$^-$ (GT) m/z **554** (M-H)$^-$; **214** (B)$^-$.

SMHR : FAB$^-$ (GT) m/z calculé pour (C₃₀H₂₄N₃O₈)$^-$: **554,1536**, trouvé : **554,1580**

N^4,2',3'-O,O-Tribenzoylcytidin-5'-yl hydrogénophosphonate (sel de triéthylammonium) (16)

A une solution du nucléoside **15** coévaporé deux fois à la pyridine anhydre (0,79 g, 1,4 mmol, 1 éq.) dans 7 mL de pyridine anhydre, sous agitation magnétique, sous flux continu d'argon et à la température ambiante, sont ajoutés 2 mL de diphénylphosphite

(10 mmol, 7 éq.). Le mélange est agité pendant 30 min sous argon à température ambiante puis hydrolysé avec 4 mL de solution eau/triéthylamine − 1 : 1 (v/v). Les solvants sont évaporés à sec, l'huile obtenue est reprise dans du dichlorométhane et lavée deux fois avec une solution aqueuse saturée en NaHCO$_3$. Les phases organiques sont séchées sur sulfate de sodium, filtrées et évaporées à sec. Le résidu jaune obtenu est chromatographié sur colonne de gel de silice (éluant : gradient linéaire DCM 95%, NEt$_3$ 5% jusqu'à 5% de MeOH). Les fractions appropriées sont rassemblées et concentrées sous pression réduite, le produit précipite sous forme d'une gomme blanche, qui est décantée, ensuite précipitée dans de l'éther diéthylique. Le résidu est ensuite solubilisé dans de l'acétonitrile et coévaporé trois fois, ensuite séché sous pression réduite pour conduire au composé **16** sous forme d'une mousse blanche (0,86 g, Rdt = 80%).

R$_f$: 0,26 − DCM/MeOH − 95 : 5 (v/v)

RMN-^{1}H : (DMSO-d_6, 300 MHz) δ *11,35* (1H, s, l, NH$_{TEAH}$) ; *10,70* (1H, s, l, NH$_{Bz}$) ; *8,61* (1H, d, H$_6$, $^3J_{6-5}$ = 7,6 Hz) ; *8,02 ; 7,94 ; 7,83* (6H, 3d, H$_{ortho}$, $^3J_{o-m}$ = 7,1 Hz) ; *7,71 − 7,61* (3H, m, H$_{para}$) ; *7,54 − 7,41* (7H, m, H$_5$, H$_{meta}$) ; *6,37* (1H, d, H$_{1'}$, $^3J_{H1'-H2'}$ = 4,8 Hz) ; *5,83 − 5,77* (2H, 2t, systAB, H$_{2'}$, H$_{3'}$) ; *4,64* (1H, dd, H$_{4'}$, ^3J = 3,8 Hz, ^3J = 3,3 Hz) ; *4,09* (2H, m, H$_{5',5''}$) ; *3,03* (6H, q, CH$_{2-TEAH}$, ^3J = 7,3 Hz) ; *1,17* (9H, CH$_{3-TEAH}$, ^3J = 7,3 Hz).

RMN-^{13}C : (DMSO-d_6, 75 MHz) δ *164,9 ; 164,7* (CO$_{Bz}$) ; *163,7* (C$_4$) ; *154,6* (C$_2$) ; *146,1* (C$_6$) ; *134,1 ; 134,1 ; 133,3 ; 133,0 ; 129,5 ; 129,0* (CH$_{Bz}$) ; *128,9* (C$_{Bz}$) ; *128,9 ; 128,7 ; 128,7 ;128,6* (CH$_{Bz}$) ; *97,7* (C$_5$) ; *88,6* (C$_{1'}$) ; *81,9* (C$_{4'}$), *74,5 ; 71,8* (C$_{2'}$, C$_{3'}$) ; *62,3* (C$_{5'}$) ; *45,5* (CH$_{2-TEAH}$) ; *8,6* (CH$_{3-TEAH}$).

RMN-^{31}P : (DMSO-d_6, 121 MHz) δ *1,5* (dt, $^1J_{H-P}$ = 591,1 Hz, $^3J_{H5',5''-P}$ = 7,3 Hz).

SM : FAB$^+$ (GT) m/z **721** (M+H)$^+$; **620** (M-TEAH+2H)$^+$; **405** (Su-TEAH+2H)$^+$; **216** (BH$_2$)$^+$; **102** (TEAH)$^+$; FAB$^-$ (GT) m/z **618** (M-TEAH)$^-$; **214** (B)$^-$.

SMHR : FAB$^+$ (GT) m/z calculé pour $(C_{30}H_{27}N_3O_{10}P)^+$: **620,1434**, trouvé : **620,1408**

O-(*N*^{4},2',3'-*O,O*-Tribenzoylcytidin-5'-yl)-*O*-{*N*^{2}-isobutyryl-2'-*O*-méthyl-5'-*O*-[bis-(2-cyanoéthyl)phopsphoryl] guanosin-3'-yl} hydrogénophosphonate (17)

Dans un ballon sec et sous Argon est placée de la résine PS chlorure d'acide sèche (1,2 g, 2,5 mmol, 6 éq.) à laquelle sont ajoutées 4 mL de solution dichlorométhane/pyridine – 1 : 1 (v/v) puis 5 mL de solution dichlorométhane/pyridine – 1 : 1 (v/v) contenant l'analogue de la guanosine **11** (0,25 g, 0,4 mmol, 1 éq.) et le *H*-Phosphonate monoester de la cytidine **16** (0,35 g, 0,48 mmol, 1,2 éq.) coévaporés ensemble trois fois à la pyridine anhydre. Le mélange est agité à température ambiante et la réaction est suivie par HPLC analytique. Au bout de deux heures, la réaction est complète, et le milieu réactionnel est dilué avec du dichlorométhane ; la résine est ensuite filtrée et rincée abondamment. Le filtrat est concentré à moitié de volume et lavé trois fois avec de l'eau distillée. Les phases organiques sont rassemblées, séchées sur Na$_2$SO$_4$, filtrées et évaporées à sec, ensuite coévaporées trois fois à l'acétonitrile et finalement précipitées dans de l'éther pour conduire au dimère **17** brut avec une pureté HPLC de 85% (0,3 g, Rdt = 60%) sous la forme d'un mélange de deux diastéréoisomères en rapport ~ 1 : 1.

T$_r$ – HPLC : 16,6 min (85%) – 10 à 80% ACN en 20 min

RMN-^{1}H : (CDCl$_3$, 200 MHz, les signaux des deux diastéréoisomères sont décrits) δ *12,24* (2H, s, l, NH$_{G1}$) ; *10,52* (2H, s, l, NH$_{ibu}$) ; *10,38* (1H, s, NH$_{Bz}$) ; *9,14 ; 9,04* (2H, 2s, H$_{G8}$) ; *8,68* (1H, d, H$_{C6}$) ; *7,96 – 7,87* (12H, m, H$_{ortho}$) ; *7,65 – 7,33* (19H, m, H$_{para}$, H$_{meta}$, H$_{C5}$) ; *7,27* (1H, d, *H*-P, $^1J_{H-P}$ = 744,6 Hz) ; *7,19* (1H, d, *H*-P, $^1J_{H-P}$ = 737,3 Hz) ; *6,37 ; 6,26* (2H, 2d, H$_{C1'}$, $^3J_{C1'-C2'}$ = 4,4 Hz ; 4,5 Hz) ; *5,99 – 5,83* (6H, m, H$_{G1'}$, H$_{C2'}$, H$_{C3'}$) ; *5,04 ; 4,99* (2H, 2pq, H$_{G3'}$) ; *4,65 – 4,19* (22H, m, H$_{C4'}$, H$_{G4'}$, H$_{G2'}$, H$_{C5',5''}$, H$_{G5',5''}$, Hα$_{CNE}$, Hα'$_{CNE}$) ; *3,40 ; 3,37* (6H, 2s, G2'-O-C*H*$_3$) ; *2,89* (4H, t, Hβ$_{CNE}$, $^3J_{\alpha-\beta}$ = 5,7 Hz) ; *2,71* (4H, t, Hβ'$_{CNE}$, $^3J_{\alpha'-\beta'}$ = 5,9 Hz) ; *1,26 – 1,21* (12H, 2d, C*H*$_{3\text{-ibu}}$, ^3J = 6,9 Hz ; 6,7 Hz).

RMN-^{31}P : (CDCl$_3$, 101 MHz, les signaux des deux diastéréoisomères sont décrits) δ
9,4 (1/4, dq, $^1J_{H\text{-}P}$ = 743,8 Hz, $^3J_{H\text{-}P}$ = 7,5 Hz) ; *8,4* (1/4, dq, $^1J_{H\text{-}P}$ = 746,5 Hz, $^3J_{H\text{-}P}$ =
8,2 Hz) ; *- 2,9* (1/4, m, $^3J_{H\text{-}P}$ = 7,0 Hz) ; *-3,1* (1/4, m).

SM : MALDI$^+$ (THAP/cit) m/z **1155** (M+H)$^+$.

O-(*N^4*, 2',3'-*O,O*-Tribenzoylcytidin-5'-yl)-*O*-[*N^2*-isobutyryl-2'-*O*-méthyl-5'-*O*- (4,4'-diméthoxytrityl) guanosin-3'-yl] hydrogénophosphonate (18)

Dans un ballon sec et sous argon est placée de la résine PS chlorure d'acide sèche (1,1 g, 2,4 mmol, 6 éq.) à laquelle sont ajoutées 4 mL de solution dichlorométhane/pyridine 1 : 1 (v/v) puis 5 mL de solution dichlorométhane/pyridine 1 : 1 (v/v) contenant la *N^2*-isobutyryl-2'-*O*-méthyl-5'-*O*-(4,4'-diméthoxytrityl) guanosine **8** (0,27 g, 0,4 mmol, 1 éq.) et le *H*-Phosphonate monoester de la cytidine **16** (0,35 g, 0,48 mmol, 1,2 éq.) coévaporés ensemble trois fois à la pyridine anhydre. Le mélange est agité à température ambiante et la réaction est suivie par HPLC analytique. Au bout de trois heures, la réaction est complète, et le milieu réactionnel est dilué avec du dichlorométhane ; la résine est ensuite filtrée et rincée abondamment. Le filtrat est concentré à moitié de volume et lavé trois fois avec une solution saturée en Na$_2$CO$_3$. Les phases organiques sont rassemblées, séchées sur Na$_2$SO$_4$, filtrées et évaporées à sec, ensuite coévaporées trois fois à l'acétonitrile et finalement précipitées dans de l'éther pour conduire au dimère **18** brut avec une pureté HPLC de 90% (0,39 g, Rdt = 77%) sous la forme d'un mélange de deux diastéréoisomères en rapport ~ 1 : 1.

T$_r$ – HPLC : 14,1 min ; 14,3 min (90%) – 10 à 80% ACN en 10 min

RMN-^{1}H : (CDCl$_3$, 200 MHz, les signaux des deux diastéréoisomères sont décrits) δ
12,07 ; 12,02 (2H, 2s, l, NH$_{G1}$) ; *9,45* (1H, s, NH$_{Bz}$) ; *8,99* (2H, s, H$_{G8}$) ; *8,63* (1H, d, H$_{C6}$) ; *8,00 – 6,70* (58H, m, H$_{arom}$, H$_{C5}$) ; *7,34* (1H, d, *H*-P, $^1J_{H\text{-}P}$ = 740,0 Hz) ; *7,02* (1H, d, *H*-P, $^1J_{H\text{-}P}$ = 729,8 Hz) ; *6,42 ; 6,28* (2H, 2d, H$_{C1'}$, $^3J_{C1'\text{-}C2'}$ = 4,2 Hz ; 4,0 Hz) ; *5,91 –*

5,83 (6H, m, H$_{G1'}$, H$_{C2'}$, H$_{C3'}$) ; *4,96 ; 4,82* (2H, 2pq, H$_{G3'}$) ; *4,68 – 4,38* (14H, m, H$_{C4'}$, H$_{G4'}$, H$_{G2'}$, H$_{C5',5''}$, H$_{G5',5''}$) ; *3,78 – 3,76* (12H, 4s, OCH$_{3\text{-DMTr}}$) ; *3,52 ; 3,50* (6H, 2s, G2'-O-CH$_3$) ; *3,24* (2H, m, CH$_{ibu}$) ; *1,25 ; 1,21* (12H, 2d, CH$_{3\text{-ibu}}$, ^3J = 7,0 Hz).

RMN-^{31}P : (CDCl$_3$, 101 MHz, les signaux des deux diastéréoisomères sont décrits) δ *9,4* (1/2, dq, $^1J_{H-P}$ = 740,4 Hz, $^3J_{H-P}$ = 7,6 Hz) ; *7,3* (1/2, dq, $^1J_{H-P}$ = 739,1 Hz, $^3J_{H-P}$ = 8,0 Hz).

SM : MALDI$^+$ (THAP/cit) m/z **1272** (M+H)$^+$.

O-(N^4, 2',3'-*O,O*-Tribenzoylcytidin-5'-yl)-*O*-{N^2-isobutyryl-2'-*O*-méthyl-5'-*O*-[bis-(2-cyano-1,1-diméthyléthyl)thiophopsphoryl]guanosin-3'-yl} hydrogénophosphonate (19)

Dans un ballon sec et sous argon est placée de la résine PS chlorure d'acide sèche (0,7 g, 1,7 mmol, 6 éq.) à laquelle sont ajoutées 4 mL de solution dichlorométhane/pyridine 1 : 1 (v/v) puis 4 mL de solution dichlorométhane/pyridine 1 : 1 (v/v) contenant l'analogue de la guanosine **13** (0,17 g, 0,28 mmol, 1 éq.) et le *H*-Phosphonate monoester de la cytidine **16** (0,25 g, 0,33 mmol, 1,2 éq.) coévaporés ensemble trois fois à la pyridine anhydre. Le mélange est agité à température ambiante et la réaction est suivie par HPLC analytique. Au bout de deux heures, la réaction est complète, et le milieu réactionnel est dilué avec du dichlorométhane ; la résine est ensuite filtrée et rincée abondamment. Le filtrat est concentré à moitié de volume et lavé trois fois avec de l'eau distillée. Les phases organiques sont rassemblées, séchées sur Na$_2$SO$_4$, filtrées et évaporées à sec, ensuite coévaporées trois fois à l'acétonitrile et finalement précipitées dans de l'éther pour conduire au dimère **19** brut avec une pureté HPLC de 93% (0,23 g, Rdt = 70%) sous la forme d'un mélange de deux diastéréoisomères en rapport ~ 1 : 1.

T$_r$ – HPLC : 15,9 min (93%) – 10 à 80% ACN en 15 min

RMN-^{1}H : (CDCl$_3$, 200 MHz, les signaux des deux diastéréoisomères sont décrits) δ *12,18 ; 12,16* (2H, 2s, l, NH$_{G1}$) ; *9,95 ; 9,84* (2H, 2s, l, NH$_{ibu}$) ; *8,67 ; 8,65* (2H, 2s, H$_{G8}$) ; *8,15 ; 8,08* (2H, 2d, H$_{C6}$, $^3J_{C6-C5}$ = 7,6 Hz) ; *7,97 – 7,87* (12H, m, H$_{ortho}$) ; *7,66 – 7,34* (19H, m, H$_{para}$, H$_{meta}$, H$_{C5}$) ; *7,35* (1H, d, *H*-P, $^1J_{H-P}$ = 744,6 Hz) ; *7,22* (1H, d, *H*-P, $^1J_{H-P}$ = 737,0 Hz) ; *6,47 ; 6,31* (2H, 2d, H$_{C1'}$, $^3J_{C1'-C2'}$ = 4,2 Hz ; 4,4 Hz) ; *5,97 – 5,83* (6H, m, H$_{G1'}$, H$_{C2'}$, H$_{C3'}$) ; *5,61 ; 5,50* (2H, 2pq, H$_{G3'}$) ; *4,87 – 4,34* (14H, m, H$_{C4'}$, H$_{G4'}$, H$_{G2'}$, H$_{C5',5''}$, H$_{G5',5''}$) ; *3,46 ; 3,43* (6H, 2s, G2'-O-C*H*$_3$) ; *3,11 – 2,82* (8H, m, C*H*$_2$-DMCNE) ; *2,73 – 2,66* (2H, m, C*H*$_{ibu}$, ^3J = 6,8 Hz) ; *1,73 – 1,66* (24H, m, C*H*$_3$-DMCNE) ; *1,26 – 1,21* (12H, 2d, C*H*$_{3-ibu}$, ^3J = 6,8 Hz).

RMN-^{31}P : (CDCl$_3$, 101 MHz, les signaux des deux diastéréoisomères sont décrits) δ *48,9* (1/4, t, $^3J_{H-P}$ = 7,3 Hz) ; *48,7* (1/4, t, $^3J_{H-P}$ = 7,2 Hz) ; *9,8* (1/4, dq, $^1J_{H-P}$ = 744,7 Hz, $^3J_{H-P}$ = 7,8 Hz) ; *8,0* (1/4, dq, $^1J_{H-P}$ = 737,2 Hz, $^3J_{H-P}$ = 7,9 Hz).

SM : MALDI$^+$ (THAP/cit) m/z **1227** (M+H)$^+$.

6-Aminohexanoate de méthyle (chlorhydrate) (20)

400 mg d'acide 6-aminocaproïque (3 mmol, 1 éq.) sont suspendus dans 40 mL de 2,2-diméthoxypropane (10 – 15 mL/mmol). Au mélange sont ajoutés 3 mL d'acide chlorhydrique à 37%. Après dix minutes d'agitation à température ambiante la suspension passe en une solution limpide légèrement jaune. Le mélange réactionnel est agité à température ambiante pendant 18 h. Au bout de ce temps une coloration foncée est obtenue. Les solvants sont alors évaporés à sec, le résidu est précipité dans de l'acétonitrile, puis finalement recristallisé dans de l'acétonitrile/éther. Après filtration, les cristaux blancs obtenus sont séchés sur P$_2$O$_5$ pour conduire au produit final **20** (490 mg, Rdt = 90%).

R$_f$: 0,42 – DCM/MeOH/AcOH – 7 : 2 : 1 (v/v/v)

RMN-^{1}H : (D$_2$O, 300 MHz) δ *3,60* (3H, s, CO$_2$C*H*$_3$) ; *2,90* (2H, t, C*H*$_2$-6, ^3J = 7,4 Hz) ; *2,33* (2H, t, C*H*$_2$-2, ^3J = 7,3 Hz) ; *1,64* (4H, m, C*H*$_2$-3, C*H*$_2$-5) ; *1,32* (2H, q, C*H*$_2$-4, ^3J = 7,3 Hz).

RMN-^{13}C : (D$_2$O, 75 MHz) δ *177,3* (*C*O$_2$CH$_3$) ; *52,1* (CO$_2$*C*H$_3$) ; *39,3* (*C*H$_2$-6) ; *33,3* (*C*H$_2$-2) ; *26,3* (*C*H$_2$-5) ; *25,0* (*C*H$_2$-3) ; *23,6* (*C*H$_2$-4).

O-(Cytidin-5'-yl)-*N*-(2-méthoxyéthyl)-*O*-(2'-*O*-méthyl-5'-*O*-phosphorylguanosin-3'-yl) phosphoramidate (sel de sodium) (PA-1)

Oxydation : Le dimère *H*-Phosphonate diester brut **17** (0,07 mmol, 1 éq.), coévaporé trois fois à la pyridine anhydre est solubilisé dans 1 mL de mélange pyridine/CCl$_4$ – 1 : 1 (v/v). Le mélange est agité à température ambiante environ 15 min jusqu'à l'obtention d'une solution limpide. Sont ensuite ajoutés 60 µL de 2-méthoxyéthylamine (0,7 mmol, 10 éq.), le mélange est agité pendant 4 heures et l'avancement suivi en HPLC analytique. Au bout de ce temps la réaction est totale, le mélange réactionnel est évaporé à sec, et coévaporé trois fois à l'acétonitrile.

Déprotection : Le résidu brut oxydé est solubilisé dans 1 mL d'une solution THF/H$_2$O – 1 : 1 (v/v) à laquelle sont ajoutés 5 mL de solution d'ammoniaque à 28%. Le mélange est agité 24 h à température ambiante et ensuite 6 h à 40 °C. La déprotection complète est confirmée par suivi en HPLC analytique et analyses MALDI-TOF SM. Les solvants sont évaporés à sec, le résidu est repris dans l'eau et lavé deux fois avec de l'acétate d'éthyle. La phase aqueuse est ensuite diluée avec 1 mL de solution TEAB 1 M, puis évaporée à sec. Le mélange brut est alors solubilisé dans une solution aqueuse TEAB 10^{-3} M et purifié sur colonne de résine échangeuse DEAE-A25 Sephadex (éluant : gradient linéaire TEAB 10^{-3} M jusqu'à 0,3 M). Les fractions appropriées sont rassemblées, évaporées à sec, coévaporées à l'eau, et lyophilisées dans l'eau pour conduire au produit **PA-1** sous forme de sel de triéthylammonium avec une pureté HPLC de 93%. Du produit entièrement pur est obtenu après purification par HPLC préparative (gradient : 5 à 40% ACN en 20 min ; charge maximale de la colonne : 10 mg de produit brut par injection), évaporation consécutive pour éliminer le tampon TEAAc, et trois lyophilisations consécutives dans l'eau. Le produit final sous forme de sel de sodium pour caractérisation et analyses biologiques est obtenu après élution sur une colonne de résine échangeuse DOWEX-Na^+, et lyophilisation dans l'eau conduisant au phosphoramidate **PA-1** sous forme d'un solide spongieux blanc (28 mg, Rdt = 47%) mélange de deux diastéréoisomères en rapport ~ 1 : 1.

T_r – **HPLC** : 8,2 min ; 8,5 min (>97%) – 0 à 40% ACN en 15 min

UV : (H_2O) λ_{max} = 255 nm (ε = 15 100)

RMN-^{1}H : (D_2O, 300 MHz, les signaux des deux diastéréoisomères sont décrits) δ *8,19* (2H, s, H_{G8}) ; *7,71 ; 7,64* (2H, 2d, H_{C6}, $^3J_{C6-C5}$ = 7,5 Hz) ; *5,94* (1H, d, $H_{G1'}$, $^3J_{G1'-G2'}$ = 6,4 Hz) ; *5,90* (4H, pd, $H_{C1'}$,$H_{G1'}$, H_{C5}) ; *5,73* (1H, d, H_{C5}, $^3J_{C5-C6}$ = 7,5 Hz) ; *5,16* (2H, m, $H_{G3'}$) ; *4,66* (2H, m, $H_{G2'}$) ; *4,52* (2H, m, $H_{G4'}$) ; *4,42 – 4,18* (10H, m, $H_{C2'}$, $H_{C3'}$, $H_{C4'}$, $H_{C5',5''}$) ; *4,02* (4H, m, $H_{G5',5''}$) ; *3,52* (3H, s, G2'-O-CH_3) ; *3,49* (4H, pt, CH_2OCH$_3$, ^3J = 5,1 Hz) ; *3,47* (3H, s, G2'-O-CH_3) ; *3,36 ; 3,33* (6H, 2s, CH$_2$OCH_3) ; *3,18* (4H, m, PNH-CH_2).

RMN-^{13}C : (D_2O, 75 MHz, les signaux des deux diastéréoisomères sont décrits) δ *168,2* (C_{C4}) ; *161,1* (C_{G6}) ; *157,7* (C_{C2}) ; *152,5* (C_{G4}) ; *141,6 ; 141,4* (C_{C6}) ; *138,0* (C_{G8}) ; *118,0* (C_{G5}) ; *96,7 ; 96,3* (C_{C5}) ; *91,1 ; 90,8* ($C_{C1'}$) ; *85,2 ; 84,7* ($C_{G1'}$) ; *83,9* ($C_{G4'}$) ; *82,2* ($C_{C4'}$) ; *81,9 ; 81,8* ($C_{G2'}$) ; *75,1* ($C_{C3'}$) ; *74,8* ($C_{G3'}$) ; *72,8* (CH$_2$OCH$_3$) ; *66,9 ; 66,3* ($C_{C5'}$) ; *63,7* ($C_{G5'}$) ; *58,9 ; 58,6* (G2'-OCH$_3$, CH$_2$OCH$_3$) ; *40,8* (PNH-CH$_2$).

RMN-^{31}P : (D_2O, 121 MHz, les signaux des deux diastéréoisomères sont décrits) δ *11,4* (1/4, P-N) ; *11,0* (1/4, P-N) ; *3,3* (1/4, P-O) ; *3,2* (1/4, P-O).

SM : FAB$^+$ (GT) m/z **784** (M+H)$^+$; **762** (M-Na+H)$^+$; FAB$^-$ (GT) m/z **760** (M-Na)$^-$; **738** (M-2Na+H)$^-$.

SMHR : FAB$^-$ (GT) m/z calculé pour ($C_{23}H_{34}N_9O_{15}P_2$)$^-$: **738,1802**, trouvé : **738,1778**

Les deux diastéréoisomères du composé **PA-1** ont été séparés par purification sur HPLC préparative (gradient : 7 à 10% ACN en 30 min ; charge maximale de la colonne : 1 mg de mélange par injection). La forme sodium a été obtenue après élution sur colonne échangeuse DOWEX-Na$^+$ et lyophilisation dans l'eau pour conduire à chaque diastéréoisomère pur sous forme de solide spongieux blanc.

Isomère « *fast* » PA-1F

T$_r$ – HPLC : 8,2 min (>98%) – 0 à 40% ACN en 15 min

RMN-^{1}H : (D$_2$O, 300 MHz) δ *8,19* (1H, s, H$_{G8}$) ; *7,67* (1H, d, H$_{C6}$, $^3J_{C6-C5}$ = 7,5 Hz) ; *5,91* (1H, d, H$_{G1'}$, $^3J_{G1'-G2'}$ = 6,9 Hz) ; *5,89* (1H, d, H$_{C1'}$, $^3J_{C1'-C2'}$ = 2,7 Hz) ; *5,77* (1H, d, H$_{C5}$, $^3J_{C5-C6}$ = 7,8 Hz) ; *5,20 – 5,15* (1H, m, H$_{G3'}$) ; *4,66* (1H, pt, H$_{G2'}$, ^3J = 5,4 Hz) ; *4,53* (1H, m, H$_{G4'}$) ; *4,42 – 4,19* (5H, m, H$_{C2'}$, H$_{C3'}$, H$_{C4'}$, H$_{C5',5''}$) ; *4,04* (2H, m, H$_{G5',5''}$) ; *3,55 – 3,51* (5H, m, G2'-O-CH$_3$, CH$_2$OCH$_3$) ; *3,37* (3H, s, CH$_2$OCH$_3$) ; *3,17* (2H, dt, PNHCH$_2$, $^3J_{H-H}$ = 5,1 Hz, $^3J_{H-P}$ = 12,0 Hz).

RMN-^{31}P : (D$_2$O, 121 MHz) δ *10,5* (1/2, P-N) ; *2,0* (1/2, P-O).

Isomère « *slow* » PA-1S

T$_r$ – HPLC : 8,4 min (>99%) – 0 à 40% ACN en 15 min

RMN-^{1}H : (D$_2$O, 300 MHz) δ *8,22* (1H, s, H$_{G8}$) ; *7,75* (1H, d, H$_{C6}$, $^3J_{C6-C5}$ = 7,5 Hz) ; *5,98 – 5,90* (3H, m, H$_{G1'}$, H$_{C1'}$, H$_{C5'}$) ; *5,21 – 5,16* (1H, m, H$_{G3'}$) ; *4,68* (1H, pt, H$_{G2'}$) ; *4,55* (1H, m, H$_{G4'}$) ; *4,47 – 4,27* (5H, m, H$_{C2'}$, H$_{C3'}$, H$_{C4'}$, H$_{C5',5''}$) ; *4,03* (2H, m, H$_{G5',5''}$) ; *3,52* (2H, t, CH$_2$OCH$_3$, ^3J = 5,4 Hz) ; *3,48* (3H, s, G2'-O-CH$_3$) ; *3,35* (3H, s, CH$_2$OCH$_3$) ; *3,17* (2H, dt, PNHCH$_2$, $^3J_{H-H}$ = 5,4 Hz, $^3J_{H-P}$ = 11,7 Hz).

RMN-^{31}P : (D$_2$O, 121 MHz) δ *10,8* (1/2, P-N) ; *3,1* (1/2, P-O).

O-(Cytidin-5'-yl)-*O*-(2'-*O*-méthyl-5'-*O*-phosphorylguanosin-3'-yl)-*N*-[3-(*N*,*N*-diméthylamino)propyl]-phosphoramidate (chlorhydrate, sel de sodium) (PA-2)

Oxydation : Le dimère *H*-Phosphonate diester brut **17** (0,07 mmol, 1 éq.), coévaporé trois fois à la pyridine anhydre est solubilisé dans 1 mL de mélange pyridine/CCl$_4$ – 1 : 1 (v/v). Le mélange est agité à température ambiante environ 5 min jusqu'à l'obtention d'une solution limpide et homogène. Sont ensuite ajoutés 100 µL de 3-(*N*,*N*-diméthylamino)propylamine (0,7 mmol, 10 éq.), le mélange est agité pendant 1 h 30 et l'avancement suivi en HPLC analytique. Au bout de ce temps la réaction est totale, le mélange réactionnel est évaporé à sec, et coévaporé à l'acétonitrile.

Déprotection : Le résidu brut oxydé est solubilisé dans 1 mL d'une solution THF/H$_2$O – 1 : 1 (v/v) à laquelle sont ajoutés 5 mL de solution d'ammoniaque à 28%. Le mélange est agité une nuit à température ambiante et ensuite 7 h à 40 °C. La déprotection complète est confirmée par suivi en HPLC analytique et analyses MALDI-TOF SM. Les solvants sont évaporés à sec, le résidu obtenu est repris dans l'eau et lavé deux fois avec de l'acétate d'éthyle. La phase aqueuse est ensuite diluée avec 1 mL de solution TEAB 1 M, puis évaporée à sec. Le mélange brut est alors solubilisé dans une solution aqueuse TEAB 10^{-3} M et purifié sur colonne de résine échangeuse DEAE-A25 Sephadex (éluant : gradient linéaire TEAB 10^{-3} M jusqu'à 0,3 M). Les fractions appropriées sont rassemblées, évaporées à sec, coévaporées à l'eau, et lyophilisées dans l'eau pour conduire au produit **PA-2** sous forme de sel de triéthylammonium avec une pureté HPLC de 90%. Du produit entièrement pur est obtenu après purification par HPLC préparative (gradient : 7 à 16% ACN en 20 min ; charge maximale de la colonne : 6.4 mg de produit brut par injection), évaporation consécutive pour éliminer le tampon TEAAc, et trois lyophilisations consécutives dans l'eau. Pour obtenir le produit final sous forme chlorhydrate et sel de sodium pour caractérisation et analyses biologiques, le solide est solubilisé dans 3 mL d'une solution aqueuse NaCl 1 M et ensuite élué sur une colonne de silice RP-18 (gradient : eau 100% jusqu'à 25% acétonitrile). Après lyophilisation dans l'eau, le phosphoramidate **PA-2** est obtenu sous forme d'un solide spongieux blanc (18 mg, Rdt = 30%) mélange de deux diastéréoisomères en rapport ~ 1 : 1.

T_r – **HPLC** : 7,6 min (>96%) – 0 à 40% ACN en 15 min

UV : (H₂O) λ_{max} = 255 nm (ε = 14 800)

RMN-^{1}H : (D₂O, 400 MHz, les signaux des deux diastéréoisomères sont décrits) **δ** *8,2* (2H, s, l, H$_{G8}$) ; *7,58* (2H, d, H$_{C6}$, $^3J_{C6-C5}$ = 7,3 Hz) ; *5,93* (1H, pd, H$_{G1'}$, $^3J_{G1'-G2'}$ = 5 Hz) ; *5,83 – 5,66* (5H, m, H$_{C1'}$,H$_{G1'}$, H$_{C5}$) ; *5,12 ; 5,01* (2H, 2pd, H$_{G3'}$) ; *4,56* (2H, m, H$_{G2'}$) ; *4,45 – 4,06* (12H, m, H$_{G4'}$, H$_{C2'}$, H$_{C3'}$, H$_{C4'}$, H$_{C5',5"}$) ; *3,89* (4H, m, H$_{G5',5"}$) ; *3,48 ; 3,47* (6H, 2s, G2'-O-CH_3) ; *3,12 – 2,81* (8H, m, CH_2-1, CH_2-3) ; *2,76* (12H, s, N(CH_3)₂) ; *1,89* (4H, m, CH_2-2).

RMN-^{13}C : (D₂O, 75 MHz, les signaux des deux diastéréoisomères sont décrits) **δ** *166,9* (C$_{C4}$) ; *156,5* (C$_{C2}$) ; *148,0* (C$_{G4}$) ; *141,9* (C$_{C6}$) ; *118,1* (C$_{G5}$) ; *96,5* (C$_{C5}$) ; *91,7 ; 90,6* (C$_{C1'}$, C$_{G1'}$); *81,9* (C$_{4'}$) ; *81,9 ; 81,7* (C$_{2'}$, C$_{4'}$) ; *75,1* (C$_{C3'}$) ; *74,6* (C$_{G3'}$) ; *69,8 ; 69,4* (C$_{C5'}$, C$_{G5'}$) ; *59,2 ; 59,1* (G2'-OCH_3) ; *55,8* (CH_2-3) ; *43,4* (N(CH_3)₂) ; *38,8* (CH_2-1) ; *27,4* (CH_2-2).

RMN-^{31}P : (D₂O, 121 MHz, les signaux des deux diastéréoisomères sont décrits) **δ** *11,0 ; 10,9* (1/2, P-N) ; *3,7* (1/2, P-O).

SM : FAB$^+$ (GT) m/z **811** (M-Cl)$^+$; **789** (M-NaCl+H)$^+$; **767** (M-NaCl-Na+2H)$^+$; FAB$^-$ (GT) m/z **787** (M-NaCl-H)$^-$; **765** (M-2Na-Cl)$^-$.

SMHR : FAB$^-$ (GT) m/z calculé pour (C$_{25}$H$_{39}$N$_{10}$O$_{14}$P₂)$^-$: **765,2122**, trouvé : **765,2129**

O-(Cytidin-5'-yl)-*N*-[2-(imidazol-4-yl)éthyl]-*O*-(2'-*O*-méthyl-5'-*O*-phopsphoryl guanosin-3'-yl)-phosphoramidate (sel de triéthylammonium) (PA-3)

Oxydation : Le dimère *H*-Phosphonate diester brut **17** (0,07 mmol, 1 éq.), coévaporé trois fois à la pyridine anhydre, puis séché sous vide sur P₂O₅, est solubilisé dans 0,3 mL de mélange pyridine/CCl$_4$ – 1 : 1 (v/v) (CCl$_4$ – 1,5 mmol, 25 éq.). Est ensuite ajouté au mélange de l'histamine base (0,33 g, 3 mmol, 50 éq.), coévaporée trois fois à la pyridine anhydre, puis séchée sur P$_2$O$_5$ sous vide à 80 °C, en solution dans 0,3 mL de pyridine anhydre. Le mélange est agité à température ambiante et l'évolution est suivie par HPLC analytique et par analyses MALDI-TOF SM. Au bout de dix minutes l'oxydation est terminée et une déprotection partielle est observée. Le mélange est alors laissé évoluer sous agitation à température ambiante pendant deux jours.

Déprotection : Pour compléter la déprotection le résidu obtenu après évaporation est solubilisé dans 1 mL de solution d'ammoniaque à 28%. Le mélange est agité 3 h à 40 °C. La déprotection complète est confirmée par suivi en HPLC analytique et analyses MALDI-TOF SM. Les solvants sont évaporés à sec, le mélange brut est alors solubilisé dans une solution aqueuse TEAB 10^{-3} M et purifié sur colonne de résine échangeuse DEAE-A25 Sephadex (éluant : gradient linéaire TEAB 10^{-3} M jusqu'à 0,3 M). Les fractions appropriées sont rassemblées, évaporées à sec, coévaporées à l'eau, et lyophilisées dans l'eau pour conduire au mélange des produits **PA-3**, et le produit C4-transaminé, dans une proportion de ~ 3 : 2 respectivement. Les deux produits purs sont obtenus après séparation par HPLC préparative (gradient : 7 à 16% ACN en 20 min ; charge maximale de la colonne : 6.4 mg de produit brut par injection), évaporation consécutive pour éliminer le tampon TEAAc, et cinq lyophilisations consécutives dans l'eau. Le composé **PA-3** est obtenu sous forme d'un solide spongieux blanc (15 mg, Rdt = 22%). Le produit pour études biologiques sous forme sel de sodium est obtenu après élution sur une colonne de résine échangeuse DOWEX-Na$^+$, et lyophilisation dans l'eau.

T$_r$ – HPLC : 7,8min (>90%) – 0 à 40% ACN en 15 min

UV : (H$_2$O) λ_{max} = 255 nm (ε = 12 300)

RMN-^{1}H : (D$_2$O, 300 MHz, les signaux des deux diastéréoisomères sont décrits) δ *8,45 ; 8,43* (2H, 2s, H$_{Im2}$) ; *8,04 ; 8,01* (2H, 2s, H$_{G8}$) ; *7,52 ; 7,49* (2H, 2d, H$_{C6}$, $^3J_{C6-C5}$ = 7,5 Hz) ; *7,18* (2H, s, H$_{Im5}$) ; *5,82* (1H, d, H$_{G1'}$, $^3J_{G1'-G2'}$ = 5,6 Hz) ; *5,75* (3H, m,

H$_{C1'}$,H$_{G1'}$) ; *5,68 ; 5,57* (2H, 2d, H$_{C5}$, $^3J_{C5-C6}$ = 7,4 Hz) ; *4,93 ; 4,84* (2H, 2m, H$_{G3'}$) ; *4,49* (2H, m, H$_{G2'}$, ^3J = 5,2 Hz) ; *4,38 ; 4,31* (2H, 2m, H$_{G4'}$) ; *4,21 – 3,98* (10H, m, H$_{C2'}$, H$_{C3'}$, H$_{C4'}$, H$_{C5',5''}$) ; *3,90* (4H, m, H$_{G5',5''}$) ; *3,41 ; 3,35* (6H, 2s, G2'-O-CH_3) ; *3,18* (4H, m, PNHCH_2) ; *3,09* (4H, q, CH_2-TEAH, ^3J = 7,1 Hz) ; *2,82* (4H, t, Im-CH_2, ^3J = 6,4 Hz) ; *1,16* (12H, t, CH_3-TEAH, ^3J = 7,3 Hz).

RMN-^{13}C : (D$_2$O, 100 MHz, les signaux des deux diastéréoisomères sont décrits) δ *165,8* (C$_{C4}$) ; *158,9* (C$_{G6}$) ; *157,1* (C$_{C2}$) ; *153,9* (C$_{G4}$) ; *140,9 ; 140,8* (C$_{C6}$) ; *139,0* (C$_{G8}$) ; *133,2* (C$_{Im4}$) ; *133,1* (C$_{Im2}$) ; *116,5 ; 116,2* (C$_{Im5}$) ; *95,7 ; 95,5* (C$_{C5}$) ; *90,7* (C$_{C1'}$) ; *84,8 ; 84,1* (C$_{G1'}$) ; *81,5 ; 81,4* (C$_{2'}$, C$_{4'}$) ; *74,0* (C$_{C3'}$) ; *73,9* (C$_{G3'}$) ; *68,8 ; 68,6* (C$_{C5'}$, C$_{G5'}$) ; *58,2 ; 58,1* (G2'-OCH$_3$) ; *46,6* (CH$_2$-TEAH) ; *39,8 ; 39,7* (PNHCH$_2$) ; *26,4* (CH$_2$-Im) ; *8,2* (CH$_3$-TEAH).

RMN-^{31}P : (D$_2$O, 121 MHz, les signaux des deux diastéréoisomères sont décrits) δ *10,4 ; 10,1* (1/2, P-N) ; *2,2 ; 2,1* (1/2, P-O).

SM : FAB$^+$ (GT) m/z 776 (M-2TEAH+3H)$^+$; FAB$^-$ (GT) m/z 774 (M-2TEAH+H)$^-$.

SMHR : FAB$^+$ (GT) m/z calculé pour (C$_{25}$H$_{36}$N$_{11}$O$_{14}$P$_2$)$^+$: **776,1918**, trouvé : **776,1915**

O-(Cytidin-5'-yl)-*O*-(2'-*O*-méthyl-5'-*O*-phosphorylguanosin-3'-yl)-*N*-(5-carboxypentyl) phosphoramidate (sel de sodium) (PA-4)

Oxydation : Le dimère *H*-Phosphonate diester brut **17** (0,18 mmol, 1 éq.) est coévaporé trois fois à la pyridine anhydre puis solubilisé dans 0,4 mL de pyridine anhydre. Sont ensuite simultanément additionnés 0,5 mL de CCl$_4$ anhydre, 0,5 mL de triéthylamine anhydre et 350 mg (1,8 mmol, 10 éq.) de 6-aminohexanoate de méthyle chlorhydrate **20** en solution dans 0,5 mL de pyridine anhydre. Une coloration jaune intense et la précipitation du chlorure de triéthylammonium sont observées et le mélange est agité à température ambiante pendant 2 h. L'avancement est suivi en HPLC analytique. Au bout de ce temps la réaction est totale, une déprotection partielle est observée. Le mélange réactionnel est évaporé à sec, et coévaporé trois fois à l'acétonitrile.

Déprotection : Le résidu brut oxydé est solubilisé dans 2,5 mL de mélange THF/ACN – 1 : 1 (v/v) et 5 mL de solution de soude aqueuse 0,4 M sont ajoutés, puis le mélange est agité 5 h à température ambiante. Le milieu est alors neutralisé par l'ajout de résine DOWEX-50WX8 sous sa forme pyridinium, puis la résine est filtrée sur fritté est rincée. Le filtrat est évaporé à sec, le brut est repris dans 5 mL de solution d'ammoniaque à 28%. Le mélange est agité 6 h à 50°C dans un ballon hermétiquement fermé. Les solvants sont évaporés à sec, le mélange brut est solubilisé dans une solution aqueuse TEAB 10^{-3} M et purifié sur colonne de résine échangeuse DEAE-A25 Sephadex (éluant : gradient linéaire TEAB 10^{-3} M jusqu'à 0,3 M). Les fractions appropriées sont rassemblées, évaporées à sec, coévaporées à l'eau, et lyophilisées dans l'eau pour conduire au mélange des diastéréoisomères **PA-4**. Les deux diastéréoisomères du composé **PA-4** sont obtenus purs après séparation par HPLC préparative (gradient : 6 à 8% ACN en 30 min ; charge maximale de la colonne : 7 mg de mélange brut par injection), et après plusieurs coévaporations consécutives dans l'eau pour éliminer le tampon TEAAc.

Isomère « *fast* » PA-4F (sel de sodium)

Obtenu après échange sur colonne DOWEX-Na$^+$ et lyophilisation dans l'eau sous forme de solide spongieux blanc (45 mg, Rdt = 58%).

T_r – HPLC : 8,3 min (>98%) – 0 à 40% ACN en 15 min

UV : (H_2O) λ_{max} = 255 nm (ε = 14 800)

RMN-^{1}H : (D_2O, 300 MHz) δ *8,15* (1H, s, H_{G8}) ; *7,69* (1H, d, H_{C6}, $^3J_{C6\text{-}C5}$ = 7,5 Hz) ; *5,95* (1H, d, $H_{G1'}$, $^3J_{G1'\text{-}G2'}$ = 6,3 Hz) ; *5,89* (1H, d, $H_{C1'}$, $^3J_{C1'\text{-}C2'}$ = 2,4 Hz) ; *5,83* (1H, d, H_{C5}, $^3J_{C6\text{-}C5}$ = 7,5 Hz) ; *5,17 – 5,12* (1H, m, $H_{G3'}$) ; *4,58* (1H, pt, $H_{G2'}$, ^3J = 5,0 Hz, ^3J = 5,5 Hz) ; *4,54* (1H, m, $H_{G4'}$) ; *4,44 – 4,25* (5H, m, $H_{C2'}$, $H_{C3'}$, $H_{C4'}$, $H_{C5',5''}$) ; *4,09* (2H, m, $H_{G5',5''}$) ; **3,52** (3H, s, G2'-O-CH_3) ; **3,02 – 2,93** (2H, dt, PNHCH_2, $^3J_{H-H}$ = 7,5 Hz, $^3J_{H-P}$ = 11,4 Hz) ; **2,19** (2H, t, CH_2COO, ^3J = 7,9 Hz) ; **1,60 – 1,27** (6H, m, 3×-CH_2-).

RMN-^{13}C : (D$_2$O, 100 MHz) δ **183,8** (COO) ; **165,9** (C$_{C4}$) ; **158,9** (C$_{G6}$) ; **157,3** (C$_{C2}$) ; **153,9** (C$_{G2}$) ; **151,8** (C$_{G4}$) ; **140,8** (C$_{C6}$) ; **137,3** (C$_{G8}$) ; **116,1** (C$_{G5}$) ; **95,8** (C$_{C5}$) ; **90,4** (C$_{C1'}$) ; **84,2** (C$_{G1'}$) ; **83,3** (m, C$_{G4'}$) ; **81,7** (d, C$_{C4'}$, $^3J_{C-P}$ = 8,5 Hz) ; **81,2** (d, C$_{G2'}$, $^3J_{C-P}$ = 3,7 Hz) ; **74,2** (C$_{C2'}$) ; **74,1** (C$_{G3'}$) ; **68,9** (C$_{C3'}$) ; **65,8** (d, C$_{C5'}$, $^2J_{C-P}$ = 4,8 Hz) ; **63,1** (d, C$_{G5'}$, $^2J_{C-P}$ = 3,6 Hz) ; **58,3** (G2'-O-CH_3) ; **40,8** (CH_2PNH) ; **37,5** (CH_2COO) ; **30,8** (d, CH_2CH_2PNH, $^3J_{C-P}$ = 5,0 Hz) ; **25,9 ; 25,5** (2×-CH_2-).

RMN-^{31}P : (D$_2$O, 121 MHz) δ **10,8** (1/2, P-N) ; **0,9** (1/2, P-O).

SM : FAB$^+$ (GT) m/z **796** (M-3Na+4H)$^+$; FAB$^-$ (GT) m/z **794** (M-3Na+2H)$^-$.

SMHR : FAB$^+$ (GT) m/z calculé pour (C$_{26}$H$_{38}$N$_9$O$_{16}$P$_2$)$^+$: **794,1912**, trouvé : **794,2012**

Isomère « *slow* » PA-4S (sel de sodium)

Obtenu après échange sur colonne DOWEX-Na$^+$ et lyophilisation dans l'eau sous forme de solide spongieux blanc (26 mg, Rdt = 34%).

T$_r$ – HPLC : 8,5 min (>98%) – 0 à 40% ACN en 15 min

UV : (H$_2$O) λ$_{max}$ = 255 nm (ε = 14 500)

RMN-^{1}H : (D$_2$O, 300 MHz) δ **8,21** (1H, s, H$_{G8}$) ; **7,75** (1H, d, H$_{C6}$, $^3J_{C6-C5}$ = 7,5 Hz) ; **5,98 – 5,93** (3H, m, H$_{G1'}$, H$_{C1'}$, H$_{C5}$) ; **5,19 – 5,15** (1H, m, H$_{G3'}$) ; **4,61** (1H, pt, H$_{G2'}$) ; **4,55** (1H, m, H$_{G4'}$) ; **4,46 – 4,25** (5H, m, , H$_{C2'}$, H$_{C3'}$, H$_{C4'}$, H$_{C5',5''}$) ; **4,04** (2H, m, H$_{G5',5''}$) ; **3,48** (3H, s, G2'-O-CH_3) ; **3,01 – 2,93** (2H, dt, PNHCH_2, $^3J_{H-H}$ = 7,2 Hz, $^3J_{H-P}$ = 11,4 Hz) ; **2,15** (2H, t, CH_2COO, ^3J = 7,5 Hz) ; **1,58 – 1,25** (6H, m, 3×-CH_2-).

RMN-^{13}C : (D$_2$O, 100 MHz) δ *183,8* (COO) ; *166,0* (C$_{C4}$) ; *159,0* (C$_{G6}$) ; *157,5* (C$_{C2}$) ; *153,9* (C$_{G2}$) ; *151,8* (C$_{G4}$) ; *140,9* (C$_{C6}$) ; *137,6* (C$_{G8}$) ; *116,1* (C$_{G5}$) ; *96,2* (C$_{C5}$) ; *89,9* (C$_{C1'}$) ; *84,4* (C$_{G1'}$) ; *83,7* (m, C$_{G4'}$) ; *81,8* (d, C$_{C4'}$, $^3J_{C\text{-}P}$ = 8,1 Hz) ; *81,2* (d, C$_{G2'}$, $^3J_{C\text{-}P}$ = 4,6 Hz) ; *74,5* (C$_{G3'}$) ; *74,1* (C$_{C2'}$) ; *69,0* (C$_{C3'}$) ; *65,4* (d, C$_{C5'}$, $^2J_{C\text{-}P}$ = 5,5 Hz) ; *63,0* (d, C$_{G5'}$, $^2J_{C\text{-}P}$ = 1,5 Hz) ; *58,3* (G2'-O-CH$_3$) ; *40,9* (CH$_2$PNH) ; *37,5* (CH$_2$COO) ; *30,9* (d, CH$_2$CH$_2$PNH, $^3J_{C\text{-}P}$ = 5,0 Hz) ; *25,9 ; 25,5* (2×-CH$_2$-).

RMN-^{31}P : (D$_2$O, 121 MHz) δ *11,3* (1/2, P-N) ; *2,6* (1/2, P-O).

SM : FAB$^+$ (GT) m/z *796* (M-3Na+4H)$^+$; FAB$^-$ (GT) m/z *794* (M-3Na+2H)$^-$.

SMHR : FAB$^+$ (GT) m/z calculé pour (C$_{26}$H$_{38}$N$_9$O$_{16}$P$_2$)$^+$: *794,1912*, trouvé : *794,2003*

O-(Cytidin-5'-yl)-*N*-(2-méthoxyéthyl)-*O*-(2'-*O*-méthyl-guanosin-3'-yl) phosphoramidate (PA-5)

Oxydation : Le dimère *H*-Phosphonate diester brut **18** (0,08 mmol, 1 éq.) est coévaporé trois fois à la pyridine anhydre puis solubilisé dans 0,5 mL de pyridine anhydre. Sont ensuite simultanément additionnés 0,2 mL de CCl$_4$ anhydre et 70 µL (0,8 mmol, 10 éq.) de 2-méthoxyéthylamine. Une coloration jaune intense est observée et le mélange est agité à température ambiante pendant 2 h. L'avancement est suivi en HPLC analytique. Au bout de ce temps la réaction est totale, une déprotection partielle est observée. Le mélange réactionnel est évaporé à sec, et coévaporé trois fois à l'acétonitrile.

Déprotection : Le résidu brut oxydé est solubilisé dans 1,5 mL d'une solution THF/MeOH – 2 : 1 (v/v) à laquelle sont ajoutés 5 mL de solution d'ammoniaque à 28%. Le mélange est agité 7 h à 40 °C. Les solvants sont alors évaporés à sec, le brut est coévaporé à l'éthanol. Le résidu est alors repris dans 1 mL de méthanol, puis sont ajoutés 5 mL d'acide acétique à 80%. Le mélange est agité à température ambiante pendant 2 h. Au bout de ce temps la déprotection complète est confirmée par suivi en HPLC analytique et analyses MALDI-TOF SM. Le milieu réactionnel est alors dilué avec 10 mL d'eau distillée, et lavé cinq fois avec du dichlorométhane, puis trois fois à l'acétate d'éthyle. Les phases aqueuses sont alors évaporées à sec, et le produit est purifié par HPLC préparative (gradient : 10 à 16% ACN en 30 min ; charge maximale de la colonne : 7 mg de produit brut par injection). Les fractions contenant le produit sont rassemblées, coévaporées puis lyophilisées plusieurs fois dans l'eau afin d'enlever le tampon TEAAc. Le produit final **PA-5** pour caractérisation et analyses biologiques est obtenu sous forme d'un solide spongieux blanc (32 mg, Rdt = 60%) mélange de deux diastéréoisomères en rapport ~ 1 : 1.

T_r – **HPLC** : 9,5 min (>99%) – 0 à 40% ACN en 15 min

UV : (H_2O) λ_{max} = 255 nm (ε = 16 600)

RMN-^{1}H : (D_2O, 300 MHz, les signaux des deux diastéréoisomères sont décrits) δ *7,92 ; 7,90* (2H, 2s, H_{G8}) ; *7,59 ; 7,52* (2H, 2d, H_{C6}, $^3J_{C6-C5}$ = 7,5 Hz) ; *5,83 – 5,75* (5H, m, $H_{C1'}$,$H_{G1'}$, H_{C5}) ; *5,63* (1H, d, H_{C5}, $^3J_{C5-C6}$ = 7,4 Hz) ; *4,98* (2H, m, $H_{G3'}$) ; *4,50* (2H, m, $H_{G2'}$) ; *4,34 – 4,06* (12H, m, $H_{G4'}$, $H_{C2'}$, $H_{C3'}$, $H_{C4'}$, $H_{C5',5''}$) ; *3,79 – 3,69* (4H, m, $H_{G5',5''}$) ; *3,43 – 3,36* (10H, m, G2'-O-CH_3, CH_2OCH_3) ; *3,27 ; 3,25* (6H, 2s, CH_2OCH_3) ; *3,05* (4H, m, PNHCH_2).

RMN-^{13}C : (D_2O, 75 MHz, les signaux des deux diastéréoisomères sont décrits) δ *165,9* (C_{C4}) ; *158,9* (C_{G6}) ; *157,4 ; 157,2* (C_{C2}) ; *153,9* (C_{G2}) ; *151,4* (C_{G4}) ; *141,3 ; 140,8* (C_{C6}) ; *137,6 ; 137,2* (C_{G8}) ; *116,4* (C_{G5}) ; *96,0 ; 95,5* (C_{C5}) ; *90,7 ; 90,6* ($C_{C1'}$) ; *85,3 ; 84,8* ($C_{G1'}$) ; *84,3* ($C_{G4'}$) ; *83,9 ; 83,8* ($C_{C4'}$) ; *81,5 ; 81,4* ($C_{G2'}$) ; *80,9* ($C_{C2'}$) ; *74,0 ; 73,7* ($C_{C3'}$) ; *73,4* ($C_{G3'}$) ; *72,1* (CH_2OCH_3) ; *68,9 ; 68,9* ($C_{C5'}$) ; *60,7 ; 60,5* ($C_{G5'}$) ; *58,3 – 57,9* (G2'-O-CH_3, CH_2OCH_3) ; *40,1* (PNHCH_2).

RMN-^{31}P : (D_2O, 121 MHz, les signaux des deux diastéréoisomères sont décrits) δ *11,0* (1/2) ; *10,6* (1/2).

SM : FAB$^+$ (GT) m/z **782** (M+Na)$^+$; **760** (M+H)$^+$; FAB$^-$ (GT) m/z **658** (M-H)$^-$.

SMHR : FAB$^+$ (GT) m/z calculé pour $(C_{23}H_{55}N_9O_{12}P)^+$: **660,2143**, trouvé : **660,2120**

O-(Cytidin-5'-yl)-O-(2'-O-méthylguanosin-3'-yl)-N-(5-carboxypentyl)
phosphoramidate (sel de sodium) (PA-7)

Oxydation : Le dimère H-Phosphonate diester brut **18** (0,08 mmol, 1 éq.) est coévaporé trois fois à la pyridine anhydre puis solubilisé dans 0,2 mL de pyridine anhydre. Sont ensuite simultanément additionnés 0,2 mL de CCl$_4$ anhydre, 0,1 mL de TEA anhydre et 150 mg (0,8 mmol, 10 éq.) de 6-aminohexanoate de méthyle chlorhydrate **20** en solution dans 0,3 mL de pyridine anhydre. Une coloration jaune intense et la précipitation du chlorure de triéthylammonium sont observées et le mélange est agité à température ambiante pendant 2 h. L'avancement est suivi en HPLC analytique. Au bout de ce temps la réaction est totale, une déprotection partielle est observée. Le mélange réactionnel est évaporé à sec, et coévaporé trois fois à l'acétonitrile.

Déprotection : Le résidu brut oxydé est solubilisé dans 2 mL d'une solution THF/MeOH – 1 : 1 (v/v) à laquelle sont ajoutés 3 mL de solution aqueuse contenant 140 mg K$_2$CO$_3$. Le mélange est agité 24 h à température ambiante. Les protections sur les parties nucléosidiques sont hydrolysées et l'ester méthylique sur la chaîne latérale est majoritairement conservé. Le milieu est alors neutralisé par l'ajout de résine DOWEX-50WX8 sous sa forme pyridinium, puis la résine est filtrée sur fritté est rincée. Le filtrat est évaporé à sec, le brut est alors repris dans 5 mL d'acide acétique à 80%. Le mélange est agité à température ambiante pendant 2 h. Au bout de ce temps la déprotection complète du diméthoxytrityle est confirmée par suivi en HPLC analytique et analyses MALDI-TOF SM. Le milieu réactionnel est dilué avec 10 mL d'eau distillée, et lavé cinq fois avec du dichlorométhane, puis trois fois à l'acétate d'éthyle. Les phases aqueuses sont évaporées à sec, puis coévaporées trois fois à l'acétonitrile/eau et finalement séchées à la pompe à palette. Le résidu est alors repris dans 2,5 mL d'acétonitrile auquel sont ajoutés 2,5 mL de solution aqueuse de NaOH – 0,2 N. L'hydrolyse complète de l'ester est confirmée après 2 h d'agitation à température ambiante. Après neutralisation (résine DOWEX-50WX8 pyridinium), puis filtration et évaporation, le produit est purifié par HPLC préparative (gradient : 10 à 16% ACN en 30 min ; charge maximale de la colonne : 3 mg de produit brut par injection). Les fractions contenant le produit sont rassemblées, coévaporées puis lyophilisées plusieurs fois afin d'enlever le tampon TEAAc. Le produit final **PA-7** pour caractérisation et analyses biologiques sous sa forme carboxylate de sodium est obtenu après passage sur colonne de résine DOWEX-50WX8, forme Na$^+$ puis lyophilisation (15 mg, Rdt = 25%) mélange de deux diastéréoisomères en rapport ~ 1,8 : 1.

T_r – **HPLC** : 8,8 min ; 8,9 min (>97%) – 0 à 40% ACN en 15 min

UV : (H$_2$O) λ_{max} = 254 nm (ε = 22 000)

RMN-^{1}H : (D$_2$O, 300 MHz, les signaux des deux diastéréoisomères sont décrits) δ *7,93 ; 7,92* (2H, 2s, H$_{G8}$) ; *7,61 ; 7,57* (2H, 2d, H$_{C6}$, $^3J_{C6-C5}$ = 7,5 Hz) ; *5,85 – 5,77* (5H, m, H$_{C1'}$,H$_{G1'}$, H$_{C5}$) ; *5,70* (1H, d, H$_{C5}$, $^3J_{C5-C6}$ = 7,2 Hz) ; *4,98* (2H, m, H$_{G3'}$) ; *4,50* (2H, m, H$_{G2'}$) ; *4,34 – 4,03* (12H, m, H$_{G4'}$, H$_{C2'}$, H$_{C3'}$, H$_{C4'}$, H$_{C5',5''}$) ; *3,76 – 3,69* (4H, m, H$_{G5',5''}$) ; *3,42 ; 3,37* (6H, 2s, G2'-O-CH_3) ; *2,87* (4H, m, PNHCH_2-1) ; *2,07 ; 2,05* (4H, 2t, CH_2COO, ^3J = 7,2 Hz) ; *1,45* (8H, m, CH_2-2, CH_2-4) ; *1,20* (4H, m, CH_2-3).

RMN-^{31}P : (D$_2$O, 121 MHz, les signaux des deux diastéréoisomères sont décrits) δ *11,4* (1/2) ; *10,9* (1/2).

SM : FAB$^+$ (GT) m/z **738** (M+H)$^+$; **716** (M-Na+2H)$^+$; FAB$^-$ (GT) m/z **736** (M-H)$^-$; **714** (M-Na)$^-$.

SMHR : FAB$^+$ (GT) m/z calculé pour (C$_{26}$H$_{39}$N$_9$O$_{13}$P)$^+$: **716,2405**, trouvé : **716,2419**

***O*-(Cytidin-5'-yl)-*N*-(2-méthoxyéthyl)-*O*-(2'-*O*-méthyl-5'-*O*-thiophosphorylguanosin-3'-yl) phosphoramidate (sel de sodium) (PA-6)**

Oxydation : Le dimère *H*-Phosphonate diester brut **19** (0,06 mmol, 1 éq.) est coévaporé trois fois à la pyridine anhydre puis solubilisé dans 0,4 mL de pyridine anhydre. Sont ensuite simultanément additionnés 0,15 mL de CCl_4 anhydre et 55 µL (0,6 mmol, 10 éq.) de 2-méthoxyéthylamine. Une coloration jaune intense est observée et le mélange est agité à température ambiante pendant 1 h. L'avancement est suivi en HPLC analytique. Au bout de ce temps la réaction est totale, une déprotection partielle est observée. Le mélange réactionnel est évaporé à sec, et coévaporé deux fois à l'acétonitrile.

Déprotection : Le résidu brut oxydé est solubilisé dans 2 mL d'une solution THF/MeOH – 1 : 1 (v/v) à laquelle sont ajoutés 5 mL de solution d'ammoniaque à 28%. Le mélange est agité 6 h à 40 °C. Les solvants sont alors évaporés à sec, le brut est coévaporé à l'éthanol, puis solubilisé dans 6 mL d'ammoniaque est traité encore 8 h à 50 °C. Le milieu réactionnel est alors évaporé à sec, et le produit est purifié par HPLC préparative (gradient : 6 à 11% ACN en 30 min ; charge maximale de la colonne : 4,7 mg de produit brut par injection). Les fractions contenant le produit sont rassemblées, coévaporées puis lyophilisées plusieurs fois dans l'eau afin d'enlever le tampon TEAAc. Le produit final **PA-6** pour caractérisation et analyses biologiques est obtenu, après passage sur colonne de résine DOWEX-50WX8, forme Na^+ puis lyophilisation dans l'eau, sous forme d'un solide spongieux blanc (28 mg, Rdt = 58%) mélange de deux diastéréoisomères en rapport ~ 1 : 1.

T_r – HPLC : 8,5 min (>88%) – 0 à 40% ACN en 15 min

UV : (H_2O) λ_{max} = 255 nm (ε = 17 600)

RMN-^{1}H : (D_2O, 300 MHz, les signaux des deux diastéréoisomères sont décrits) δ *7,92 ; 7,90* (2H, 2s, H_{G8}) ; *7,59 ; 7,52* (2H, 2d, H_{C6}, $^3J_{C6-C5}$ = 7,5 Hz) ; *5,83 – 5,75* (5H, m, $H_{C1'}$,$H_{G1'}$, H_{C5}) ; *5,63* (1H, d, H_{C5}, $^3J_{C5-C6}$ = 7,4 Hz) ; *4,98* (2H, m, $H_{G3'}$) ; *4,50* (2H, m, $H_{G2'}$) ; *4,34 – 4,06* (12H, m, $H_{G4'}$, $H_{C2'}$, $H_{C3'}$, $H_{C4'}$, $H_{C5',5''}$) ; *3,79 – 3,69* (4H, m, $H_{G5',5''}$) ; *3,43 – 3,36* (10H, m, G2'-O-CH_3, CH_2OCH_3) ; *3,27 ; 3,25* (6H, 2s, CH_2OCH_3) ; *3,12 – 3,04* (4H, m, PNHCH_2).

RMN-^{13}C : (D$_2$O, 75 MHz, les signaux des deux diastéréoisomères sont décrits) δ *165,7* (C$_{C4}$) ; *158,9* (C$_{G6}$) ; *157,2* (C$_{C2}$) ; *153,9* (C$_{G2}$) ; *140,9* (C$_{C6}$) ; *138,1* (C$_{G8}$) ; *96,0 ; 95,8* (C$_{C5}$) ; *90,3 ; 90,1* (C$_{C1'}$) ; *84,7* (C$_{G1'}$) ; *84,1* (C$_{G4'}$) ; *83,4* (C$_{C4'}$) ; *81,6* (C$_{G2'}$) ; *74,1* (C$_{C3'}$) ; *72,2* (*C*H$_2$OCH$_3$) ; *68,9 ; 68,8* (C$_{C5'}$, C$_{G5'}$) ; *58,3 – 57,9* (G2'-O-*C*H$_3$, CH$_2$O*C*H$_3$) ; *40,1* (PNH*C*H$_2$).

RMN-^{31}P : (D$_2$O, 121 MHz, les signaux des deux diastéréoisomères sont décrits) δ *44,6* (1/2) ; *10,7 ; 10,4* (1/2).

SM : FAB$^+$ (GT) m/z **822** (M+Na)$^+$; **800** (M+H)$^+$; **778** (M-Na+2H)$^+$; FAB$^-$ (GT) m/z **798** (M-H)$^-$; **776** (M-Na)$^-$; **754** (M-2Na+H)$^-$.

SMHR : FAB$^-$ (GT) m/z calculé pour (C$_{23}$H$_{34}$N$_9$O$_{14}$P$_2$S)$^-$: **754,1421**, trouvé : **754,1377**

Les deux diastéréoisomères du composé **PA-6** ont été séparés par purification sur HPLC préparative (gradient : 8 à 11% ACN en 30 min ; charge maximale de la colonne : 1 mg de mélange par injection). La forme sodium a été obtenue après élution sur colonne échangeuse DOWEX-Na$^+$ et lyophilisation dans l'eau pour conduire à chaque diastéréoisomère pur sous forme de solide spongieux blanc.

Isomère « *fast* » PA-6F

T$_r$ – HPLC : 8,1 min (>90%) – 0 à 40% ACN en 15 min

RMN-^{1}H : (D$_2$O, 300 MHz) δ *8,30* (1H, s, H$_{G8}$) ; *7,71* (1H, d, H$_{C6}$, $^3J_{C6\text{-}C5}$ = 7,5 Hz) ; *5,92 – 5,90* (2H, m, H$_{G1'}$, H$_{C1'}$) ; *5,82* (1H, d, H$_{C5}$, $^3J_{C5\text{-}C6}$ = 7,8 Hz) ; *5,30 – 5,26* (1H, m, H$_{G3'}$) ; *4,74* (1H, m, H$_{G2'}$) ; *4,56* (1H, m, H$_{G4'}$) ; *4,41 – 4,16* (5H, m, H$_{C2'}$, H$_{C3'}$, H$_{C4'}$, H$_{C5',5''}$) ; *4,08 – 4,05* (2H, dd, H$_{G5',5''}$) ; *3,55 – 3,50* (5H, m, G2'-O-C*H$_3$, C*H$_2$OCH$_3$) ; *3,37* (3H, s, CH$_2$OC*H$_3$) ; *3,21 – 3,14* (2H, dt, PNHC*H$_2$, $^3J_{H\text{-}H}$ = 5,4 Hz, $^3J_{H\text{-}P}$ = 12,0 Hz).

RMN-^{31}P : (D$_2$O, 121 MHz) δ *43,7* (1/2, P-S) ; *10,4* (1/2, P-N).

T$_r$ – HPLC : 8,3 min (>90%) – 0 à 40% ACN en 15 min

RMN-^{1}H : (D$_2$O, 300 MHz) δ *8,30* (1H, s, H$_{G8}$) ; *7,76* (1H, d, H$_{C6}$, $^3J_{C6\text{-}C5}$ = 7,8 Hz) ; *5,98 – 5,91* (3H, m, H$_{G1'}$, H$_{C1'}$, H$_{C5'}$) ; *5,27* (1H, m, H$_{G3'}$) ; *4,73* (1H, pt, H$_{G2'}$) ; *4,58* (1H, m, H$_{G4'}$) ; *4,44 – 4,24* (5H, m, H$_{C2'}$, H$_{C3'}$, H$_{C4'}$, H$_{C5',5''}$) ; *4,11 – 4,08* (2H, m, H$_{G5',5''}$) ; *3,53* (2H, t, CH_2OCH$_3$, ^3J = 5,4 Hz) ; *3,48* (3H, s, G2'-O-CH_3,) ; *3,35* (3H, s, CH$_2$OCH_3) ; *3,20 – 3,14* (2H, dt, PNHCH_2, $^3J_{H\text{-}H}$ = 5,4 Hz, $^3J_{H\text{-}P}$ = 12,0 Hz).

RMN-^{31}P : (D$_2$O, 121 MHz) δ *43,7* (1/2, P-S) ; *10,7* (1/2, P-N).

O-(Cytidin-5'-yl)-*O*-(2'-*O*-méthyl-5'-*O*-thiophosphorylguanosin-3'-yl)-*N*-(5-carboxypentyl)-phosphoramidate (sel de sodium) (PA-8)

Oxydation : Le dimère *H*-Phosphonate diester brut **19** (0,04 mmol, 1 éq.) est coévaporé trois fois à la pyridine anhydre puis solubilisé dans 0,1 mL de pyridine anhydre. Sont ensuite simultanément additionnés 0,1 mL de CCl$_4$ anhydre, 70 µL mL de TEA anhydre et 100 mg (0,4 mmol, 10 éq.) de 6-aminohexanoate de méthyle chlorhydrate **20** en solution dans 0,2 mL de pyridine anhydre. Une coloration jaune intense et la précipitation du chlorure de triéthylammonium sont observées et le mélange est agité à température ambiante pendant 2 h. L'avancement est suivi en HPLC analytique. Au bout de ce temps la réaction est totale, une déprotection partielle est observée. Le mélange réactionnel est évaporé à sec, et coévaporé trois fois à l'acétonitrile.

Déprotection : Le mélange brut oxydé est coévaporé deux fois à la pyridine anhydre, puis solubilisé dans 0,25 mL de *N,O*-bis-(triméthylsilyl)-acétamide (BSA) et 1,2 mL de pyridine anhydre. Sont finalement ajoutés 70 µL de DBU et le mélange est agité sous Argon pendant 3 h à température ambiante. La déprotection complète est confirmée par MALDI-Tof puis le mélange est évaporé à sec et coévaporé deux fois à l'acétonitrile. Le résidu brut est solubilisé dans 2,5 mL de mélange H$_2$O/ACN – 1 : 1

(v/v) et 5 mL de solution de soude aqueuse 0,4 M sont ajoutés, puis le mélange est agité 5 h à température ambiante. Le milieu est alors neutralisé par l'ajout de résine DOWEX-50WX8 sous sa forme pyridinium, puis la résine est filtrée sur fritté est rincée. Le filtrat est évaporé à sec, le brut est repris dans 5 mL de solution d'ammoniaque à 28%. Le mélange est agité 6 h à 50 °C dans un ballon hermétiquement fermé. Les solvants sont évaporés à sec, le mélange brut est solubilisé dans une solution aqueuse TEAB 10^{-3} M et purifié sur colonne de résine échangeuse DEAE-A25 Sephadex (éluant : gradient linéaire TEAB 10^{-3} M jusqu'à 0,3 M) pour conduire au produit **PA-8** brut. Le composé pur est obtenu après purification par HPLC préparative (gradient : 6 à 12% ACN en 30 min ; charge maximale de la colonne : 5 mg de mélange brut par injection), et après plusieurs coévaporations consécutives dans l'eau pour éliminer le tampon TEAAc. Le composé **PA-8**, mélange de deux diastéréoisomères en rapport ~ 1,8 : 1, (13 mg, Rdt = 37%), est obtenu sous forme d'un solide spongieux blanc après élution sur une colonne de résine échangeuse DOWEX-Na^+, et lyophilisation dans l'eau.

T_r – HPLC : 7,9 min ; 8,1 min (>96%) – 0 à 40% ACN en 15 min

UV : (H_2O) λ_{max} = 255 nm (ε = 15 500)

RMN-^{1}H : (D_2O, 300 MHz, les signaux des deux diastéréoisomères sont décrits) δ *8,19 ; 8,18* (2H, 2s, H_{G8}) ; *7,67 ; 7,63* (2H, 2d, H_{C6}, $^3J_{C6-C5}$ = 7,5 Hz) ; *5,88 – 5,77* (6H, m, $H_{C1'}$,$H_{G1'}$, H_{C5}) ; *5,14* (2H, m, $H_{G3'}$) ; *4,47* (2H, m, $H_{G2'}$) ; *4,31 – 4,17* (12H, m, $H_{G4'}$, $H_{C2'}$, $H_{C3'}$, $H_{C4'}$, $H_{C5',5''}$) ; *4,01* (4H, m, $H_{G5',5''}$) ; *3,40 ; 3,39* (6H, 2s, G2'-O-CH_3) ; *2,92 – 2,83* (4H, m, PNHCH_2) ; *2,12 ; 2,09* (4H, 2t, CH_2COO, ^3J = 7,2 Hz) ; *1,51 – 1,41* (8H, m, CH_2-2, CH_2-4) ; *1,28 – 1,16* (4H, m, CH_2-3).

RMN-^{13}C : (D_2O, 75 MHz, les signaux des deux diastéréoisomères sont décrits) δ *182,7* (COO^-) ; *165,4* (C_{C4}) ; *158,9* (C_{G6}) ; *156,7* (C_{C2}) ; *153,9* (C_{G2}) ; *151,8* (C_{G4}) ; *141,1* (C_{C6}) ; *137,6* (C_{G8}) ; *116,4* (C_{G5}) ; *95,8* (C_{C5}) ; *90,3* ($C_{C1'}$) ; *84,4 ; 84,3* ($C_{G1'}$) ; *83,3* ($C_{C4';G4'}$) ; *81,7* ($C_{G2'}$) ; *81,2* ($C_{C2'}$) ; *75,1* ($C_{C3';G3'}$) ; *74,1* (CH_2COO^-) ; *68,9* ($C_{C5'}$)

65,7 ; 63,5 (C$_{G5'}$) ; *58,3* (G2'-OCH3) ; *40,8* (PNH-CH2) ; *36,6* (CH2$_2$) ; *30,75* (CH2$_4$) ; *25,7 ; 25,1* (CH2$_3$).

RMN-^{31}P : (D$_2$O, 121 MHz, les signaux des deux diastéréoisomères sont décrits) **δ** *45,9* (1/2) ; *11,2 ; 10,7* (1/2).

SM : FAB$^+$ (GT) m/z **900** (M+Na)$^+$; **878** (M+H)$^+$; **856** (M-Na+2H)$^+$; **834** (M-2Na+3H)$^+$; FAB$^-$ (GT) m/z **754** (M-Na)$^-$; **832** (M-2Na+H)$^-$; **810** (M-3Na+2H)$^-$.

SMHR : FAB$^-$ (GT) m/z calculé pour (C$_{26}$H$_{38}$N$_9$O$_{15}$P$_2$S)$^-$: **810,1683**, trouvé : **810,1676**

Les deux diastéréoisomères du composé **PA-8** ont été séparés par purification sur HPLC préparative (gradient : 6 à 11% ACN en 30 min ; charge maximale de la colonne : 1 mg de mélange par injection). La forme sodium a été obtenue après élution sur colonne échangeuse DOWEX-Na$^+$ et lyophilisation dans l'eau pour conduire à chaque diastéréoisomère pur sous forme de solide spongieux blanc.

Isomère « *fast* » PA-8F

T$_r$ – HPLC : 7,6 min (>90%) – 0 à 40% ACN en 15 min

RMN-^{1}H : (D$_2$O, 300 MHz) **δ** *8,30* (1H, s, H$_{G8}$) ; *7,72* (1H, d, H$_{C6}$, $^3J_{C6-C5}$ = 7,8 Hz) ; *5,94* (1H, d, H$_{G1'}$, $^3J_{G1'-G2'}$ = 7,2 Hz) ; *5,91* (1H, d, H$_{C1'}$, $^3J_{C1'-C2'}$ = 2,7 Hz) ; *5,87* (1H, d, H$_{C5}$, $^3J_{C6-C5}$ = 7,8 Hz) ; *5,27 – 5,23* (1H, m, H$_{G3'}$) ; *4,72* (1H, m, H$_{G2'}$) ; *4,56* (1H, m, H$_{G4'}$) ; *4,42 – 4,20* (5H, m, H$_{C2'}$, H$_{C3'}$, H$_{C4'}$, H$_{C5',5''}$) ; *4,09* (2H, dd, H$_{G5',5''}$) ; *3,49* (3H, s, G2'-O-CH_3) ; *3,00 – 2,92* (2H, dt, PNHCH_2, $^3J_{H-H}$ = 6,9 Hz, $^3J_{H-P}$ = 11,7 Hz) ; *2,18* (2H, t, CH_2COO, ^3J = 7,5 Hz) ; *1,57 – 1,26* (6H, m, 3×-CH$_2$-).

RMN-^{31}P : (D$_2$O, 121 MHz) **δ** *44,6* (1/2, P-S) ; *10,7* (1/2, P-N).

Isomère « *slow* » PA-8S

T$_r$ – HPLC : 8,1 min (>90%) – 0 à 40% ACN en 15 min

RMN-^{1}H : (D$_2$O, 300 MHz) δ *8,30* (1H, s, H$_{G8}$) ; *7,76* (1H, d, H$_{C6}$, $^3J_{C6-C5}$ = 7,5 Hz) ; *5,98 – 5,92* (3H, m, H$_{G1'}$, H$_{C1'}$, H$_{C5}$) ; *5,25* (1H, m, H$_{G3'}$) ; *4,72* (1H, m, H$_{G2'}$) ; *4,57* (1H, m, H$_{G4'}$) ; *4,46 – 4,25* (5H, m, H$_{C2'}$, H$_{C3'}$, H$_{C4'}$, H$_{C5',5''}$) ; *4,08* (2H, dd, H$_{G5',5''}$) ; *3,48* (3H, s, G2'-O-C*H$_3$*) ; *3,01 – 2,93* (2H, dt, PNHC*H$_2$*, $^3J_{H-H}$ = 6,9 Hz, $^3J_{H-P}$ = 12,0 Hz) ; *2,15* (2H, t, C*H$_2$*COO, ^3J = 7,2 Hz) ; *1,57 – 1,27* (6H, m, 3×-C*H$_2$*-).

RMN-^{31}P : (D$_2$O, 121 MHz) δ *43,9* (1/2, P-S) ; *11,2* (1/2, P-N).

CHAPITRE III

SYNTHESE ET EVALUATION DES PROPRIETES ANTIVIRALES DE DINUCLEOSIDES PHOSPHORAMIDATES DE TYPE 2'-*O*-METHYLGUANOSIN-3'-YL-3'-DESOXYCYTIDIN-5'-YLE

I Introduction

Dans le chapitre précédent de cette thèse, nous avons décrit la synthèse et les propriétés antivirales d'une série de dinucléosides phosphoramidates contenant une partie 2'-*O*-méthyl guanosin-3'-yle et une partie cytidin-5'-yle (figure 24, R = OH). D'après les résultats d'inhibition *in vitro* et le modèle moléculaire construit, nous avons proposé un mécanisme d'inhibition, intervenant entre l'étape d'initiation et l'étape de transition de la réplication de l'ARN par la polymérase NS5B du VHC. Le dinucléoside phosphoramidate agit en mime du produit d'initiation (dinucléotide GC), et sa fixation préférentielle dans le site actif de la polymérase est assurée par plusieurs interactions avec des résidus d'acides aminés, comme montré par le modèle moléculaire. Le positionnement de la chaîne *N*-alkyle latérale dans le tunnel d'entrée des NTPs représente une obstruction stérique pour l'accès de ces derniers vers le site de polymérisation, ce qui induit globalement l'arrêt de la synthèse de l'ARN.[268]

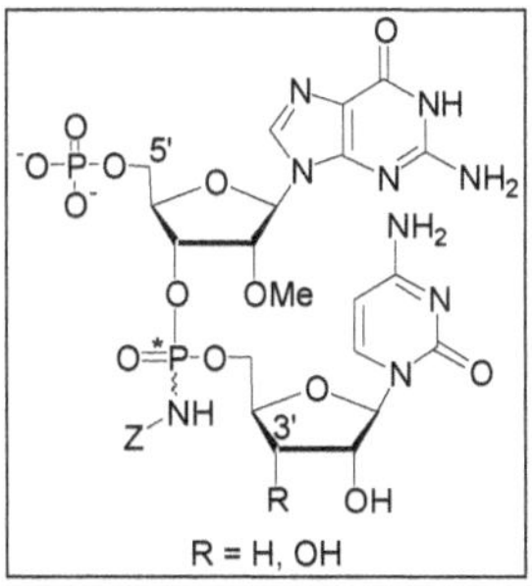

Figure 24. Structure schématique des dinucléosides phosphoramidates cibles

Dans un but d'optimisation des structures des composés et afin d'étudier de manière plus approfondie leur mécanisme d'action, la deuxième série de dinucléosides phosphoramidates cibles, comporte l'unité 3'-désoxycytidin-5'-yle (figure 24, R = H), afin de conférer aux inhibiteurs cibles un caractère terminateur de chaîne « vrai ». Dans une relation structure activité, la comparaison directe avec les analogues de la première série (R = OH) déterminera si un vrai terminateur de chaîne (R = H) conduit à une

175

augmentation de l'activité antivirale ; ou si au contraire, la présence d'une nouvelle modification dans la structure entraîne une diminution de l'inhibition.

Outre les analogues comportant des chaînes latérales identiques à celles des composés de la première série, ayant démontré une activité antivirale (chaîne carboxypentyle, chaîne méthoxyéthyle – figure 25, Z, ligne du dessus), de nouvelles chaînes latérales N-alkyle ont été introduites sur des analogues de cette deuxième série (malon-2-yl-propyle, phosphoryloxypropyle, méthoxyéthoxyéthyle – figure 25, Z, ligne du dessous). Les fonctionnalisations de ces nouvelles chaînes latérales, chargées négativement et neutre, sont proposées sur la base des observations des RSA et de la modélisation moléculaire de la première série de composés, et représentent un effort d'optimisation des structures.

Ainsi, deux nouvelles chaînes chargées négativement ont été conçues – une chaîne dicarboxylique, comportant un motif malonate, et une chaîne phosphorylée (figure 25). Le choix de ces fonctionnalités est directement lié aux meilleurs résultats d'activité antivirale, obtenus pour les analogues de la première série, comportant la chaîne latérale carboxylique (**PA-4** et **PA-8**). L'introduction du motif malonate a pour but d'augmenter le nombre de charges négatives, ainsi que la sphère de distribution de la charge en interaction avec des résidus basiques (arginine, lysine), situés dans le tunnel d'entrée des NTPs vers le site actif de la polymérase. L'introduction du groupement phosphate a également pour but l'augmentation du nombre de charges, mais c'est aussi un groupement plus acide et plus affin pour les groupements guanidiniums, comparé au carboxylate. L'augmentation de l'acidité au niveau de ces deux fonctions, par rapport à la fonction carboxylate initialement étudiée (le pK_a du carboxylate aliphatique étant situé entre 4 et 5, et les valeurs de pK_{a1} / pK_{a2} pour le malonate et le phosphate étant de 2,83 / 5,69 et de 1,88 / 6,67 respectivement), entraîne l'augmentation de la densité électronique sur l'anion correspondant, ce qui induit des interactions plus fortes de type liaison hydrogène et électrostatiques, avec les résidus basiques ciblés.

L'utilisation d'un lien éthylène glycol conduit à une augmentation de la longueur de la chaîne latérale neutre (figure 25). Ceci permettrait de conserver un caractère électronégatif, ainsi qu'un positionnement favorisé dans le tunnel d'entrée des NTPs de la polymérase, et une obstruction pour leur accès vers le site actif.

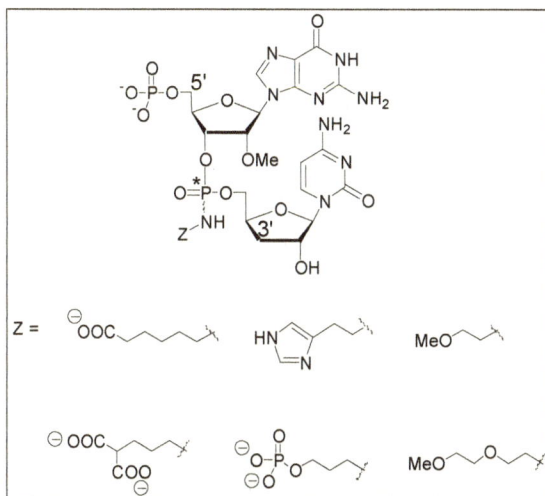

Figure 25. Représentation schématique des structures chimiques des dinucléosides phosphoramidates cibles de la deuxième série

En ce qui concerne le groupement 5'-terminal, dans cette nouvelle série, seuls les analogues 5'-monophosphates ont été préparés, puisque les analogues 5'-non-phosphorylés ne présentent pas d'activité antivirale *in vitro*. Les analogues 5'-mono-thiophosphorylés n'ont pas été préparés, à cause de la faible stabilité de ces composés lors des purifications et au stockage. Cependant, ce travail reste en perspective pour les composés ayant démontré la meilleure activité inhibitrice.

II   Analyse rétrosynthétique. Stratégie de synthèse

177

Les dinucléosides phosphoramidates de la série 3'-désoxy ont été obtenus, de façon similaire à la première série de molécules cibles, suite à des réactions d'oxydation amidative, en présence des amines primaires appropriées, à partir des précurseurs communs *H*-phosphonates diesters, convenablement protégés. Les dinucléosides *H*-phosphonates ont été obtenus suite à la réaction de couplage entre l'unité 5'-bis-cyanoéthyle phosphotriester de la 2'-*O*-méthyl guanosine (11), et l'unité 5'-*H*-phosphonate monoester contenant la 3'-désoxycytidine, convenablement protégée. Cette dernière a été préparée à partir de la 3'-désoxycytidine (28), selon la voie synthétique précédemment établie pour l'analogue de la cytidine.

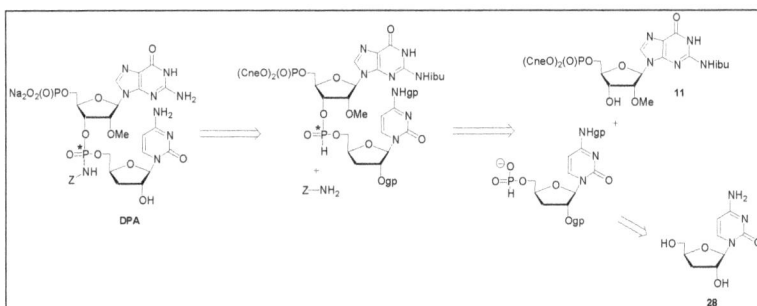

Schéma 28. Schéma de rétrosynthèse des dinucléosides phosphoramidates cibles 3'-désoxy (DPA)

En terme de synthèse directe, la même stratégie convergente/divergente a été utilisée, employant l'analogue 11 et le 5'-*H*-phosphonate monoester de la 3'-désoxycytidine pour le couplage conduisant au dimère *H*-phosphonate. L'introduction des nouvelles chaînes latérales implique également la synthèse des amines correspondantes.

Nous présentons dans ce chapitre la synthèse de la 3'-désoxycytidine (28), de l'unité monomérique de construction 3'-désoxycytidin-5'-yl-*H*-phosphonate monoester, convenablement protégée, du dinucléoside *H*-phosphonate diester correspondant au produit de couplage avec l'unité 11, et finalement la synthèse des différentes molécules cibles de la série « 3'-désoxy ». La synthèse des amines utilisées pour l'introduction des nouvelles chaînes latérales du lien phosphoramidate internucléosidique, est également présentée.

III   Synthèse de la 3'-désoxycytidine 28

III.1   Introduction

La suppression du groupement hydroxyle 3' dans la structure des analogues nucléosidiques est une modification chimique bien connue, conférant à ces composés un caractère terminateur de chaîne. En effet, l'incorporation de ce type d'analogues dans les chaînes d'ARN ou ADN en cours d'élongation, induit l'arrêt de la polymérisation. Plusieurs groupes de recherche ont utilisé cette modification dans le but d'améliorer les propriétés antivirales ou anti-tumorales, des analogues de nucléosides à visée thérapeutique.[286-293]

La voie chimique qui donne accès à cette classe de composés implique une réaction de désoxygénation sur la position 3 de la partie furanose d'un précurseur nucléosidique ou glycosidique. En effet, dans la chimie des nucléosides et des glycosides, la désoxygénation est une transformation usuelle, qui est généralement effectuée par réduction radicalaire. Dans la méthode originale développée par Barton et McCombie,[294] des thiocarbonates ou des xanthates sont efficacement réduits en utilisant l'hydrure de tri-n-butylétain (n-Bu$_3$SnH), qui est la source d'hydrogène, et le radical d'étain correspondant (n-Bu$_3$Sn·), qui est le porteur de la chaîne radicalaire. Cependant, ce réactif est toxique, cher et nuisible pour l'environnement, mais surtout, il implique la formation de plusieurs sous-produits d'étain, difficiles à enlever du produit final. C'est la raison pour laquelle des efforts considérables ont été fournis dans le développement de réactifs radicalaires alternatifs.

L'hydrure de tri-n-butylgermanium (n-Bu$_3$GeH),[295,296] ainsi que les silanes, comme le triéthylsilane et le tris-triméthylsilylsilane,[297] sont aussi efficaces que le n-

Bu$_3$SnH. En outre, ces réactifs présentent des avantages de par leur supériorité pratique et écologique, car ils sont moins, voire non toxiques, et les procédures de traitement et de purification des produits finaux sont nettement plus aisées. Néanmoins, leur coût élevé représente un inconvénient majeur, qui ne fait pas de leur utilisation une alternative universelle à l'hydrure d'étain.

III.2   Désoxygénation avec des réactifs contenant la liaison P-H

Dans le début des années 1990, Barton et al. ont décrit l'utilisation de réactifs contenant une liaison P-H, comme le diméthyl ou le diéthyl phosphite[298] ou l'acide hypophosphoreux et ses sels,[299,300] en tant que donneurs d'hydrogène et porteurs de la chaîne radicalaire pour la désoxygénation efficace de plusieurs thiocarbonates ou xanthates. Ces réactifs sont disponibles dans le commerce, très peu chers et non toxiques, ce qui fait d'eux une alternative quasi-idéale aux hydrures organométalliques.

Cependant, très peu d'attention a été portée à l'utilisation générale ou au développement de ces réactifs, puisque très peu de publications ont repris ce type de procédures de désoxygénation.[301-303] De plus, l'utilisation des réactifs contenant la liaison P-H est restée largement inconnue et peu populaire dans la chimie des nucléosides, où les réactions de désoxygénation sont très fréquentes, et ce malgré leurs nombreux avantages pratiques et leur faible coût.[304]

III.3   Désoxygénation   du   5-O-benzoyl-1,2-isopropylidène-3-O-imidazolyl thiocarbonyl-α-D-xylofuranose (24) utilisant le diméthyl phosphite : une méthode alternative pour la préparation du donneur de glycosyle 26

Pour la préparation des dinucléosides phosphoramidates cibles de cette deuxième série, nous avons eu besoin de 3'-désoxycytidine,[291,305] afin de pouvoir synthétiser l'unité de construction 3'-désoxycytidin-5'-yl-H-phosphonate correspondant. La 3'-

désoxycytidine peut être trouvée dans le commerce, cependant son prix étant extrêmement élevé (ex. de MP Biomedicals – 927 €/mmol), nous avons décidé d'en effectuer la synthèse. La préparation d'un précurseur universel donneur de glycosyle, le α,β-1,2-di-*O*-acétyl-5-*O*-benzoyl-3-désoxyribofuranose (**26**), permet l'obtention de tous les 3'-désoxynucléosides, suite aux condensations avec les différentes nucléobases, et notamment la 3'-désoxycytidine (**28**). Le composé **26** peut être facilement obtenu par réduction radicalaire à partir d'un précurseur 3-hydroxy-xylofuranose protégé (**23**), convenablement activé (schéma 29). Les thiocarbonates[298-300,302] et les xanthates[298-302] sont les activateurs employés avec succès pour les réductions par les réactifs contenant la liaison P-H. Cependant, nous nous sommes concentrés sur l'utilisation du précurseur activé par la fonction thiocarbonylimidazolyle, puisqu'il peut être obtenu de manière simple et efficace, à partir de l'analogue hydroxylé correspondant, suite à une réaction directe avec le 1,1'-thiocarbonyldiimidazole (TCDI).[304,306,307] Un seul cas de réduction radicalaire par un réactif contenant la liaison P-H, d'un thiocarbonylimidazolyl nucléoside, a été décrit dans la littérature.[303] Dans ce travail, les auteurs ont utilisé 10 équivalents de réactif de réduction, mais des réactions d'hydrolyse du substrat sont survenues et le rendement de la réaction est faible.[303] Nous avons alors décidé d'étudier la désoxygénation radicalaire du 5-*O*-benzoyl-1,2-isopropylidène-3-*O*-imidazolylthiocarbonyl-α-D-xylofuranose (**24**) par le diméthyl phosphite, en tant qu'étape clé dans une synthèse multi gramme conduisant au donneur de glycosyle **26** (schéma 29), précurseur direct de la 3'-désoxycytidine (**28**).

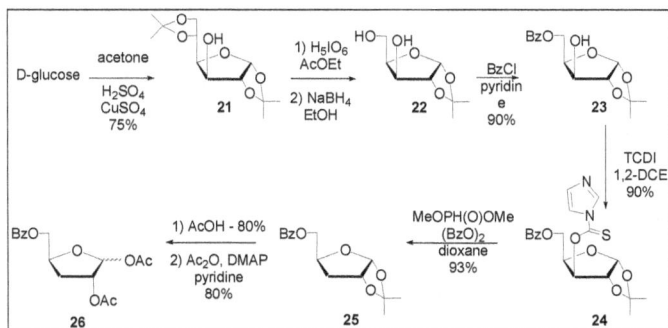

Schéma 29. Synthèse du précurseur donneur de glycosyle **26**

Le dérivé 3-*O*-thiocarbonylimidazolyle **24** a été préparé en quatre étapes à partir du D-glucose (schéma 29). Dans un premier temps, les hydroxyles 1, 2, 5 et 6 ont été protégés sous la forme de ponts isopropylidènes, conduisant au di-acétone-D-glucose **21**. Une « déhomologation » efficace du di-*O*-isopropylidènehexofuranose a été effectuée par une séquence d'hydrolyse acide du cétal terminal et de coupure oxydative du diol correspondant, suivie par une réduction de l'aldéhyde formé, comme précédemment décrit par Robbins et *al*.[308] Le xylofuranose correspondant (**22**)[308] a été sélectivement benzoylé sur l'hydroxyle primaire, en utilisant un équivalent de chlorure de benzoyle, additionné goutte à goutte, dans la pyridine à 0 °C, pour conduire au composé **23**.[309] Après neutralisation et extraction aqueuse, le produit brut a été traité avec 1,2 équivalents de TCDI réagissant sur la seule fonction hydroxyle libre, pour conduire au dérivé désiré 3-*O*-imidazolylthiocarbonyle **24** avec un bon rendement (58% à partir du D-glucose), après purification par chromatographie sur gel de silice. Ce composé a ensuite été mis en réaction avec le diméthyl phosphite et avec du peroxyde de benzoyle, additionné en portions, dans le dioxane à reflux, selon la procédure décrite par Barton et *al*.[300] La réduction a été facilement réalisée, conduisant au désoxy sucre désiré **25**,[310] obtenu après évaporation, sous pression réduite, des solvants et de l'excès de diméthyl phosphite, et après une purification par chromatographie sur gel de silice.

Il est important de remarquer que l'utilisation de 10 équivalents de diméthyl phosphite a donné de faibles rendements pour la réaction (40-60%), alors que les meilleurs résultats ont été obtenus avec 30 à 50 équivalents, ce qui a permis d'augmenter les rendements, de bons à excellents (80-93%).[304]

Finalement, une procédure en deux étapes, d'hydrolyse acide du pont isopropylidène 1,2 par une solution d'acide acétique 80% à reflux, suivie par une acétylation sur les hydroxyles 1 et 2, a permis d'obtenir le donneur de glycosyle 3-désoxy attendu **26**,[310] avec un bon rendement de 80%, sous forme d'un mélange d'anomères α et β, dans un rapport ~ 1 : 5.

III.4   Glycosylation de 26 et synthèse de la 3'-désoxycytidine 28

La réaction de glycosylation avec la N^4-acétylcytosine commerciale a ensuite été effectuée dans les conditions décrites par Vorbrüggen et *al*. [311,312] La nucléobase a été silylée au moyen du *N,O*-bis-triméthylsilylacétamide (BSA), et condensée avec le donneur de glycosyle **26** en présence de l'acide de Lewis triméthylsilyltriflate (TMSOTf, schéma 30).

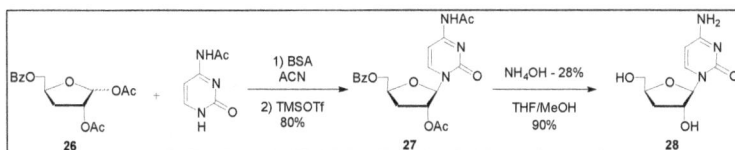

Schéma 30. Glycosylation de **26** et synthèse de la 3'-désoxycytidine **28**

Seul le nucléoside d'anomérie β est obtenu suite à la condensation. La stéréospécificité de cette réaction repose sur la participation du groupement acétyle en position 2, qui conduit à la formation d'un ion acyloxonium cyclique sur la face α du sucre (schéma 31), ouvert par l'attaque nucléophile de la nucléobase sur la position anomérique, permettant l'obtention exclusive du nucléoside 1',2'-trans désiré.

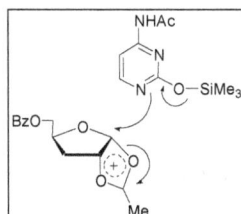

Schéma 31. Mécanisme de glycosylation stéréosélective 1,2-trans

Le nucléoside **27**, résultant de cette condensation, a ainsi été obtenu, après purification par chromatographie sur gel de silice, avec un rendement de 80%.

La 3'-désoxycytidine a finalement été synthétisée, après déprotection de l'ensemble des groupements acyles, par action de l'ammoniaque concentrée, à 50 °C pendant 6 h, avec un rendement de 90%, après purification et lyophilisation.

IV   Synthèse de l'unité de construction 32

L'*H*-phosphonate monoester de la 3'-désoxycytidine (**32**) a été synthétisé selon un protocole similaire à celui employé pour la synthèse de son analogue contenant la cytidine (**16**). Le groupement acétyle a été utilisé pour la protection de l'amine exocyclique N^4 de la cytosine, à la place du groupement benzoyle, afin d'éviter la réaction parasite de transamination sur le carbone C4, lors des oxydations amidatives. Pour compenser la perte de lipophilie, un groupement palmitoyle a été introduit sur l'hydroxyle en positon 2' (schéma 32).

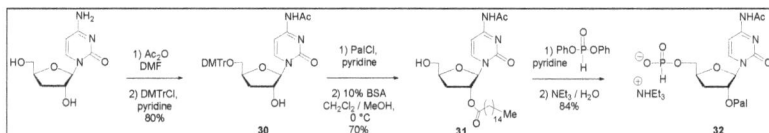

Schéma 32. Synthèse de l'unité de construction **32**

La protection régiosélective de la nucléobase a d'abord été effectuée selon la procédure développée par Bhat et *al.*[267] en utilisant 1,1 équivalents d'anhydride acétique dans le DMF. Le composé acétylé brut a été directement diméthoxytritylé sur l'hydroxyle primaire, conduisant au composé **30**, obtenu avec un rendement de 80%. L'ester palmitoyle a ensuite été introduit sur l'hydroxyle secondaire restant, et dans un deuxième temps, le groupement diméthoxytrityle a été hydrolysé en milieu acide. Ainsi, la N^4-acétyl-3'-désoxy-2'-*O*-palmitoylcytidine (**31**) a été obtenue avec un rendement de 70%, après chromatographie sur gel de silice. L'introduction du monoester *H*-phosphonate sur la position 5' a été finalement effectuée, par phosphitylation avec le diphényl phosphite, suivie par l'hydrolyse aqueuse,[210] conduisant à l'unité de construction **32**, avec un rendement de 84%.

V   Couplage des unités de construction. Synthèse de l'intermédiaire 33

Le couplage des unités de construction **11** et **32** a été effectué en utilisant comme agent de couplage le chlorure de benzoyle supporté sur du polystyrène, précédemment employé (schéma 33).[220]

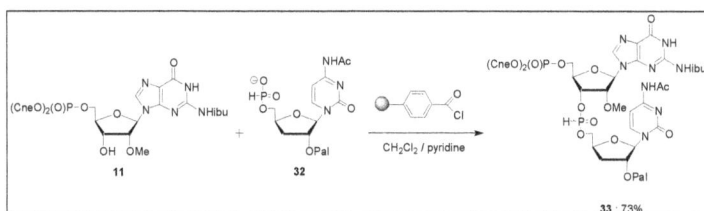

Schéma 33. Couplage des unités **11** et **32**. Synthèse de **33**

Après filtration de la résine, extraction aqueuse et précipitation dans l'éther, le dinucléoside *H*-phosphonate diester **33** a été obtenu avec une pureté HPLC à 260 nm de 91% et un rendement de 73%. Comme cette réaction n'est pas stéréosélective, le dinucléoside *H*-phosphonate **33** a été obtenu sous forme d'un mélange de deux diastéréoisomères de configuration Sp et Rp au niveau de l'atome de phosphore asymétrique. Leur présence a été confirmée par RMN du ^{31}P, où deux pics, un pour chaque diastéréoisomère, correspondant au signal de la liaison P-H de l'hydrogénophosphonate diester, ont été observés à 8,1 et 9,2 ppm.

VI   Oxydations amidatives. Déprotections. Synthèse des molécules cibles

L'oxydation amidative du dimère *H*-phosphonate **33**, en présence de l'amine appropriée, conduit aux dimères phosphoramidates fonctionnalisés et complètement protégés (schéma 34). La déprotection appropriée de ces analogues, suivie des étapes de purification et d'échange d'ions, conduisant à la forme sodium, a permis d'obtenir les molécules finales cibles de cette deuxième série de dinucléosides phosphoramidates (schéma 34, composés **DPA**), adaptées aux évaluations biologiques.

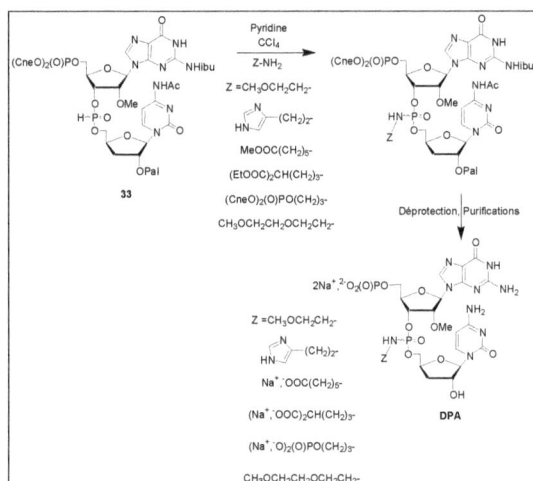

Schéma 34. Schéma général d'oxydation amidative et déprotection/purifications, conduisant aux molécules cibles **DPA**

VI.1 Oxydation en présence de 2-méthoxyéthylamine. Synthèse de DPA-1

Le premier analogue de la série, le dinucléoside phosphoramidate neutre **DPA-1**, a été synthétisé par oxydation amidative du dimère **33**, en présence de CCl$_4$ et de 2-méthoxyéthylamine (schéma 35).

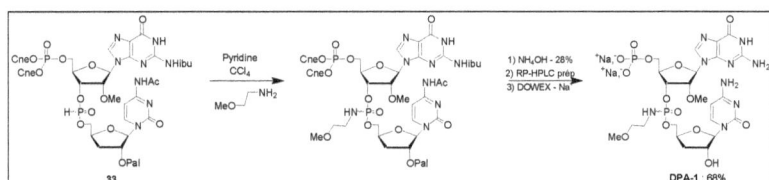

Schéma 35. Oxydation amidative de **33** en présence de 2-méthoxyéthylamine. Synthèse de **DPA-1**

Après déprotection par l'ammoniaque et purification, suivies d'un échange sodium, le composé **DPA-1** a été obtenu avec un rendement de 68%, sous forme d'un mélange de diastéréoisomères Rp et Sp en proportions quasi-égales (1 : 1).

VI.2   Oxydation en présence de l'histamine. Synthèse de DPA-3

Le dinucléoside phosphoramidate, comportant la chaîne latérale imidazol-4-yléthyle (**DPA-3**), a été préparé par oxydation amidative du dimère **33** en présence de CCl_4 et d'une solution 10 M d'histamine base, comme précédemment décrit (schéma 36). A la différence du dimère comportant le benzoyle comme protection de la partie cytosine, l'analogue acétylé **33** n'a pas été sujet à une transamination sur la position C4. En revanche, la proportion importante de dinucléoside phosphodiester formé au cours de l'oxydation avec l'histamine a été de nouveau observée, comme dans le cas de l'oxydation de l'analogue de la première série (synthèse de **PA-3**). Ce sous produit formé avec une quantité jusqu'à 40% du mélange réactionnel brut est entre autre à l'origine du faible rendement isolé dans ces synthèses.

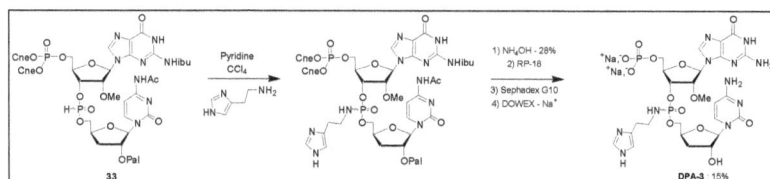

Schéma 36. Oxydation amidative de **33** en présence d'histamine. Synthèse de **DPA-3**

Après déprotection à l'ammoniaque, le produit brut a été purifié par flash chromatographie en phase inverse RP-18, puis par chromatographie d'exclusion de taille Sephadex G-10, afin d'enlever l'excès d'histamine. Le produit pur pour les analyses biologiques sous forme sodium (**DPA-3**) a été obtenu avec un rendement de

15%, après élution sur résine échangeuse DOWEX-Na$^+$, le rapport entre les diastéréoisomères « uf »/« df » étant de 1,5 pour 1.

VI.3 Oxydation en présence de l'ester méthylique de l'acide 6-aminohexanoïque 20. Synthèse de DPA-4

Le phosphoramidate cible comportant la chaîne latérale chargée négativement (**DPA-4**) a été synthétisé à partir du *H*-phosphonate **33**, par oxydation amidative par le CCl$_4$, en présence de l'ester méthylique de l'acide 6-aminocaproïque **20** et de triéthylamine (schéma 37), comme précédemment décrit.

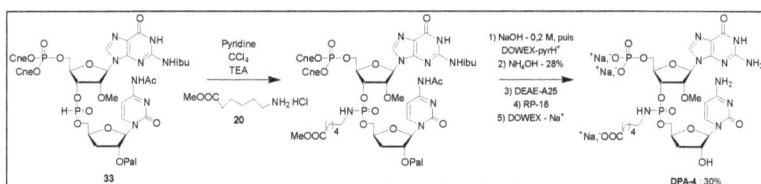

Schéma 37. Oxydation de **33** en présence de **20**. Synthèse de **DPA-4**

Après hydrolyse des groupements protecteurs à la soude, puis à l'ammoniaque, le produit brut a été purifié par chromatographie échangeuse d'anions DEAE-A25, puis par flash chromatographie en phase inverse RP-18. Le phosphoramidate **DPA-4** a été obtenu pur sous forme sodium, après échange des cations, avec un rendement de 30%. Le diastéréoisomère « uf » a été obtenu da façon très majoritaire, dans un rapport de 2,3 pour 1, par rapport au diastéréoisomère « df », d'après l'intégration du spectre RMN du ^{31}P.

VI.4 Oxydation en présence de 2-(3-aminopropyl)-malonate de diéthyle 37. Synthèse de DPA-14

L'introduction d'une chaîne latérale dicarboxylique, de type malonate, sur le lien phosphoramidate internucléosidique, a nécessité la préparation de l'amine

188

correspondante, non commerciale. Pour des raisons de stabilité chimique, les fonctions carboxyliques de la chaîne *N*-alkyle latérale sont toujours éloignées du lien phosphoramidate par au moins trois groupements méthylènes. Pour éviter des problèmes de solubilité lors de la réaction d'oxydation amidative, l'emploi de l'amino ester, à la place de l'amine contenant des groupements carboxyles libres, est préféré.

VI.4.1 Synthèse de 37

Le 2-(3-amino-propyl)-malonate de diéthyle (**37**) a été préparé en 3 étapes à partir de la 3-bromopropylamine bromhydrate commerciale, avec un rendement global de 68% (schéma 38).

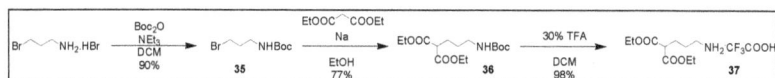

Schéma 38. Synthèse du 2-(3-amino-propyl)-malonate de diéthyle (**37**)

La 3-bromopropylamine bromhydrate commerciale a été traitée avec 2 équivalents de di-*tert*-butyl dicarbonate (Boc$_2$O), en présence de triéthylamine. Après purification par chromatographie sur gel de silice, l'amine protégée par un *tert*-butyloxycarbonyle (**35**) a été obtenue avec un rendement de 90%. La bromoamine **35** a ensuite été utilisée dans une réaction de mono-alkylation du malonate de diéthyle.[313] L'atome de brome dans **35** est substitué par le carbanion malonate, généré par l'action de l'éthanoate de sodium, formé *in situ*, par du sodium et de l'éthanol fraîchement distillé. L'amino malonate protégé par un Boc **36** a ainsi été obtenu avec un rendement de 77%, après purification par chromatographie sur gel de silice. Finalement, le groupement Boc a été hydrolysé en milieu acide par une solution à 30% d'acide trifluoroacétique (TFA), pour conduire à l'amine **37** désirée, sous sa forme trifluoroacétate, obtenue avec un rendement de 98%.

VI.4.2 Synthèse de **DPA-14**

L'oxydation du dinucléoside *H*-phosphonate diester **33** en présence du 2-(3-amino-propyl)-malonate de diéthyle (**37**), de CCl$_4$ et de triéthylamine a permis d'obtenir le dimère phosphoramidate dicarboxylique entièrement protégé (schéma 39).

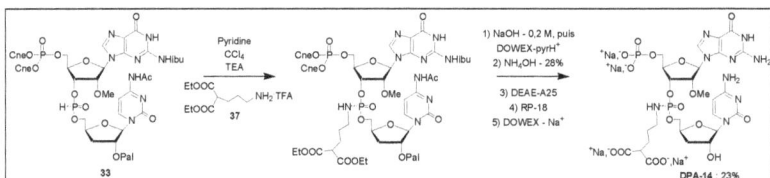

Schéma 39. Oxydation de **33** en présence de **37**. Synthèse de **DPA-14**

L'hydrolyse complète des deux esters éthyliques de la partie malonique a nécessité un traitement de 10 h à la soude 0,2 M. Ce traitement a également permis l'hydrolyse de l'ester palmitoyle, de l'acétyle en position N^4 de la cytidine, ainsi que l'hydrolyse d'un des deux groupements cyanoéthyle sur le phosphate 5' terminal. Après neutralisation du milieu, la déprotection complète du dinucléotide a été effectuée par traitement à l'ammoniaque concentrée à 50 °C. Après les étapes de purification et d'échange sodium, le dinucléoside phosphoramidate cible **DPA-14** a été obtenu avec un rendement de 23%. La même proportion d'isomères « uf »/« df » constatée lors de la synthèse de **DPA-4**, a été observée dans le produit **DPA-14**, où le diastéréoisomère « uf » a été obtenu de façon majoritaire dans un rapport de 2,3 pour 1, par rapport au diastéréoisomère « df », d'après l'intégration du spectre RMN du ^{31}P.

VI.5 Oxydation en présence de *O,O*-bis-(2-cyanoéthyl)-*O*-3-aminopropyl phosphate 40. Synthèse de DPA-15

L'introduction d'une chaîne latérale phosphorylée sur le lien phosphoramidate internucléosidique, a également nécessité la synthèse préalable de l'amine correspondante, non commerciale. La fonction phosphotriester bis-cyanoéthyle a été introduite sur un amino alcool, protégé sur sa fonction amine, en utilisant la méthode de phosphitylation activée par un réactif supporté, précédemment développée.[265,266]

VI.5.1 Synthèse de 40

Le *O,O*-bis-(2-cyanoéthyl)-*O*-3-aminopropyl phosphate (**40**) a été obtenu en trois étapes à partir du 3-aminopropanol commercial, avec un rendement global de 76% (schéma 40).

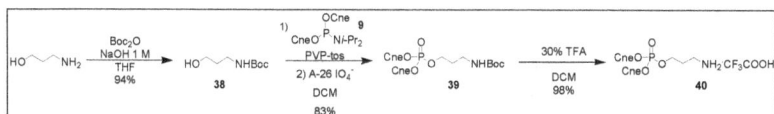

Schéma 40. Synthèse du *O,O*-bis-(2-cyanoéthyl)-*O*-3-aminopropyl phosphate (**40**)

La protection *N*-Boc sélective, sur le 3-aminopropanol, a été effectuée selon un protocole décrit par Hunter et *al.*,[314] employant le di-*tert*-butyl dicarbonate dans un milieu alcalin. Cependant, nous avons traité un excès d'aminopropanol (5 équiv) par du Boc$_2$O (1 équiv), afin de simplifier les étapes de purification. Après évaporation du THF, la phase aqueuse est acidifiée et extraite, ce qui permet d'obtenir le produit désiré mono protégé **38** dans la phase organique, avec un bon rendement et avec une bonne pureté, car l'excès d'aminopropanol est éliminé dans les phases aqueuses. Le composé **38** a ensuite été traité par le phosphoramidite **9** selon la méthode de phosphitylation de l'hydroxyle primaire, précédemment décrite, en activant le phosphoramidite par le polyvinylpyridinium tosylate supporté.[265,266] L'oxydation suivante par du periodate supporté sur résine A-26 a permis d'obtenir le phosphate triester correspondant. Après filtration de la résine et extraction aqueuse, l'aminoalcool phosphorylé **39** a été obtenu avec un bon rendement et une bonne pureté, sans nécessiter de purification par chromatographie. L'hydrolyse du groupement Boc en milieu acide, par une solution à 30% de TFA, a conduit à l'amine phosphorylée **40** désirée, sous sa forme trifluoroacétate, obtenue avec un rendement de 98%.

VI.5.2 Synthèse de **DPA-15**

Le dinucléoside *H*-phosphonate **33** a ensuite été oxydé par le CCl$_4$, en présence de l'aminoalcool phosphorylé **40** (13 équiv) et de triéthylamine (schéma 41).

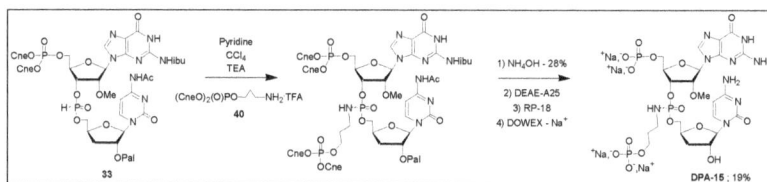

Schéma 41. Oxydation de **33** en présence de **40**. Synthèse de **DPA-15**

La déprotection complète du dimère oxydé a été réalisée par l'action d'ammoniaque concentrée à 50 °C pendant 10 h. Après purification par chromatographie échangeuse d'anions et par chromatographie en phase inverse RP-18, et échange sodium, le dinucléoside phosphoramidate **DPA-15** a été obtenu avec un rendement de 19%, en tant que mélange de deux diastéréoisomères sur le phosphore asymétrique en rapport « uf »/« df » 1,3 pour 1 environ.

VI.6 Oxydation en présence de 2-(2-méthoxy-éthoxy)éthylamine 43. Synthèse de DPA-16

VI.6.1 Synthèse de 43

L'introduction de la nouvelle chaîne latérale neutre, méthoxyéthoxyéthyle, a également nécessité la synthèse préalable de l'amine correspondante, la 2-(2-méthoxy-éthoxy)éthylamine **43**, non commerciale. Sa synthèse a été effectuée en trois étapes, à partir du diéthylène glycol monométhyl éther commercial, selon la méthode décrite par Neumayer et *al*.[315] (schéma 42).

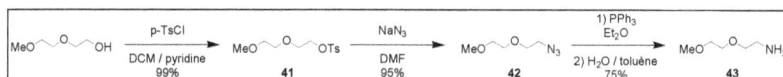

Schéma 42. Synthèse de la 2-(2-méthoxy-éthoxy)éthylamine (**43**)

La fonction hydroxyle de l'éthylène glycol monométhyl éther a d'abord été activée en tosylate, sous l'action du chlorure de *para*-toluène sulfonyle, dans un mélange de dichlorométhane et de pyridine. Le tosylate correspondant (**41**) a été obtenu avec un excellent rendement, après purification par chromatographie sur gel de silice. La substitution nucléophile du groupement tosylate, par l'azoture de sodium, dans le DMF, a conduit au composé azido **42**, obtenu avec un rendement de 95%. La réduction de la fonction azido en amine primaire, par une réaction de Staudinger biphasique,[316] a permis d'obtenir l'amine désirée **43**. Cette méthode facilite la purification du produit final, étant donné que l'amine **43** est complètement soluble dans l'eau, alors que l'unique sous produit de la réaction, l'oxyde de triphénylphosphine, ne l'est pas. Ainsi, l'extraction par du toluène, suivie de l'évaporation de la phase aqueuse, permet d'obtenir l'amine finale avec un bon rendement (75%) et une bonne pureté, sans purifications supplémentaires.

VI.6.2   Synthèse de **DPA-16**

L'oxydation amidative du dinucléoside *H*-phosphonate diester **33** en présence de CCl_4 et de l'amine **43**, a permis d'obtenir le phosphoramidate diester correspondant, complètement protégé (schéma 43).

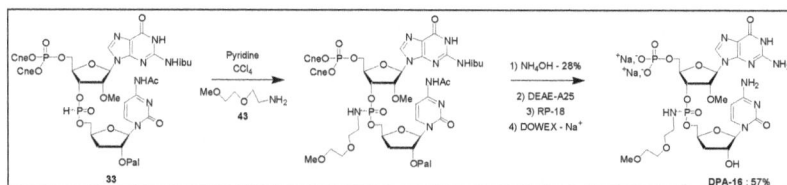

Schéma 43. Oxydation de **33** en présence de **43**. Synthèse de **DPA-16**

Le traitement à l'ammoniaque concentrée, suivi des étapes de purifications par chromatographie échangeuse d'anions et par flash chromatographie en phase inverse RP-18, et finalement de l'échange sodium, ont permis d'obtenir le dinucléoside phosphoramidate cible **DPA-16** avec un rendement de 57%, sous forme d'un mélange de deux diastéréoisomères au niveau du phosphore asymétrique, en rapport 1,4 : 1.

VI.6.3 Commentaires généraux sur les réactions d'oxydations amidatives du dinucléoside *H*-phosphonate diester **33** conduisant aux analogues cibles de la deuxième série

De manière similaire aux analogues de la première série de molécules cibles, les rendements et les proportions d'isomères Rp et Sp (« uf » et « df » respectivement) obtenus pour les produits des réactions d'oxydations amidatives du dinucléoside *H*-phosphonate diester **33** ont été exclusivement dépendants de la nature de la chaîne latérale de l'amine primaire utilisée. D'autre part, de manière générale, les rendements isolés modestes voire faibles pour les dinucléosides phosphoramidates cibles sont essentiellement dus aux nombreuses étapes de purification par chromatographie des molécules finales, impliquant souvent des méthodes d'HPLC préparative.

Lorsque l'amine neutre, 2-méthoxyéthylamine, a été utilisée dans l'oxydation amidative de **33**, le phosphoramidate **DPA-1** a été obtenu avec un bon rendement de 68% et avec un ratio des isomères « uf »/« df » de 1 : 1, déterminé par RMN du ^{31}P. Ces résultats sont similaires aux résultats obtenus pour les oxydations des *H*-phosphonates diesters **17**, **18** et **19** en présence de 2-méthoxyéthylamine, obtenus avec des rendements de 47 à 60% et des rapports pour les isomères Rp sur Sp de 1 : 1. Cette tendance est conservée lorsque l'amine neutre, 2-(2-méthoxy-éthoxy)éthylamine (**43**) a été utilisée dans l'oxydation du dinucléoside *H*-phosphonate diester **33**, où le phosphoramidate cible **DPA-16** a été obtenu avec un rendement de 57% et avec un ratio pour les isomères Rp sur Sp de 1,4 : 1. Par conséquent, l'augmentation de la longueur de la chaîne latérale de l'amine neutre n'a pas modifié les résultats de rendement et de ratio des isomères.

L'utilisation de l'histamine pour l'oxydation du *H*-phosphonate diester **33** (mais également pour l'oxydation du *H*-phosphonate diester **17**), a montré une forte proportion en produit secondaire dinucléoside phosphodiester, obtenu avec des rendements jusqu'à 40% du mélange réactionnel brut. L'obtention du phosphodiester comme sous produit de la réaction est la cause principale des faibles rendements pour les produits d'oxydation en présence d'histamine (15% pour **DPA-3** et 22% pour **PA-3**). Théoriquement, la formation aussi importante de dinucléoside phosphodiester dans ces réactions pourrait être expliquée par une attaque nucléophile du cycle imidazole sur le phosphore électrophile (phosphorochloridate ou sel de pyridinium correspondant), conduisant à la formation d'un phosphorimidazolidate instable, hydrolysé par la suite en phosphodiester.

La différence de proportion entre diastéréoisomères Rp (« uf ») et Sp (« df ») dans les phosphoramidates diesters cibles, obtenus sous forme de mélanges diastéréoisomériques, a été très marquée lorsque les amines primaires comportant une longue chaîne alkyle présentant une fonction ester carboxylique (amine **20**) ou diester dicarboxylique (amine **37**) ont été utilisées dans les réactions d'oxydations amidatives du *H*-phosphonate diester **33**. Dans ces cas, les diastéréoisomères Rp (« uf »), dans les produits **DPA-4** et **DPA-14**, ont été obtenus dans des rapports de 2,5 et de 2,3 pour 1, par rapport aux diastéréoisomères Sp (« df »). Des rapports du même ordre de grandeur, de 1,8 jusqu'à 2 pour 1, ont été obtenus pour les oxydations des *H*-phosphonates diesters de la première série, **17**, **18** et **19**, en présence de l'amine **20**. Théoriquement, la proportion la plus faible pour les phosphoramidates de configuration absolue Sp pourrait être expliquée par une hypothèse basée sur le mécanisme de l'oxydation amidative. Compte tenu du mécanisme de type $S_N2(P)$ proposé pour ces réactions[201,203] (schéma 44), le dinucléoside phosphoramidate de configuration absolue Sp résulte d'une attaque pseudo-axiale de l'amine sur le phosphore électrophile activé (phosphorochloridate ou sel de pyridinium correspondant), effectuée avec inversion de configuration (schéma 44). Cette attaque pseudo-axiale (schéma 44) peut impliquer une interaction stérique ou électronique défavorable entre l'amine et les parties ribose ou base hétérocyclique du dinucléotide (schéma 44), ce qui expliquerait la plus faible proportion de phosphoramidate pseudo-axial (de configuration absolue Sp) obtenue. Très marquée pour les composés **DPA-4** et **DPA-14**, cette observation est également valable pour les composés **DPA-3** et **DPA-15**, présentant un ratio pour les isomères Rp sur Sp de 1,5 : 1et de 1,3 : 1, respectivement.

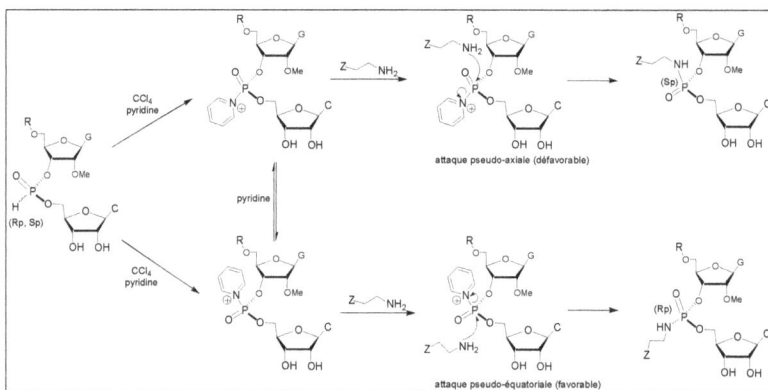

Schéma 44. Mécanisme de substitution $S_N2(P)$ conduisant aux phosphoramidates de configuration absolue Sp et Rp

Par ailleurs, l'utilisation des amines comportant les esters carboxyliques (**20** et **37**) et le phosphotriester (**40**) pour l'oxydation du *H*-phosphonate diester **33**, a également montré une proportion importante de sous produit phosphodiester, obtenu avec des rendements jusqu'à 20% du mélange réactionnel brut, raison des rendements faibles (19 à 30%) pour les phosphoramidates **DPA-4**, **DPA-14** et **DPA-15**. De plus, la présence d'une chaîne latérale polyanionique (malonate pour **DPA-14** et phosphate pour **DPA-15**) a présenté une difficulté de séparation en HPLC sur C_{18} des phosphoramidates cibles et du sous produit dinucléoside phosphodiester, impliquant une difficile séparation par chromatographie échangeuse sur résine DEAE Sephadex et un rendement plus faible pour les composés finaux purs.

VII Séparation des diastéréoisomères des molécules cibles DPA-1, DPA-4 et DPA-14 et attribution de la configuration absolue de l'atome de phosphore chiral

Pour comparer leurs activités inhibitrices respectives, par analogie avec les résultats développés pour la première série de dinucléosides phosphoramidates, les deux diastéréoisomères des analogues neutre **DPA-1** et carboxylique **DPA-4** ont été séparés et isolés purs. Les deux diastéréoisomères du nouvel analogue dicarboxylique **DPA-14** ont également été séparés afin d'être évalués séparément.

Nous avons employé la méthode de séparation par HPLC préparative, développée pour les composés de la première série de molécules cibles. De manière similaire, les diastéréoisomères des deux analogues ont été obtenus purs à plus de 96% (détection HPLC à 260 nm), sans contamination visible d'un isomère par l'autre, à l'exception du cas du composé **DPA-14**, pour lequel le diastéréoisomère « slow » a été obtenu pur à 88%, contenant 12% d'isomère « fast ». Cette contamination est due au caractère polaire important de cette molécule, qui a rendu la séparation de ses deux diastéréoisomères sur phase inverse C_{18} plus difficile. Les deux diastéréoisomères sont différenciés par leur temps de rétention sur la phase stationnaire C_{18}. Après séparation, chacun des isomères a été analysé seul, et en mélange équimolaire avec l'autre. L'isomère ayant le plus faible temps de rétention sur C_{18}, tant en HPLC préparative qu'en HPLC analytique, donc l'isomère le plus polaire, a été appelé diastéréoisomère « fast » pour « fast-eluting ». Inversement, le diastéréoisomère présentant le plus grand temps de rétention sur C_{18}, donc le moins polaire, a été appelé « slow » pour « slow-eluting ». La même relation entre temps de rétention en HPLC C_{18}, et déplacement chimique de la liaison P-N du phosphoramidate diester en RMN du ^{31}P, a été observée pour chaque paire de diastéréoisomères « 3'-désoxy » séparés. Les isomères ayant le temps de rétention le plus court (isomères « fast ») ont également présenté un déplacement chimique du signal de la liaison phosphoramidate diester P-N résonnant dans les champs forts («up-field, uf ») ; et inversement, les isomères avec le temps de rétention le plus grand (isomères « slow ») ont présenté un déplacement chimique P-N résonnant dans les champs faibles (« down-field, df »). Ces valeurs sont représentées dans le tableau 5.

En accord avec la corrélation pour les diastéréoisomères phosphoramidates de la première série, les isomères « fast » et « uf » ont été désignés comme étant les

197

diastéréoisomères de configuration absolue R sur l'atome de phosphore asymétrique (Rp), et les isomères « slow » et « df » – comme les diastéréoisomères de configuration absolue S (Sp) (tableau 5).

Tableau 5. Corrélation entre le temps de rétention en HPLC C_{18}, le déplacement chimique δ_{P-N} en RMN du ^{31}P et la configuration absolue suggérée pour les diastéréoisomères séparés des phosphoramidates « 3'-désoxy » cibles **DPA-1**, **DPA-4** et **DPA-14**

Composé	Diastéréoisomère	Temps de rétention (min)	δ_{P-N} (ppm)	Configuration absolue
DPA-1	« fast »	8,29[a]	10,6 (« uf »)	Rp
	« slow »	8,52[a]	10,8 (« df »)	Sp
DPA-4	« fast »	8,57[a]	10,9 (« uf »)	Rp
	« slow »	8,60[a]	11,3 (« df »)	Sp
DPA-14	« fast »	9,65[b]	10,8 (« uf »)	Rp
	« slow »	9,83[b]	11,3 (« df »)	Sp

[a]Gradient linéaire : 0 à 40 % en ACN en 15 min
[b]Gradient linéaire : 0 à 40 % en ACN en 30 min

VIII Evaluations des composés cibles en culture cellulaire comportant un réplicon sub-génomique du VHC et sur polymérase NS5B purifiée

Les dinucléosides phosphoramidates de la première série, contenant la partie cytidin-5'-yle, ont fait l'objet d'une caractérisation biochimique *in vitro* sur une polymérase recombinante NS5B afin d'établir des RSA permettant l'optimisation des structures analogues synthétisées ultérieurement. Ainsi, l'importance de l'introduction d'une chaîne latérale chargée négativement ou neutre, de la séparation des diastéréoisomères sur l'atome de phosphore internucléosidique asymétrique, ainsi que l'importance de la présence d'un groupement phosphate ou thiophosphate sur la position 5' du dinucléoside phosphoramidate, ont été mises en évidence.[268] Seulement les meilleurs inhibiteurs *in vitro* ont alors été soumis à une évaluation préliminaire en culture cellulaire.[268]

En revanche, pour les molécules cibles de cette deuxième série d'analogues, comportant la partie 3'-désoxycytidin-5'-yle, une évaluation de l'activité antivirale en culture cellulaire contenant un réplicon sub-génomique du VHC, a été exclusivement effectuée. Le but de cette évaluation a été d'étudier de manière plus approfondie les propriétés antivirales de ces composés, dans l'espoir d'obtenir un composé « lead », futur candidat d'une évaluation complète de son profil pharmaceutique. L'évaluation *in vitro* sur la polymérase purifiée des composés en mélange de diastréréoisomères et des diastréréoisomères séparés a été effectuée dans un deuxième temps.

Le criblage de l'ensemble des composés synthétisés dans cette deuxième série, dans la lignée cellulaire Huh-6 contenant un réplicon sub-génomique du VHC, génotype 1b, a été effectué par le Dr. Pieter Leyssen, dans le groupe du Dr. Johan Neyts, au sein de l'institut Rega de recherche médicale, à l'université catholique de Louvain, à Louvain, Belgique.

L'ensemble des structures des composés évalués est représenté en figure 26. Les résultats de l'évaluation en culture cellulaire sont représentés dans le tableau 6.

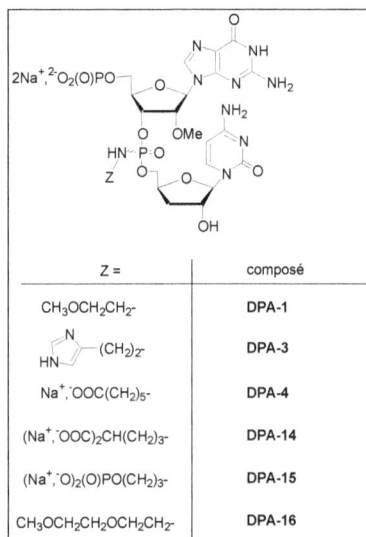

Z =	composé
$CH_3OCH_2CH_2$-	DPA-1
(structure imidazole) $(CH_2)_{2}$-	DPA-3
$Na^+,^-OOC(CH_2)_5$-	DPA-4
$(Na^+,^-OOC)_2CH(CH_2)_3$-	DPA-14
$(Na^+,^-O)_2(O)PO(CH_2)_3$-	DPA-15
$CH_3OCH_2CH_2OCH_2CH_2$-	DPA-16

Figure 26. Représentation schématique des composés dinucléosides phosphoramidates de type 2'-O-méthylguanosin-3'-yl-désoxycytidin-5'-yle utilisés dans les évaluations biologiques

Dans une première série d'évaluations, les composés **DPA-1F**, **DPA-1S**, **DPA-4**, **DPA-4F**, **DPA-4S** et **DPA-14** ont validé les critères de composés « hit » et ont fait l'objet d'une validation de leurs propriétés inhibitrices contre la réplication du réplicon du VHC. Les résultats obtenus ont été globalement similaires à ceux pour les analogues de la première série de molécules, évalués en culture cellulaire. A savoir que le mélange de diastéréoisomères de l'analogue carboxypentyle (**DPA-4**) a montré une meilleure activité inhibitrice (CE_{50} de 1.7 µM), comparée aux composés neutre (**DPA-1**) et amphiphile (**DPA-3**), évalués en mélange (CE_{50} de 19 µM et de >65 µM, respectivement), et comparable à celle de son analogue de la première série (**PA-4**, CE_{50} de 41 µM).[317]

Comme cela a été observé pour les dinucléosides phosphoramidates de la première série, les diastéréoisomères séparés montrent toujours une activité inhibitrice différente de celle des mélanges correspondants. Ainsi, dans la première série de dinucléosides phosphoramidates, les diastéréoisomères « fast » **PA-4F** et « slow » **PA-4S** se sont révélés être des inhibiteurs plus faibles de la réplication (CE_{50} >60 et 56 µM, respectivement) que le mélange correspondant (**PA-4**, CE_{50} de 41 µM).[268]

Cependant, dans le cas de l'analogue 3'-désoxy **DPA-4**, les deux diastéréoisomères ont montré une activité inhibitrice légèrement supérieure (**DPA-4F et 4S**, CE_{50} de 0.8 et 1.2 µM, respectivement) à celle du mélange (**DPA-4**, CE_{50} de 1.7 µM). Des résultats d'autant plus intéressants ont été obtenus avec les diastéréoisomères séparés du composé **DPA-1**. Alors que le composé testé en mélange n'a montré qu'une inhibition modeste de la réplication (CE_{50} de 19.4 µM), chacun des diastéréoisomères évalué séparément a inhibé la réplication du réplicon du VHC (**DPA-1F et 1S**, CE_{50} de 1.6 et de 2.5 µM, respectivement), présentant une très bonne activité inhibitrice[317] (tableau 6).

Tableau 6. Résultats de l'évaluation des composés **DPA** en cellules Huh-6, contenant un réplicon sub-génomique du VHC (génotype 1b). L'activité inhibitrice est mesurée par la réduction du signal de luminescence produit par les cellules contenant le réplicon en présence du composé évalué, par rapport aux cellules non traitées. Cette information est utilisée pour le calcul des valeurs de CE_{50}. De manière concomitante, l'effet cytotoxique/cytostatique du composé est également déterminé par dosage spectrophotométrique des cellules vivantes dans un essai métabolique, qui permet de terminer la valeur de CC_{50}. Les valeurs représentent une valeur moyenne d'au moins trois expériences différentes[317]

Composé	CE_{50} (µM)	CC_{50} (µM)
DPA-1	19,4 ± 6,6	>65
DPA-1F[a]	1,6 ± 0,3	>65
DPA-1S[b]	2,5 ± 0,2	>65
DPA-3	>65	>65
DPA-4	1,7 ± 0,2	>65
DPA-4F[a]	0,8 ± 0,1	>65

DPA-4S[b]	$1,2 \pm 0,2$	>65
DPA-14	$2,6 \pm 0,8$	>65
DPA-14F[a]	$4,1 \pm 1,1$	>65
DPA-14S[b]	$3,7 \pm 1,7$	>65
DPA-15	$3,9 \pm 2,0$	>65
DPA-16	$3,6 \pm 0,4$	>65

[a]Diastéréoisomère « fast »

[b]Diastéréoisomère « slow »

Sur la base de ces résultats, nous avons pu déduire que la modification « 3'-désoxy », introduite au niveau de la partie cytidine, a entraîné une amélioration notable dans le caractère inhibiteur des composés de cette deuxième série, car en comparaison entre les dinucléosides phosphoramidates de la première série (**PA-1**, **PA-4**, **PA-4F** et **PA-4S**) et leurs analogues 3'-désoxy-cytidin-5'-yle, portant la même chaîne latérale phosphoramidate (**DPA-1**, **DPA-4**, **DPA-4F** et **DPA-4S**), des valeurs supérieures de CE_{50} ont été obtenus dans la série désoxy.[317]

Parmi les analogues comportant les trois nouvelles chaînes latérales du lien phosphoramidate, les résultats de l'évaluation du composé dicarboxylique **DPA-14**, testé en mélange de diastéréoisomères, ont montré la meilleure activité inhibitrice (CE_{50} de 1.4 µM) parmi les composés de la série, testés en mélange. Cependant, l'évaluation de ses deux diastéréoisomères, **DPA-14F** et **DPA-14S**, n'a pas montré d'amélioration significative de l'activité antivirale par rapport au mélange. Les composés comportant la chaîne latérale phosphate **DPA-15** et diglyme **DPA-16** n'ont pas montré d'augmentation notable de l'activité antivirale, toutefois conservant une forte inhibition de la réplication virale dans le système réplicon (tableau 6).[317]

L'ensemble des composés de la série **DPA** ont été également évalués sur l'enzyme purifiée NS5B en mélange d'isomères et en tant qu'isomères purifiés (tableau 7). L'inhibition mesurée a été significativement supérieure à celle des dinucléotides de la première série **PA**.[317] Des valeurs plutôt similaires ont été observées pour tous les composés de la série (CI_{50} entre 10 et 30 μM), et lorsque les isomères ont été évalués séparément, à part **DPA-1**, les différents isomères n'ont pas montré d'activités inhibitrices différentes (tableau 7).[317]

Tableau 7. Résultats de l'évaluation des composés **DPA** dans le test d'inhibition sur la polymérase purifiée tronquée NS5B. Les valeurs représentent une valeur moyenne d'au moins trois expériences différentes[317]

Composé	CI_{50} (μM)
DPA-1	29 ± 11
DPA-1F[a]	72 ± 25
DPA-1S[b]	7 ± 3
DPA-3	>100
DPA-4	34 ± 8
DPA-4F[a]	9 ± 1
DPA-4S[b]	13 ± 6
DPA-14	8 ± 3
DPA-14F[a]	12 ± 4
DPA-14S[b]	5 ± 2
DPA-15	10 ± 3
DPA-16	18 ± 4

[a]Diastéréoisomère « fast »

[b]Diastéréoisomère « slow »

IX   Conclusion

Au cours de ce troisième chapitre, nous avons décrit la synthèse et l'évaluation anti-VHC d'une deuxième série de dinucléosides phosphoramidates. Tous les analogues de cette deuxième série contiennent la modification 3'-désoxy sur leur partie cytidin-5'-yle. Cette modification a été introduite dans le but d'obtenir des composés terminateurs de chaîne « vrais », visant à augmenter leur activité inhibitrice contre la réplication du VHC. Basées sur les résultats de RSA obtenus pour les composés de la première série de dinucléosides phosphoramidates, d'autres modifications ont également été introduites, afin d'optimiser les activités antivirales des inhibiteurs synthétisés.

Les molécules cibles de cette deuxième série ont été préparées en utilisant une stratégie de synthèse similaire à celle utilisée pour la préparation de leurs analogues de la première série.

Les molécules cibles préparées ont ensuite été évaluées en culture cellulaire Huh-6 contenant un réplicon sub-génomique du VHC. La plupart d'entre elles ont répondu aux critères de composés « hit », lors d'une évaluation préliminaire. Les tendances de RSA observées sont similaires à celles de l'évaluation des analogues de la première série de dinucléosides phosphoramidates, et les résultats de CE_{50} obtenus sont également comparables, ce qui ne montre pas l'effet favorable espéré, dû à la modification « 3'-désoxy ».

Après validation des propriétés inhibitrices contre la réplication du VHC, deux composés, les deux diastéréoisomères (Rp et Sp) du phosphoramidate présentant une chaîne latérale méthoxyéthyle (**DPA-1F** et **DPA-1S**), ont été sélectionnés pour caractérisation détaillée de leur profil antiviral. Ces deux composés sont de forts inhibiteurs de la réplication du réplicon du VHC (CE_{50} de 1,6 et de 2,5 µM respectivement).

PARTIE EXPERIMENTALE

1,2:5,6-Di-*O*-isopropylidène-α-D-glucofuranose (21)

A une solution de 400 mL d'acétone, sous agitation et sous argon, sont ajoutés successivement 1,8 mL d'acide sulfurique à 97% (34 mmol, 0,3 éq.), du sulfate de cuivre anhydre (36,0 g, 226 mmol, 2,2 éq.) et finalement du D-Glucose (18,0 g, 100 mmol, 1 éq.). Le mélange est agité sous argon pendant 25 h à température ambiante. Le milieu réactionnel est alors filtré et rincé à l'acétone puis le filtrat est neutralisé avec 5 mL d'ammoniaque saturée. Le précipité formé est filtré et le filtrat évaporé à sec. L'huile obtenue est recristallisée dans DCM/Ether – 1 : 4 (v/v) pour conduire au composé **21** sous forme de cristaux blancs après filtration et séchage sur P_2O_5 à température ambiante (19,5 g, Rdt = 75%).

R_f : 0,60 – AcOEt/Toluène – 2 : 1 (v/v)

RMN-^{1}H : (CDCl$_3$, 200 MHz) δ *5,98* (1H, d, H$_1$, $^3J_{H1-H2}$ = 3,6 Hz) ; *4,56* (1H, d, H$_2$, $^3J_{H2-H1}$ = 3,6 Hz) ; *4,41 – 3,97* (5H, m, H$_3$, H$_4$, H$_5$, H$_{6,6'}$) ; *2,59* (1H, s, l, OH$_3$) ; *1,52 ; 1,47 ; 1,39 ; 1,34* (12H, 4s, C$H_{3\text{-IP}}$).

SM : FAB$^+$ (GT) m/z **261** (M+H)$^+$.

1,2-*O*-Isopropylidène-α-D-xylofuranose (22)

A une solution du glucofuranose **21** (26,0 g, 100 mmol, 1 éq.) dans 1 L d'acétate d'éthyle anhydre, sous agitation magnétique et sous argon, sont ajoutés 27,4 g d'acide périodique (120 mmol, 1,2 éq.) et le mélange est agité à température ambiante. Après 2 h de réaction, le milieu est filtré sur fritté, rincé et évaporé à sec. La pâte obtenue est reprise dans 1,5 L d'éthanol absolu et sont ajoutés 6,4 g de NaBH$_4$ (170 mmol, 1,7 éq.) par portions de 1 g, toutes les 10 min. 30 min après le dernier ajout, le milieu est hydrolysé par l'ajout de 15 mL d'acide acétique glacial (pH 4 – 5). Le mélange réactionnel est alors évaporé à sec, ensuite repris dans 1,5 L d'acétate d'éthyle. La solution est lavée avec 2 × 500 mL de solution aqueuse saturée en NaCl, finalement les phases aqueuses sont réextraites avec du AcOEt (3 × 500 mL). Les phases organiques sont rassemblées, séchées sur Na_2SO_4, filtrées et évaporées à sec. L'huile jaune obtenue est séchée à la pompe à palette, analysée et engagée dans l'étape suivante sans purification supplémentaire.

R_f : 0,36 – DCM/MeOH – 95 : 5 (v/v)

RMN-^{1}H : (DMSO-d_6, 200 MHz) δ *5,80* (1H, d, H$_1$, $^3J_{H1-H2}$ = 3,7 Hz) ; *5,17* (1H, m, H$_5$) ; *4,65* (1H, d, H$_3$) ; *4,37* (1H, d, H$_2$, $^3J_{H2-H1}$ = 3,7 Hz) ; *4,02 – 3,95* (2H, m, H$_4$, H$_{5'}$) ; *1,33 ; 1,26* (6H, 2s, CH_{3-IP}).

SM : FAB$^+$ (GT) m/z **191** (M+H)$^+$.

5-*O*-Benzoyl-1,2-*O*-isopropylidène-α-D-xylofuranose (23)[310]

A une solution du xylofuranose **22** brut (17,0 g, 89 mmol, 1 éq.) dans 400 mL de pyridine anhydre, à 0 °C, sous agitation magnétique et sous argon, sont ajoutés goutte à goutte 8 mL de chlorure de benzoyle (89 mmol, 1 éq.). A la fin de l'ajout, le mélange réactionnel est agité 1 h à température ambiante. Au bout de ce temps le milieu est hydrolysé avec 5 mL de méthanol, concentré à moitié de volume, puis dilué avec 500 mL de DCM. La solution est lavée deux fois avec 200 mL d'une solution aqueuse saturée en $NaHCO_3$; les phases organiques sont séchées sur Na_2SO_4, filtrées et évaporées à sec. Le résidu est purifié par chromatographie sur gel de silice (éluant : gradient linéaire DCM 100% jusqu'à 30% de AcOEt). Les fractions appropriées sont rassemblées et évaporées à sec. Le résidu est repris dans 40 mL de DCM, l'ajout de 250 mL de cyclohexane à froid donne lieu à la précipitation du produit **23** obtenu sous forme d'un solide blanc après filtration et séchage sur P_2O_5 (15,5 g, Rdt = 90%). La chromatographie et la précipitation sont optionnelles.

R_f : 0,60 – AcOEt/Toluène – 3 : 1 (v/v)

RMN-^{1}H : (CDCl$_3$, 400 MHz) δ *7,98* (2H, dd, H$_{ortho}$, $^3J_{o\text{-}m}$ = 8,4 Hz, $^4J_{o\text{-}p}$ = 1,6 Hz) ; *7,52* (1H, tt, H$_{para}$, $^3J_{p\text{-}m}$ = 7,6 Hz, $^4J_{p\text{-}o}$ = 1,2 Hz) ; *7,38* (2H, pt, H$_{meta}$, ^3J = 7,8 Hz) ; *5,88* (1H, d, H$_1$, $^3J_{H1\text{-}H2}$ = 3,6 Hz) ; *4,73* (1H, dd, H$_5$, $^2J_{H5\text{-}H5'}$ = 12,8 Hz, $^3J_{H4\text{-}H5}$ = 9,2 Hz) ; *4,53* (1H, d, H$_2$, $^3J_{H2\text{-}H1}$ = 3,6 Hz) ; *4,34 – 4,29* (2H, m, H$_4$, H$_{5'}$, $^2J_{H5\text{-}H5'}$ = 12,8 Hz, $^3J_{H4\text{-}H5'}$ = 11,2 Hz, $^3J_{H5\text{-}H4}$ = 8,4 Hz) ; *4,10* (1H, s, H$_3$) ; *3,19* (1H, s, l, OH$_3$) ; *1,44 ; 1,25* (6H, 2s, C$H_{3\text{-}IP}$).

RMN-^{13}C : (CDCl$_3$, 100 MHz) δ *167,4* (CO_{Bz}) ; *133,6* (CH_{para}) ; *129,9* (CH_{ortho}) ; *129,2* (C$_{Bz}$) ; *128,5* (CH_{meta}) ; *111,9* (C(CH$_3$)$_2$) ; *104,7* (C$_1$) ; *85,0* (C$_2$) ; *78,5* (C$_4$) ; *74,4* (C$_3$) ; *61,2* (C$_5$) ; *26,8 ; 26,2* (C$H_{3\text{-}IP}$).

SM : FAB$^+$ (GT) m/z 295 (M+H)$^+$; FAB$^-$ (GT) m/z 293 (M-H)$^-$.

5-*O*-Benzoyl-1,2-*O*-isopropylidène-3-*O*-thiocarbonylimidazolyl-α-D-xylofuranose (24)

Le xylofuranose benzoylé **23** (4,52 g, 15,4 mmol, 1 éq.) est coévaporé trois fois à l'acétonitrile anhydre, ensuite mis en solution dans 71 mL de 1,2-dichloroéthane anhydre. A la solution sont ajoutés 3,57 g de 1,1-thiocarbonyldiimidazole (20 mmol, 1,3 éq.) et le mélange est agité pendant 2 h au reflux. Au bout de ce temps la réaction est complète, la solution est laissée revenir à température ambiante et les solvants sont évaporés à sec. Le résidu obtenu est alors purifié par chromatographie sur gel de silice (éluant : gradient linéaire DCM 100% jusqu'à 20% de AcOEt). Les fractions appropriées sont rassemblées et évaporées à sec pour conduire au produit **24** obtenu sous forme d'une mousse jaune après séchage à la pompe à palette (5,63 g, Rdt = 90%).

R$_f$: 0,32 – AcOEt/Toluène – 4 : 1 (v/v)

RMN-^{1}H : (CDCl$_3$, 400 MHz) δ *8,30* (1H, s, H$_{2'Im}$) ; *7,92* (2H, dd, H$_{ortho}$, $^3J_{o\text{-}m}$ = 8,5 Hz, $^4J_{o\text{-}p}$ = 1,4 Hz) ; *7,52* (1H, d, H$_{4'Im}$, ^3J = 1,3 Hz) ; *7,50* (1H, m, H$_{para}$, $^3J_{p\text{-}m}$ = 7,4 Hz, $^4J_{p\text{-}o}$ = 1,3 Hz) ; *7,36* (2H, pt, H$_{meta}$, $^3J_{m\text{-}o}$ = 8,0 Hz, $^3J_{m\text{-}p}$ = 7,4 Hz) ; *7,00* (1H, d, H$_{5'Im}$, ^3J =

1,1 Hz) ; *5,98* (1H, d, H$_1$, $^3J_{H1\text{-}H2}$ = 3,7 Hz) ; *5,93* (1H, d, H$_3$, ^3J = 2,9 Hz) ; *4,73 – 4,70* (2H, m, systAB, H$_2$, H$_4$) ; *4,53* (2H, pd, systAB, H$_5$, H$_{5'}$) ; *1,52 ; 1,29* (6H, 2s, C$H_{3\text{-IP}}$).

RMN-^{13}C : (CDCl$_3$, 100 MHz) **δ** *182,2* (CS) ; *165,9* (CO$_{Bz}$) ; *136,9* (C$_{2'Im}$) ; *133,4* (CH_{para}) ; *131,0* (C$_{5'Im}$) ; *129,8* (CH_{ortho}) ; *129,2* (C$_{Bz}$) ; *128,5* (CH_{meta}) ; *117,7* (C$_{4'Im}$) ; *112,9* (C(CH$_3$)$_2$) ; *104,9* (C$_1$) ; *84,3* (C$_3$) ; *82,8 ; 76,7* (C$_2$, C$_4$) ; *61,1* (C$_5$) ; *26,6 ; 26,2* (C$H_{3\text{-IP}}$).

SM : MALDI$^+$ (THAP/cit) m/z **405** (M+H)$^+$.

5-*O*-Benzoyl-3-désoxy-1,2-*O*-isopropylidène-α-D-ribofuranose (25)[310]

A une solution du xylofuranose **24** (1,1 g, 2,7 mmol, 1 éq.) dans 20,5 mL de dioxane anhydre sont ajoutés 12,5 mL de diméthylphosphite (136,0 mmol, 50 éq.) et le mélange est porté à reflux. Sont ajoutés ensuite 190 mg de peroxyde de benzoyle (1,63 mmol, 0,6 éq.) en solution dans 1,5 mL de dioxane, par portions de 0,25 mL toutes les 20 min. Le milieu réactionnel est agité à reflux 30 min après le dernier ajout. Le mélange est laissé revenir à température ambiante et les solvants sont évaporés à sec (pompe à palette, bain 80 °C). Le résidu obtenu est purifié sur chromatographie de colonne sur gel de silice (éluant : gradient linéaire cyclohexane 100% jusqu'à 20% de AcOEt). Les fractions appropriées sont rassemblées et évaporées à sec pour conduire au produit **25** obtenu sous forme d'une huile incolore après séchage à la pompe à palette (0,67 g, Rdt = 93%).

R$_f$: 0,52 – cyclohexane/AcOEt – 2 : 1 (v/v)

RMN-^{1}H : (CDCl$_3$, 400 MHz) **δ** *7,98* (2H, dd, H$_{ortho}$, $^3J_{o\text{-}m}$ = 8,2 Hz, $^4J_{o\text{-}p}$ = 1,3 Hz) ; *7,49* (1H, pt, systAB, H$_{para}$, $^3J_{p\text{-}m}$ = 7,5 Hz) ; *7,36* (2H, pt, systAB, H$_{meta}$, $^3J_{m\text{-}o}$ = 7,9 Hz, $^3J_{m\text{-}p}$ = 7,6 Hz) ; *5,81* (1H, d, H$_1$, $^3J_{H1\text{-}H2}$ = 3,7 Hz) ; *4,71* (1H, t, H$_2$, ^3J = 4,5 Hz) ; *4,48 – 4,44* (2H, m, systAB, H$_4$, H$_5$, $^3J_{H5\text{-}H5'}$ = 11,6 Hz) ; *4,31* (1H, dd, systAB, H$_{5'}$, $^2J_{H5'\text{-}H5}$

= 11,6 Hz, $^3J_{H5'-H4}$ = 6,3 Hz) ; *2,14* (1H, m, H$_3$) ; *1,70* (1H, m, H$_3$·) ; *1,47 ; 1,26* (6H, 2s, C$H_{3\text{-IP}}$).

RMN-^{13}C : (CDCl$_3$, 100 MHz) **δ** *166,3* (CO$_{Bz}$) ; *133,1* (CH$_{para}$) ; *129,8* (CH$_{ortho}$) ; *129,4* (C$_{Bz}$) ; *128,4* (CH$_{meta}$) ; *111,4* (C(CH$_3$)$_2$) ; *105,7* (C$_1$) ; *80,3* (C$_2$) ; *75,8* (C$_4$) ; *65,3* (C$_5$) ; *35,4* (C$_3$) ; *26,7 ; 26,1* (CH$_{3\text{-IP}}$).

SM : FAB$^+$ (GT) m/z **279** (M+H)$^+$.

1,2-Di-*O*-acétyl-5-*O*-benzoyl-3-désoxy-α,β-D-ribofuranose (26)[310]

Le composé **25** (2,8 g, 10 mmol, 1 éq.) est mis en solution dans 50 mL de solution aqueuse d'acide acétique à 80% (5 mL/mmol) et le mélange est porté à reflux pendant 2 h. Le milieu réactionnel est laissé revenir à température ambiante puis neutralisé par l'ajout de Na$_2$CO$_3$ solide (jusqu'à pH 7). Le mélange est évaporé à sec et le solide blanc coévaporé deux fois à la pyridine anhydre. A la pâte blanche obtenue sont ajoutés 50 mL de pyridine anhydre, du DMAP en quantité catalytique et 20 mL (210 mmol, 21 éq.) d'anhydride acétique. La suspension est agitée sous Argon pendant une nuit. L'excès d'anhydride acétique est hydrolysé par l'ajout de 20 mL d'une solution aqueuse saturée en NaHCO$_3$ à 0 °C et agitation pendant 30 min. Le mélange est alors versé dans un erlenmeyer et dilué avec 100 mL de solution de bicarbonate et 100 mL de dichlorométhane. Les deux phases sont séparées, la phase organique est lavée deux fois au bicarbonate, ensuite la phase aqueuse est réextraite au dichlorométhane. Les phases organiques sont rassemblées, séchées sur Na$_2$SO$_4$, filtrées et évaporées à sec. Le résidu obtenu est purifié sur chromatographie de colonne sur gel de silice (éluant : gradient linéaire cyclohexane/AcOEt – 9 : 1 (v/v) jusqu'à 5 : 5 (v/v)). Les fractions appropriées sont rassemblées et évaporées à sec pour conduire au produit **26** – mélange d'anomères α et β (ratio ~ 1 : 5) obtenu sous forme d'une huile jaune après séchage à la pompe à palette (2,6 g, Rdt = 80%). La chromatographie est optionnelle.

R$_f$: 0,48 – cyclohexane/AcOEt – 6 : 1 (v/v)

RMN-^{1}H : (CDCl$_3$, 400 MHz, anomère majoritaire) δ *7,99* (2H, m, H$_{ortho}$, $^3J_{o-m}$ = 8,4 Hz) ; *7,49* (1H, m, H$_{para}$) ; *7,38* (2H, m, H$_{meta}$) ; *6,13* (1H, s, H$_1$) ; *5,16* (1H, d, H$_2$, $^3J_{H2-H3}$ = 4,4 Hz) ; *4,67 – 4,62* (1H, m, H$_4$) ; *4,46* (1H, dd, systAB, H$_5$, $^2J_{H5-H5'}$ = 11,9 Hz, $^3J_{H5-H4}$ = 3,7 Hz) ; *4,27* (1H, dd, systAB, H$_{5'}$, $^2J_{H5'-H5}$ = 11,9 Hz, $^3J_{H5'-H4}$ = 5,3 Hz) ; *2,20 – 2,14* (2H, m, H$_3$, H$_{3'}$) ; *2,00 ; 1,90* (6H, 2s, CH_{3-Ac}).

RMN-^{13}C : (CDCl$_3$, 100 MHz, anomère majoritaire) δ *169,9 ; 169,3* (CO$_{Ac}$) ; *166,2* (CO$_{Bz}$) ; *133,2* (CH$_{para}$) ; *129,7* (CH$_{ortho}$) ; *129,6* (C$_{Bz}$) ; *128,4* (CH$_{meta}$) ; *99,5* (C$_1$) ; *78,7* (C$_4$) ; *77,3* (C$_2$) ; *66,0* (C$_5$) ; *31,6* (C$_3$) ; *21,1 ; 20,9* (CH$_{3-Ac}$).

SM : FAB$^+$ (GT) m/z **263** (M-OAc)$^+$; FAB$^-$ (GT) m/z **321** (M-H)$^-$.

N^4,2'-*O*-Di-acétyl-5'-*O*-benzoyl-3'-désoxycytidine (27)

Le ribofuranose diacétylé **26** (1,1 g, 3,4 mmol, 1 éq.) est coévaporé trois fois à l'acétonitrile anhydre. 0,8 g (5,1 mmol, 1,5 éq.) de N^4-acétyl cytosine sont ajoutés et le mélange est coévaporé deux fois à l'acétonitrile anhydre puis séché sous vide sur P$_2$O$_5$. Le mélange est alors mis en solution dans 20 mL d'acétonitrile anhydre et 2 mL (7 mmol, 2 éq.) de *N,O*-bis-triméthylsilyl acétamide (BSA) sont ajoutés. La suspension est portée à reflux et agitée pendant 30 min, puis laissée revenir à température ambiante. 1,1 mL (5,1 mmol, 1,5 éq.) de triméthylsilyl triflate sont ajoutés et le mélange est agité sous argon pendant 6 h. Il est ensuite dilué avec 50 mL d'AcOEt et 10 mL de solution saturée en NaHCO$_3$ sont ajoutés. Les deux phases sont extraites et la phase organique est lavée deux fois avec une solution aqueuse saturée en NaCl, puis séchée sur Na$_2$SO$_4$, filtrée et évaporée à sec. Le résidu brut est purifié par chromatographie de gel de silice (éluant : gradient linéaire dichlorométhane 100% jusqu'à 5% de MeOH) pour conduire au nucléoside **27** sous forme de mousse blanche (1,12 g, Rdt = 80%). La chromatographie est optionnelle.

R$_f$: 0,48 – DCM/MeOH – 9 : 1 (v/v)

RMN-^{1}H : (CDCl$_3$, 400 MHz) δ *9,75* (1H, s, l, NH$_{Ac}$) ; *8,05* (1H, d, H$_6$, $^3J_{H6-H5}$ = 7,6 Hz) ; *7,97* (2H, dd, H$_{ortho}$, $^3J_{o-m}$ = 8,2 Hz, $^4J_{o-p}$ = 1,1 Hz) ; *7,56* (1H, tt, H$_{para}$, $^3J_{p-m}$ = 6,9 Hz, $^4J_{p-o}$ = 1,2 Hz) ; *7,43* (2H, pt, H$_{meta}$, $^3J_{m-o}$ = 8,0 Hz, $^3J_{m-p}$ = 7,5 Hz) ; *7,26* (1H, d, H$_5$, $^3J_{H5-H6}$ = 7,5 Hz) ; *5,87* (1H, s, H$_{1'}$) ; *5,35* (1H, d, H$_{2'}$, $^3J_{H2'-H3'}$ = 3,9 Hz) ; *4,69 – 4,63* (2H, m, H$_{4'}$, H$_{5'}$) ; *4,57* (1H, dd, systAB, H$_{5''}$, $^2J_{H5''-H5'}$ = 12,7 Hz, $^3J_{H5''-H4'}$ = 4,4 Hz) ; *2,20* (3H, s, NHC(O)CH_3) ; *2,11 – 2,09* (2H, m, H$_{3'}$, H$_{3''}$) ; *2,06* (3H, s, OC(O)CH_3).

RMN-^{13}C : (CDCl$_3$, 100 MHz) δ *171,0 ; 170,0* (CO$_{Ac}$) ; *166,2* (CO$_{Bz}$) ; *162,9* (C$_4$) ; *155,0* (C$_2$) ; *144,2* (C$_6$) ; *133,8* (CH$_{para}$) ; *129,6* (CH$_{ortho}$) ; *129,2* (C$_{Bz}$) ; *128,8* (CH$_{meta}$) ; *96,6* (C$_5$) ; *92,1* (C$_{1'}$) ; *79,2* (C$_{4'}$) ; *78,0* (C$_{2'}$) ; *64,1* (C$_{5'}$) ; *31,3* (C$_{3'}$) ; *25,0* (NHC(O)CH_3) *21,0* (OC(O)CH_3).

SM : FAB$^+$ (GT) m/z **831** (2M+H)$^+$; **416** (M+H)$^+$; **263** (Su)$^+$; **154** (BH$_2$)$^+$; FAB$^-$ (GT) m/z **414** (M-H)$^-$; **152** (B)$^-$.

SMHR : FAB$^-$ (GT) m/z calculé pour (M-H)$^-$: **414,1301**, trouvé : **414,1307**

3'-Désoxycytidine (28)

Le nucléoside tout protégé **27** (1,1 g, 2,7 mmol, 1 éq.) est solubilisé dans 10 mL d'une solution THF/MeOH – 2 : 1 (v/v). 20 mL d'ammoniaque à 28% sont ajoutés et la solution est agitée 8 h à 50 °C dans un ballon fermé hermétiquement. Les solvants sont évaporés à sec et le résidu est coévaporé deux fois au méthanol. Le brut est purifié par chromatographie de gel de silice (dépôt solide ; éluant : gradient linéaire dichlorométhane/MeOH – 9 : 1 (v/v) jusqu'à 7 : 3 (v/v)). Les fractions appropriées sont rassemblées, évaporées à sec, puis lyophilisées dans l'eau pour conduire, après séchage sous vide sur P$_2$O$_5$, à la 3'-désoxycytidine **28** sous forme d'une poudre blanche (0,54 g, Rdt = 90%).

R$_f$: 0,36 – DCM/MeOH – 7 : 3 (v/v)

UV : (H$_2$O) λ_{max} = 272 (ε = 9 000)

RMN-^{1}H : (DMSO-d_6, 400 MHz) δ *7,99* (1H, d, H$_6$, $^3J_{H6\text{-}H5}$ = 7,4 Hz) ; *7,13 ; 7,01* (2H, 2s, éch., NH$_a$, NH$_b$) ; *5,69* (1H, d, H$_5$, $^3J_{H5\text{-}H6}$ = 7,4 Hz) ; *5,65* (1H, d, H$_{1'}$, $^3J_{H1'\text{-}H2'}$ = 1,4 Hz) ; *5,51* (1H, d, éch., OH$_{2'}$, $^3J_{OH2'\text{-}H2'}$ = 4,0 Hz) ; *5,09* (1H, t, éch., OH$_{5'}$, $^3J_{OH5'\text{-}H5'}$ = 5,3 Hz) ; *4,31 – 4,25* (1H, m, H$_{4'}$) ; *4,01* (1H, m, H$_{2'}$) ; *3,77 – 3,72* (1H, m, systAB, H$_{5'}$, $^2J_{H5'\text{-}H5''}$ = 12,1 Hz) ; *3,57 – 3,52* (1H, dt, systAB, H$_{5''}$, $^2J_{H5'\text{-}H5'}$ = 12,2 Hz, $^3J_{H5''\text{-}OH5'}$ = 4,6 Hz, $^3J_{H5''\text{-}H4'}$ = 3,9 Hz) ; *1,91 – 1,84* (1H, ddd, systAB, H$_{3'}$, $^2J_{H3'\text{-}H3''}$ = 13,1 Hz, $^3J_{H3'\text{-}H4'}$ = 10,1 Hz, $^3J_{H3'\text{-}H2'}$ = 5,2 Hz) ; *1,74 – 1,69* (1H, ddd, systAB, H$_{3''}$, $^2J_{H3''\text{-}H3'}$ = 13,1 Hz, $^3J_{H3''\text{-}H4'}$ = 5,5 Hz, $^3J_{H3''\text{-}H2'}$ = 1,9 Hz).

RMN-^{13}C : (DMSO-d_6, 100 MHz) δ *166,1* (C$_4$) ; *155,7* (C$_2$) ; *141,5* (C$_6$) ; *93,6* (C$_5$) ; *92,8* (C$_{1'}$) ; *81,3* (C$_{4'}$) ; *75,7* (C$_{2'}$) ; *62,1* (C$_{5'}$) ; *33,6* (C$_{3'}$).

SM : FAB$^+$ (GT) m/z **228** (M+H)$^+$; **112** (BH$_2$)$^+$; FAB$^-$ (GT) m/z **226** (M-H)$^-$.

SMHR : FAB$^+$ (GT) m/z calculé pour (M+H)$^+$: **228,0984**, trouvé : **228,0977**

N^4-Acétyl-3'-désoxycytidine (29)

La 3'-désoxycytidine **28** (0,54 g, 2,4 mmol, 1 éq.) est mise en solution dans 12 mL de DMF anhydre, puis au mélange sont ajoutés 250 µL d'anhydride acétique (2,6 mmol, 1,1 éq.). Le mélange réactionnel est agité une nuit à température ambiante sous argon. Les solvants sont ensuite évaporés à la pompe à palette, le brut **29** est obtenu sous forme d'un solide vitreux transparent qui est analysé et engagé dans l'étape suivante sans purification supplémentaire.

R$_f$: 0,60 – iPrOH/NH$_4$OH/H$_2$O – 7 : 2 : 1 (v/v/v)

RMN-^{1}H : (DMSO-d_6, 400 MHz) δ *10,82* (1H, s, l, N*H*Ac) ; *8,50* (1H, d, H$_6$, $^3J_{H6\text{-}H5}$ = 7,4 Hz) ; *7,17* (1H, d, H$_5$, $^3J_{H5\text{-}H6}$ = 7,4 Hz) ; *5,68* (1H, s, H$_{1'}$) ; *5,65* (1H, s, l, OH$_{2'}$) ; *5,15* (1H, s, l, OH$_{5'}$) ; *4,41 – 4,37* (1H, m, H$_{4'}$) ; *4,19* (1H, d, H$_{2'}$, $^3J_{H2'\text{-}H3'}$ = 4,3 Hz) ; *3,84* (1H, dd, systAB, H$_{5'}$, $^2J_{H5'\text{-}H5''}$ = 12,3 Hz, $^3J_{H5'\text{-}H4'}$ = 2,6 Hz) ; *3,60* (1H, dd, systAB, H$_{5''}$, $^2J_{H5''\text{-}H5'}$ = 12,3 Hz, $^3J_{H5''\text{-}H4'}$ = 3,1 Hz) ; *2,10* (3H, s, NHC(O)C*H$_3$*) ; *1,88 – 1,85* (1H, m, systAB, H$_{3'}$) ; *1,74 – 1,69* (1H, dd, systAB, H$_{3''}$, $^2J_{H3''\text{-}H3'}$ = 13,3 Hz, $^3J_{H3''\text{-}H4'}$ = 4,8 Hz).

RMN-^{13}C : (DMSO-d_6, 100 MHz) δ *171,5* (*C*(O)CH$_3$) ; *162,7* (C$_4$) ; *155,1* (C$_2$) ; *145,5* (C$_6$) ; *95,1* (C$_5$) ; *93,5* (C$_{1'}$) ; *82,4* (C$_{4'}$) ; *75,9* (C$_{2'}$) ; *61,5* (C$_{5'}$) ; *32,8* (C$_{3'}$) ; *24,8* (C(O)*C*H$_3$).

SM : FAB$^+$ (GT) m/z **270** (M+H)$^+$; **154** (BH$_2$)$^+$; FAB$^-$ (GT) m/z **268** (M-H)$^-$.

N^4-Acétyl-3'-désoxy-5'-O-(4,4'-diméthoxytrityl)cytidine (30)

Le nucléoside acétylé brut **29** (2,4 mmol, 1 éq.) est coévaporé trois fois à la pyridine anhydre, puis solubilisé dans 24 mL de pyridine anhydre. 1 g (2,9 mmol, 1,2 éq.) de chlorure de 4,4'-diméthoxytrityle sont ajoutés et le mélange est agité 1 h à température ambiante. Le mélange est hydrolysé avec 5 mL de méthanol, concentré à moitié de volume, repris dans du DCM et lavé 2 fois avec une solution aqueuse saturée en NaHCO$_3$; la phase aqueuses sont réextraites une fois au DCM. Le brut est purifié sur chromatographie de gel de silice (éluant : gradient linéaire DCM 99%, NEt$_3$ 1% jusqu'à 5% de MeOH). Les fractions appropriées sont rassemblées, concentrées à sec et coévaporées trois fois à l'acétonitrile pour conduire au composé **30** sous forme d'une mousse blanche (1,1 g, Rdt = 80%).

R$_f$: 0,52 – DCM/MeOH – 9 : 1 (v/v)

RMN-^{1}H : (CDCl$_3$, 400 MHz) δ *9,06* (1H, s, l, N*H*Ac) ; *8,31* (1H, d, H$_6$, $^3J_{H6\text{-}H5}$ = 7,4 Hz) ; *7,33 – 7,17* (9H, m, H$_{DMTr}$) ; *7,12* (1H, d, H$_5$, $^3J_{H5\text{-}H6}$ = 7,4 Hz) ; *6,79 – 6,76* (4H, m, H$_{DMTr}$) ; *5,70* (1H, d, H$_{1'}$, $^3J_{H1'-H2'}$ = 0,9 Hz) ; *4,63* (1H, m, H$_{4'}$) ; *4,38* (2H, m, l, H$_{2'}$, OH$_{2'}$) ; *3,73* (6H, s, OCH_3-$_{DMTr}$) ; *3,73* (1H, dd, systAB, H$_{5'}$, $^2J_{H5'-H5''}$ = 11,0 Hz, $^3J_{H5'-H4'}$ = 2,6 Hz) ; *3,23* (1H, dd, systAB, H$_{5''}$, $^2J_{H5''-H5'}$ = 11,0 Hz, $^3J_{H5''-H4'}$ = 3,8 Hz) ; *2,17* (3H, s, NHC(O)CH_3) ; *2,10* (1H, m, H$_{3'}$) ; *1,92 – 1,90* (1H, m, H$_{3''}$).

RMN-^{13}C : (CDCl$_3$, 100 MHz) **δ** *170,1* (*C*(O)CH$_3$) ; *162,5* (C$_4$) ; *158,7 ; 158,6* (*C*OCH$_3$-$_{DMTr}$) ; *156,1* (C$_2$) ; *144,7* (C$_6$) ; *144,3* (C$_{DMTr}$) ; *135,5 ; 135,4 ; 130,1 ; 130,0 ; 128,1 ; 128,0 ; 127,1 ; 113,3* (C$_{DMTr}$, *C*H$_{DMTr}$) ; *96,3* (C$_5$) ; *95,2* (C$_{1'}$) ; *86,8* (CAr$_3$-$_{DMTr}$) ; *81,3* (C$_{4'}$) ; *77,0* (C$_{2'}$) ; *63,7* (C$_{5'}$) ; *55,3* (OCH_3-$_{DMTr}$) ; *33,1* (C$_{3'}$) ; *25,0* (C(O)*C*H$_3$).

SM : FAB$^+$ (GT) m/z **572** (M+H)$^+$; **303** (DMTr)$^+$; **154** (BH$_2$)$^+$; FAB$^-$ (GT) m/z **1141** (2M-H)$^-$; **570** (M-H)$^-$; **152** (B)$^-$.

N^4-Acétyl-3'-désoxy-2'-*O*-palmitoylcytidine (31)

A une solution du nucléoside **30**, coévaporé trois fois à la pyridine anhydre (1,3 g, 2,3 mmol, 1 éq.) dans 10 mL de pyridine anhydre sont ajoutés à température ambiante 3,3 mL de chlorure de palmitoyle (11,5 mmol, 5 éq.). La solution jaune est agitée sous argon pendant 2 h. Le mélange réactionnel est alors hydrolysé par l'ajout de 3 mL de méthanol, puis concentré à moitié de volume, dilué avec du DCM et lavé 2 fois avec une solution aqueuse saturée en NaHCO$_3$. Les phases organiques sont séchées sur Na$_2$SO$_4$, filtrées, évaporées à sec et coévaporées trois fois au toluène. Le résidu est alors solubilisé dans 35 mL d'une solution DCM/MeOH – 7 : 3 (v/v) est refroidi à 0 °C. Est ensuite ajoutée, par addition goutte à goutte, une solution d'acide benzène sulfonique à 10% (1,1 g de BSA, 7 mmol, 3 éq.) dans 11 mL de solution DCM/MeOH – 7 : 3 (v/v) et le mélange est agité pendant 30 min à 0 °C. Au bout de ce temps, le milieu réactionnel est neutralisé en ajoutant 30 mL de solution saturée en NaHCO$_3$ (formation d'un gel) et agité pendant encore 20 min. Le mélange neutralisé est alors dilué avec du méthanol, puis lavé deux fois avec une solution saturée en bicarbonate. Les phases organiques sont évaporées à sec, puis le gel obtenu est solubilisé dans du MeOH à chaud, 30 mL de silice sont ajoutés et le mélange est évaporé à sec. La silice sèche ainsi obtenue est déposée sur une colonne de gel de silice et le produit est élué avec un gradient de MeOH – 0 à 5% dans du DCM. Les fractions appropriées sont rassemblées, évaporées à sec pour conduire au produit pur **31** sous forme d'un gel jaune (0,77 g, 70%).

R_f : 0,22 – DCM/MeOH – 95 : 5 (v/v)

RMN-^{1}H : (DMSO-d_6, 400 MHz, 50 °C) δ *10,77* (1H, s, éch., N*H*Ac) ; *8,38* (1H, d, H$_6$, $^3J_{H6\text{-}H5}$ = 7,5 Hz) ; *7,18* (1H, d, H$_5$, $^3J_{H5\text{-}H6}$ = 7,5 Hz) ; *5,82* (1H, d, H$_{1'}$, $^3J_{H1'\text{-}H2'}$ = 1,2 Hz) ; *5,27* (1H, pd, H$_{2'}$, ^3J = 5,5 Hz) ; *5,09* (1H, s, éch., OH$_{5'}$) ; *4,35 – 4,30* (1H, m, H$_{4'}$) ; *3,83 – 3,58* (2H, 2dd, systAB, H$_{5'}$, H$_{5''}$, $^2J_{H5'\text{-}H5'}$ = 12,0 Hz) ; *2,36* (2H, t, C(O)C*H*$_2$, ^3J = 7,3 Hz) ; *2,22 – 2,14* (1H, ddd, systAB, H$_{3'}$, $^2J_{H3'\text{-}H3''}$ = 14,0 Hz, $^3J_{H3'\text{-}H4'}$ = 10,3 Hz, $^3J_{H3'\text{-}H2'}$ = 5,7 Hz) ; *2,12* (3H, s, NHC(O)C*H*$_3$) ; *1,95 – 1,90* (1H, ddd, systAB, H$_{3''}$, $^2J_{H3''\text{-}H3'}$ = 14,0 Hz, $^3J_{H3''\text{-}H2'}$ = 5,5 Hz, $^3J_{H3''\text{-}H4'}$ = 1,5 Hz) ; *1,56* (2H, qn, C(O)CH$_2$C*H*$_2$, ^3J = 7,1) ; *1,26* (24H, s, l, 12×-C*H*2-) ; *0,87* (3H, t, -CH$_2$C*H*$_3$, ^3J = 6,6 Hz).

SM : FAB$^+$ (GT) m/z **508** (M+H)$^+$.

N^4-Acétyl-3'-désoxy-2'-*O*-palmitoylcytidin-5'-yl hydrogénophosphonate (sel de triéthylammonium) (32)

A une solution du nucléoside **31**, coévaporé trois fois à la pyridine anhydre (0,76 g, 1,5 mmol, 1 éq.) dans 7,5 mL de pyridine anhydre sont ajoutés à température ambiante 2 mL de diphénylphosphite (10,5 mmol, 7 éq.). Le mélange est agité sous argon pendant 1 h à température ambiante puis hydrolysé avec 6 mL de solution eau/triéthylamine – 1 : 1 (v/v). Les solvants sont évaporés à sec, l'huile obtenue est reprise dans du dichlorométhane et lavée deux fois 50 mL avec une solution aqueuse saturée en NaHCO$_3$. Les phases organiques sont séchées sur Na$_2$SO$_4$, filtrées, évaporées à sec. Le résidu jaune obtenu est chromatographié sur colonne de gel de silice (éluant : gradient linéaire DCM 95%, NEt$_3$ 5% jusqu'à 6% de méthanol). Les fractions appropriées sont rassemblées, évaporées à sec, coévaporées trois fois à l'acétonitrile et finalement séchées sous pression réduite pour conduire au produit pur **32** sous forme d'une huile jaune (0,84 g, 84%).

R$_f$: 0,27 – DCM/MeOH – 9 : 1 (v/v)

RMN-^{1}H : (CDCl$_3$, 400 MHz) δ *12,32* (1H, s, l, N*H*$_{TEAH}$) ; *9,86* (1H, s, l, N*H*Ac) ; *8,48* (1H, d, H$_6$, $^3J_{H6\text{-}H5}$ = 7,5 Hz) ; *7,31* (1H, d, H$_5$, $^3J_{H5\text{-}H6}$ = 7,5 Hz) ; *6,86* (1H, d, H-P, $^1J_{H\text{-}P}$ = 682,2 Hz) ; *5,91* (1H, s, H$_{1'}$) ; *5,25* (1H, d, H$_{2'}$, ^3J = 4,8 Hz) ; *4,45* (1H, m, H$_{4'}$) ; *4,31 – 3,96* (2H, dd, systAB, H$_{5'}$, H$_{5''}$) ; *3,03* (6H, q, C*H$_2$*-TEAH) ; *2,35 – 2,21* (3H, m, C(O)C*H$_2$*, H$_{3'}$) ; *2,18* (3H, s, NHC(O)C*H$_3$*) ; *1,98 – 1,90* (1H, m, H$_{3''}$) ; *1,57* (2H, qn, C(O)CH$_2$C*H$_2$*, ^3J = 7,5) ; *1,28* (9H, t, C*H$_3$*-TEAH, ^3J = 7,5 Hz) ; *1,18* (24H, s, l, 12×-C*H$_2$*-) ; *0,81* (3H, t, -CH$_2$C*H$_3$*, ^3J = 6,7 Hz).

RMN-^{13}C : (CDCl$_3$, 100 MHz) δ *172,4* (*C*O$_{Pal}$) ; *170,9* (*C*O$_{Ac}$) ; *162,7* (C$_4$) ; *155,1* (C$_2$) ; *145,3* (C$_6$) ; *96,3* (C$_5$) ; *91,2* (C$_{1'}$) ; *80,6* (C$_{4'}$, $^3J_{C\text{-}P}$ = 8,0 Hz) ; *62,7* (C$_{5'}$) ; *53,4* (C(O)*C*H$_2$) ; *52,9* (C(O)CH$_2$*C*H$_2$) ; *45,6* (*C*H$_2$-TEAH) ; *34,2* (C$_{3'}$) ; *31,9* ; *31,1* ; *29,7* ; *29,6* ; *29,5* ; *29,3* ; *29,2* ; *29,1* ; *25,0* *24,8* (12×*C*H$_2$-Pal) ; *22,7* (*C*H$_3$-Ac) ; *14,1* (*C*H$_3$-Pal) ; *8,6* (*C*H$_3$-TEAH).

RMN-^{31}P : (CDCl$_3$, 101 MHz) δ *4,7* (dt, $^1J_{H\text{-}P}$ = 621,4 Hz, $^3J_{H5',5''\text{-}P}$ = 5,9 Hz).

SM : FAB$^+$ (GT) m/z **673** (M+H)$^+$; **594** (M-TEAH+H+Na)$^+$; **572** (M-TEAH+2H)$^+$; **441** (Su-TEAH+H+Na)$^+$; **419** (M-TEAH+2H)$^+$; **154** (BH$_2$)$^+$; **102** (TEAH)$^+$; FAB$^-$ (GT) m/z **570** (M-TEAH)$^-$; **152** (B)$^-$.

SMHR : FAB$^-$ (GT) m/z calculé pour (C$_{27}$H$_{45}$N$_3$O$_8$P)$^-$: **570,2944**, trouvé **570,2953**

O-(N^4-Acétyl-3'-désoxy-2'-O-Palmitoylcytidin-5'-yl)-O-{N^2-isobutyryl-2'-O-méthyl-5'-O-[bis-(2-cyanoéthyl)phopsphoryl] guanosin-3'-yl} hydrogénophosphonate (33)

Dans un ballon sec et sous argon est placée de la résine PS chlorure d'acide sèche (1,0 g, 1,6 mmol, 6 éq.) à laquelle sont ajoutées 5 mL de solution dichlorométhane/pyridine – 1 : 1 (v/v) puis 4 mL de solution dichlorométhane/pyridine – 1 : 1 (v/v) contenant l'analogue de la guanosine **11** (0,15 g, 0,27 mmol, 1 éq.) et le *H*-Phosphonate monoester de la 3'-désoxycytidine **32** (0,23 g, 0,33 mmol, 1,2 éq.) coévaporés ensemble trois fois à la pyridine anhydre. Le mélange est agité à température ambiante et la réaction est suivie par HPLC analytique. Au bout de deux heures, la réaction est complète, et le milieu réactionnel est dilué avec du dichlorométhane ; la résine est ensuite filtrée et rincée abondamment. Le filtrat est concentré à moitié de volume et lavé trois fois avec de l'eau distillée. Les phases organiques sont rassemblées, séchées sur Na_2SO_4, filtrées et évaporées à sec, ensuite coévaporées trois fois à l'acétonitrile et finalement précipitées dans de l'éther pour conduire au dimère **33** brut avec une pureté HPLC de 91% (0,22 g, Rdt = 73%) sous la forme d'un mélange de deux diastéréoisomères en rapport ~ 1 : 1.

T_r – **HPLC** : 16,7 min (91%) – 10 à 80% ACN en 10 min

RMN-^{1}H : ($CDCl_3$, 200 MHz, les signaux des deux diastéréoisomères sont décrits) **δ** *12,33* (2H, 2s, l, NH_{G1}) ; *10,70 – 10,45* (4H, 3s, l, NH_{ibu}, NH_{Ac}) ; *8,04* (1H, d, H_{C6}, $^3J_{C6\text{-}C5}$ = 7,6 Hz) ; *7,93 ; 7,91* (2H, 2s, H_{G8}) ; *7,44* (1H, d, H_{C5}, $^3J_{C5\text{-}C6}$ = 7,4 Hz) ; *7,20* (1H, d, *H*-P, $^1J_{H\text{-}P}$ = 743,3 Hz) ; *7,14* (1H, d, *H*-P, $^1J_{H\text{-}P}$ = 735,8 Hz) ; *5,84 – 5,74* (2H, m, $H_{G1'}$) *; 5,81* (2H, s, $H_{C1'}$) ; *5,49 – 5,34* (2H, m, $H_{C2'}$) ; *5,03* (2H, m, $H_{G3'}$) ; *4,52 – 4,26* (22H, m, $H_{C4'}$, $H_{G4'}$, $H_{G2'}$, $H_{C5',5''}$, $H_{G5',5''}$, $H\alpha_{CNE}$, $H\alpha'_{CNE}$) ; *3,43 ; 3,41* (6H, 2s, G2'-O-CH_3) ; *2,89* (4H, t, $H\beta_{CNE}$, $^3J_{\alpha\text{-}\beta}$ = 5,8 Hz) ; *2,87 – 2,73* (6H, m, $H\beta'_{CNE}$, CH_{ibu}) ; *2,41 – 2,09* (14H, m, $C(O)CH_2$-$_{Pal}$, $CH_{3\text{-}Ac}$, $H_{C3'}$, $H_{C3''}$) ; *1,64* (4H, m, $C(O)CH_2CH_2$-$_{Pal}$) ; *1,41 – 1,17* (60H, m, 12×-CH_2-$_{Pal}$, CH_{3ibu}) ; *0,89* (6H, t, -CH_2CH_3-$_{Pal}$, ^3J = 6,6 Hz).

.

RMN-^{31}P : ($CDCl_3$, 101 MHz, les signaux des deux diastéréoisomères sont décrits) **δ** *9,2* (1/4, dq, $^1J_{H\text{-}P}$ = 743,9 Hz, $^3J_{H\text{-}P}$ = 7,6 Hz) ; *8,1* (1/4, dq, $^1J_{H\text{-}P}$ = 734,7 Hz, $^3J_{H\text{-}P}$ = 8,4 Hz) ; *- 2,4* (1/4, m, $^3J_{H\text{-}P}$ = 7,6 Hz) ; *-2,9* (1/4, m).

SM : MALDI$^+$ (THAP/cit) m/z **1107** (M+H)$^+$; **1129** (M+Na)$^+$.

N-(*tert*-Butyloxycarbonyl)-3-bromopropylamine (35)

A une solution de 3-bromopropylamine bromhydrate (1,1 g, 5 mmol, 1 éq. – préalablement séché par coévaporation avec de l'acétonitrile anhydre et sous vide sous P$_2$O$_5$) dans 30 mL de dichlorométhane anhydre, sont ajoutés 2 g de di-*tert*-butyl dicarbonate (Boc$_2$O, 10 mmol, 2 éq.) en solution dans 20 mL de DCM anhydre ; puis 0,8 mL de triéthylamine anhydre (6 mmol, 1,2 éq.). Le mélange réactionnel est agité sous Argon à température ambiante pendant 1 h. Au bout de ce temps la réaction est complète, le milieu est dilué avec 20 mL de DCM, puis lavé 2 fois avec une solution aqueuse saturée en NaHCO$_3$, puis une fois avec une solution aqueuse saturée en NaCl. Les phases organiques sont séchées sur Na$_2$SO$_4$, filtrées sur coton, et évaporés à sec. Le résidu brut est purifié par chromatographie sur colonne de gel de silice (éluant : gradient linéaire 100% cyclohexane jusqu'à 15% d'AcOEt). Les fractions contenants le produit sont rassemblées, évaporées à sec et séchées sous pression réduite pour conduire au produit **35** sous forme d'une huile incolore (1,08 g, Rdt = 90%).

R$_f$: 0,35 – cyclohexane/AcOEt – 8 : 2 (v/v)

RMN-^{1}H : (CDCl$_3$, 200 MHz) δ *4,70* (1H, s, l, N*H*Boc) ; *3,46* (2H, t, C*H*$_2$Br, ^3J = 6,5 Hz) ; *3,31* (2H, q, C*H*$_2$NHBoc, ^3J = 6,4 Hz) ; *2,07* (2H, qn, -C*H*$_2$-, ^3J = 6,5 Hz) ; *1,46* (9H, s, C*H*$_{3\text{-Boc}}$).

RMN-^{13}C : (CDCl$_3$, 100 MHz) δ *155,9* (*O*C(O)NH) ; *79,4* (*C*(CH$_3$)$_3$) ; *39,0* (*C*H$_2$NHBoc) ; *32,7* (-*C*H$_2$-) ; *30,8* (*C*H$_2$Br) ; *28,4* (*C*H$_{3\text{-Boc}}$).

SM : ESI$^+$ m/z **238** ; **240** (M+H)$^+$; **182** ; **184** (M-*t*Bu+H)$^+$.

2-[3-(*tert*-Butyloxycarbonylamino)propyl]-malonate de diéthyle (36)

10 mL d'éthanol fraîchement distillé sont placés dans un bicol sec coiffé d'un réfrigérant, auxquels sont ensuite ajoutés 270 mg de sodium (12 mmol, 2 éq.) et le mélange est agité à température ambiante quelques minutes. Sont ensuite introduits 1,9 mL (12 mmol, 2 éq.) de malonate de diéthyle et le mélange est agité à température ambiante jusqu'à dissolution complète du sodium. Sont ensuite ajoutés, sur 5 min, 1,5 g de bromoamine **35** (6,2 mmol, 1 éq. – préalablement séchée sous vide sur P_2O_5) en solution dans 10 mL d'éthanol fraîchement distillé. Le mélange est porté à reflux et agité pendant 1 h et ensuite laissé revenir à t.a., puis dilué avec 20 mL d'acétate d'éthyle et finalement hydrolysé par l'ajout de 10 mL d'eau. Le mélange est alors lavé deux fois avec de l'eau, puis la phase aqueuse est réextraite avec du AcOEt. Les phases organiques sont rassemblées, séchées sur Na_2SO_4, filtrées sur coton et évaporés à sec. Le résidu brut est purifié par chromatographie sur colonne de gel de silice (éluant : gradient linéaire 100% cyclohexane jusqu'à 15% d'AcOEt). Les fractions contenants le produit sont rassemblées, évaporées à sec et séchées sous pression réduite pour conduire au produit **36** sous forme d'une huile incolore (1,55 g, Rdt = 77%).

R_f : 0,34 – cyclohexane/AcOEt – 7 : 3 (v/v)

RMN-^{1}H : (CDCl$_3$, 200 MHz) δ *4,60* (1H, pt, l, N*H*Boc) ; *4,22* (4H, q, OC*H$_2$*CH$_3$, ^3J = 7,0 Hz) ; *3,36* (1H, t, -C*H*(COOEt)$_2$, ^3J = 7,4 Hz) ; *3,16* (2H, q, C*H$_2$*NHBoc, ^3J = 6,4 Hz) ; *1,94* (2H, q, C*H$_2$*CH(COOEt)$_2$, ^3J = 7,6 Hz) ; *1,50* (2H, m, -C*H$_2$*-) ; *1,46* (9H, s, C*H$_{3\text{-Boc}}$*) ; *1,29* (6H, t, OCH$_2$C*H$_3$*, ^3J = 7,0 Hz).

RMN-^{13}C : (CDCl$_3$, 100 MHz) δ *169,3* (*C*OOEt) ; *155,9* (O*C*(O)NH) ; *79,2* (*C*(CH$_3$)$_3$) ; *61,4* (O*C*H$_2$CH$_3$) ; *51,6* (*C*H(COOEt)$_2$) ; *40,0* (*C*H$_2$-NHBoc) ; *28,4* (*C*H$_{3\text{-Boc}}$) ; *27,8* (-*C*H$_2$-) ; *25,9* (*C*H$_2$CH(COOEt)$_2$) ; *14,1* (O*C*H$_2$CH$_3$).

SM : ESI$^+$ m/z **635** (2M+H)$^+$; **318** (M+H)$^+$; **262** (M-*t*Bu+H)$^+$.

2-(3-Amino-propyl)-malonate de diéthyle (sel de trifluoroacétate) (37)

L'amine **36** (1,4 g, 4,4 mmol, 1 éq.) est solubilisée dans 40 mL de DCM anhydre. 10 mL d'acide trifluoroacétique (30 éq.) sont ajoutés à travers une seringue et le mélange est agité sous Argon pendant 10 min. Les solvants sont évaporés à sec, puis le résidu est coévaporé 5 fois à l'éthanol 96, et finalement séché sur la pompe à palette pour conduire à l'amine déprotégée **37** sous forme d'huile jaune (1,43 g, Rdt = 98%).

R$_f$: 0,44 – DCM/MeOH/AcOH – 75 : 20 : 5 (v/v/v)

RMN-^{1}H : (CDCl$_3$, 300 MHz) δ *7,85* (3H, s, l, N$H_3{}^+$) ; *4,20* (4H, q, OCH_2CH$_3$, ^3J = 7,1 Hz) ; *3,37* (1H, t, -CH(COOEt)$_2$, ^3J = 7,1 Hz) ; *3,05* (2H, q, CH_2NH$_3$) ; *1,97* (2H, q, systA$_2$B$_2$, CH_2CH(COOEt)$_2$, ^3J = 7,3 Hz) ; *1,76* (2H, m, systA$_2$B$_2$, -CH_2-) ; *1,27* (6H, t, OCH$_2$CH_3, ^3J = 7,1 Hz).

RMN-^{13}C : (CDCl$_3$, 75 MHz) δ *169,3* (*C*OOEt) ; *61,9* (O*C*H$_2$CH$_3$) ; *51,1* (*C*H(COOEt)$_2$) ; *39,5* (*C*H$_2$NH$_3$) ; *25,3* (*C*H$_2$CH(COOEt)$_2$) ; *24,9* (-*C*H$_2$-) ; *13,8* (OCH$_2$*C*H$_3$).

SM : ESI$^+$ m/z **435** (2(M-TFA)+H)$^+$; **218** (M-TFA+H)$^+$.

N-(*tert*-Butyloxycarbonyl)-3-aminopropanol (38)

A une solution de 3-aminopropanol (0,8 mL, 16 mmol, 5 éq.) dans 2,5 mL de THF, sont ajoutés 1,1 mL de solution aqueuse de NaOH 1 M et 0,24 g de di-*tert*-butyl dicarbonate (Boc$_2$O, 3 mmol, 1 éq.). Le mélange réactionnel est vigoureusement agité à température ambiante pendant 3 h. Au bout de ce temps la réaction est complète, le THF est évaporé sous pression réduite et la phase aqueuse (pH 10) est neutralisée par l'ajout de NaHSO$_4$ (pH 2). La phase aqueuse acidifiée est extraite deux fois avec AcOEt. Les phases organiques sont séchées sur Na$_2$SO$_4$, filtrées sur coton, évaporés à sec et séchées sous pression réduite à la pompe à palette pour conduire au produit **38** sous forme d'une huile rose (0,53 g, Rdt = 94%).

R$_f$: 0,43 – DCM/MeOH/AcOH – 90 : 5 : 5 (v/v/v)

RMN-^{1}H : (CDCl$_3$, 300 MHz) δ *4,95* (1H, s, l, N*H*Boc) ; *3,65* (2H, t, C*H$_2$*OH, ^3J = 5,5 Hz) ; *3,27* (2H, q, C*H$_2$*NHBoc, ^3J = 6,0 Hz) ; *1,66* (2H, qn, -C*H$_2$*-, ^3J = 5,7 Hz) ; *1,44* (9H, s, C*H$_3$*-Boc).

RMN-^{13}C : (CDCl$_3$, 75 MHz) δ *157,2* (O*C*(O)NH) ; *79,5* (*C*(CH$_3$)$_3$) ; *59,2* (*C*H$_2$-OH) ; *36,9* (*C*H$_2$NHBoc) ; *32,8* (-*C*H$_2$-) ; *28,3* (*C*H$_3$-Boc).

SM : ESI$^+$ m/z **351** (2M+H)$^+$; **176** (M+H)$^+$; **120** (M-*t*Bu+H)$^+$.

O,O-**Bis-(2-cyanoéthyl)-*O*-[3-(*tert*-butyloxycarbonylamino)propyl]-phosphate (39)**

Phopshitylation : L'aminoalcool **38** (35 mg, 0,25 mmol, 1 éq.) est coévaporé trois fois à l'acétonitrile puis solubilisé dans 2,5 mL de DCM anhydre. A la solution sont ajoutés 1 g de résine PVP-Tosylate séchée (2,5 mmol, 10 éq.), puis 0,1 g de bis-(2-cyanoéthyl)-*N,N*-di-isopropylphosphoramidite **9** (0,3 mmol, 1,2 éq.) en solution dans 1 mL de DCM anhydre. Le mélange est agité à température ambiante pendant 1 h. Au bout de ce temps le milieu est hydrolysé par l'ajout de quelques gouttes d'eau, puis la résine est filtrée sur fritté et rincée trois fois avec du DCM. Le filtrat est concentré à moitié de volume et engagé dans l'étape d'oxydation suivante.

Oxydation : Au filtrat concentré brut est ajoutée de la résine A-26 IO$_4^-$ (0,5 g, 1,3 mmol, 5 éq.) et le mélange est agité pendant deux heures jusqu'à une coloration orange foncé. La résine est alors filtrée, rincée bien au DCM et les filtrats sont évaporés à sec. Le résidu est repris dans du DCM et lavé trois fois à l'eau distillée. Les phases organiques sont séchées sur Na$_2$SO$_4$, filtrées sur coton, évaporés à sec et séchées sous pression réduite à la pompe à palette pour conduire au produit **39** sous forme d'une huile jaune (75 mg, Rdt = 83%).

R$_f$: 0,33 – DCM/MeOH – 95 : 5 (v/v)

RMN-^{1}H : (CDCl$_3$, 300 MHz) δ *4,88* (1H, pt, l, N*H*Boc) ; *4,27 – 4,20* (4H, m, C*H$_2$*OP$_{CNE}$) ; *4,14* (2H, pq, C*H$_2$*OP, $^3J_{H-H}$ = 6,1 Hz, $^3J_{H-P}$ = 7,3 Hz) ; *3,18* (2H, q, C*H$_2$*NHBoc, ^3J = 6,3 Hz) ; *2,75* (4H, t, C*H$_2$*CN, ^3J = 6,1 Hz) ; *1,83* (2H, qn, -C*H$_2$*-, ^3J = 6,2 Hz) ; *1,37* (9H, s, C*H$_{3-Boc}$*).

RMN-^{13}C : (CDCl$_3$, 75 MHz) δ *156,8* (OC(O)NH) ; *117,3* (CN) ; *80,0* (*C*(CH$_3$)$_3$) ; *67,1* (CH$_2$OP, $^2J_{C-P}$ = 6,0 Hz) ; *63,1* (CH$_2$OP$_{CNE}$, $^2J_{C-P}$ = 5,3 Hz) ; *37,4* (CH$_2$NHBoc) ; *31,3* (-CH$_2$-, $^3J_{C-P}$ = 6,8 Hz) ; *29,1* (CH$_{3-Boc}$) ; *20,5* (CH$_2$CN, $^3J_{C-P}$ = 6,8 Hz).

RMN-^{31}P : (CDCl$_3$, 121 MHz) δ *-2,1*

SM : ESI$^+$ m/z **723** (2M+H)$^+$; **362** (M+H)$^+$; **306** (M-*t*Bu+H)$^+$.

O,O-Bis-(2-cyanoéthyl)-*O*-3-aminopropyl phosphate (sel de trifluoroacétate) (40)

L'amine **39** (0,07 g, 0,19 mmol, 1 éq.) est solubilisée dans 2 mL de DCM anhydre. 0,8 mL d'acide trifluoroacétique (40 éq.) sont ajoutés à travers une seringue et le mélange est agité sous Argon pendant 10 min. Les solvants sont évaporés à sec, puis le résidu est coévaporé 5 fois à l'éthanol 96, et finalement séché sur la pompe à palette pour conduire à l'amine déprotégée **40** sous forme d'huile jaune (0,07 g, Rdt = 98%).

R$_f$: 0,13 – DCM/MeOH/AcOH – 75 : 20 : 5 (v/v/v)

RMN-^{1}H : (CD$_3$CN, 300 MHz) δ *7,64* (3H, s, l, N*H$_3^+$*) ; *4,29 – 4,20* (6H, m, -P(O)OC*H$_2$*) ; *3,11* (2H, m, C*H$_2$*NH$_3$) ; *2,86 – 2,82* (4H, m, CNC*H$_2$*) ; *1,96* (2H, qn, -C*H$_2$*-, ^3J = 2,5 Hz).

RMN-^{13}C : (CD$_3$CN, 75 MHz) δ *117,0* (CN) ; *65,1* (C*H$_2$*OP, $^2J_{C\text{-}P}$ = 5,3 Hz) ; *62,6* (C*H$_2$*OP$_{CNE}$, $^2J_{C\text{-}P}$ = 5,3 Hz) ; *27,5* (C*H$_2$*NH$_3$) ; *27,3* (-C*H$_2$*-, $^3J_{C\text{-}P}$ = 6,0 Hz) ; *18,9* (C*H$_2$*CN, $^3J_{C\text{-}P}$ = 6,8 Hz).

RMN-^{31}P : (CD$_3$CN, 121 MHz) δ *-2,3*

SM : ESI$^+$ m/z **523** (2(M-TFA)+H)$^+$; **262** (M-TFA+H)$^+$; ESI$^-$ m/z **488** (2(TFA-H)+M)$^-$.

4-Toluène sulfonate de 2-(2-méthoxy-éthoxy) éthyle (41)[316]

Dans un ballon sec sont introduits 5,7 g (30 mmol, 3 éq.) de chlorure de *p*-toluène sulfonyle, auxquels sont ajoutés 10 mL de pyridine anhydre ; 10 mL de dichlorométhane anhydre et finalement 1,2 mL de diéthylène glycol monométhyl éther (10 mmol, 1 éq.). Le mélange réactionnel est agité sous Argon pendant 2 h. Au bout de ce temps, le milieu est dilué avec 50 mL d'AcOEt puis lavé 2 × 50 mL d'une solution aqueuse saturée en NaHCO$_3$. Les phases organiques sont séchées sur Na$_2$SO$_4$, filtrées et évaporées à sec. Le produit brut est coévaporé trois fois à l'acétonitrile, puis chromatographié sur colonne de gel de silice (éluant : gradient linéaire cyclohexane 100% jusqu'à 50% d'AcOEt). Les fractions appropriées sont rassemblées et évaporées à sec pour conduire au composé **41** sous forme d'une huile incolore qui cristallise lors du stockage à – 20 °C (2,72 g, Rdt = 99%).

R$_f$: 0,32 – cyclohexane/AcOEt – 5 : 5 (v/v)

RMN-^{1}H : (CDCl$_3$, 300 MHz) δ *7,79* (2H, d, C*H*$_{ortho}$, $^3J_{o\text{-}m}$ = 8,1 Hz) ; *7,34* (2H, d, C*H*$_{meta}$, $^3J_{m\text{-}o}$ = 8,1 Hz) ; *4,16* (2H, t, systA$_2$X$_2$, -OC*H$_2$*CH$_2$SO$_2$, ^3J = 4,8 Hz) ; *3,68* (2H, t, systA$_2$X$_2$, -OC*H$_2$*CH$_2$SO$_2$, ^3J = 4,8 Hz) ; *3,58 – 3,46* (4H, m, 2×-C*H$_2$*-) ; *3,34* (3H, s, C*H$_3$*OCH$_2$-) ; *2,44* (3H, s, ArC*H$_3$*).

RMN-^{13}C : (CDCl$_3$, 75 MHz) δ *144,8* (Cq$_{arom}$) ; *132,9* (Cq$_{arom}$) ; *129,8* (C*H*$_{ortho}$) ; *127,9* (C*H*$_{meta}$) ; *71,8 ; 70,6* (2×-C*H$_2$*-) ; *69,2* (-OC*H$_2$*CH$_2$SO$_2$) ; *68,7* (-OCH$_2$C*H$_2$*SO$_2$) ; *59,0* (C*H$_3$*OCH$_2$-) ; *21,6* (Ar-C*H$_3$*).

SM : ESI$^+$ m/z **275** (M+H)$^+$.

Azoture de 2-(2-méthoxy-éthoxy) éthyle (42)[316]

Dans un ballon sont introduits 2,4 g (8,8 mmol, 1 éq.) de tosylate **41**, 18 mL de DMF anhydre (2 mL/mmol) et 1,45 g (22 mmol, 2,5 éq.) d'azoture de sodium. La suspension blanche est agitée à 65 °C pendant une nuit. Au bout de ce temps 100 mL d'eau distillée sont ajoutés, et le mélange est agité pendant 30 min à température ambiante. La solution est alors extraite 3 fois à l'éther, ensuite les phases organiques sont ré-extraites 2 fois avec de l'eau, rassemblées et séchées sur Na$_2$SO$_4$, puis filtrées et évaporées à l'évaporateur rotatif (bain à 0 °C ; vide à 130 mbar) pour conduire au composé **42** sous forme d'une huile incolore (1,37 g, 8,4 mmol – dosage par RMN-^{1}H, Rdt = 95%).

R$_f$: 0,39 – cyclohexane/AcOEt – 5 : 5 (v/v)

IR : (NaCl) ν 2102,9 cm^{-1} (C-N$_3$).

RMN-^{1}H : (CDCl$_3$, 300 MHz) δ *3,68 – 3,53* (6H, m, 3×-CH$_2$-) ; *3,41 – 3,37* (5H, m, - C*H*$_2$N$_3$, C*H*$_3$OCH$_2$-).

RMN-^{13}C : (CDCl$_3$, 75 MHz) δ *71,9 ; 70,6* (2×-C*H*$_2$-) ; *70,0* (-OC*H*$_2$CH$_2$N$_3$) ; *59,1* (C*H*$_3$OCH$_2$-) ; *50,6* (-OCH$_2$C*H*$_2$N$_3$).

SM : ESI$^+$ m/z **168** (M+Na)$^+$; **146** (M+H)$^+$.

2-(2-méthoxy-éthoxy) éthylamine (43)[316]

150 mg du composé **42** (1 mmol, 1 éq.) sont solubilisés dans 2 mL d'éther, ensuite sont ajoutés 290 mg de PPh₃ (1,1 mmol, 1,1 éq.) et la solution est agitée 1 h à 0 °C. Le mélange est ensuite ramené à température ambiante et agité encore 1 h 30. 5 mL d'eau distillée sont alors ajoutés et le mélange biphasique est vigoureusement agité à t.a. pendant 4 h, ensuite 30 mL de toluène sont ajoutés et le mélange est agité pendant une nuit. Les deux phases sont séparées dans une ampoule à décanter et la phase aqueuse est réextraite avec 60 mL de toluène, puis collectée et évaporée sous pression réduite à température ambiante. L'amine **43** est obtenue sous forme d'huile incolore sans purification supplémentaire (89 mg, Rdt = 75%).

R$_f$: 0,39 – cyclohexane/AcOEt – 5 : 5 (v/v)

RMN-^{1}H : (D₂O, 300 MHz) δ *3,67 – 3,59* (4H, m, 2×-CH₂-) ; *3,58* (2H, t, -OC*H₂*CH₂NH₂, ^3J = 5,7 Hz) ; *3,37* (3H, s, C*H₃*OCH₂-) ; *2,83* (2H, t, -C*H₂*NH₂, ^3J = 5,4 Hz).

RMN-^{13}C : (D₂O, 75 MHz) δ *71,6 ; 71,4* (2×-CH₂-) ; *69,5* (-OCH₂CH₂N₃) ; *58,3* (*C*H₃OCH₂-) ; *40,0* (-OCH₂*C*H₂NH₂).

SM : ESI⁺ m/z **239** (2M+H)⁺ ; **120** (M+H)⁺.

O-(3'-Désoxycytidin-5'-yl)-*N*-(2-méthoxyéthyl)-*O*-(2'-*O*-méthyl-5'-*O*-phosphoryl guanosin-3'-yl) phosphoramidate (sel de sodium) (DPA-1)

Oxydation : Le dimère *H*-Phosphonate diester brut **33** (0,06 mmol, 1 éq.), coévaporé trois fois à la pyridine anhydre est solubilisé dans 0,4 mL de pyridine anhydre. Sont ensuite simultanément ajoutés 60 µL de 2-méthoxyéthylamine (0,7 mmol, 11 éq.) et 150 µL de CCl₄ anhydre. Le milieu réactionnel devient jaune clair et le mélange est agité pendant 1 heure à température ambiante. L'avancement est suivi en HPLC analytique. Au bout de ce temps la réaction est totale, le mélange réactionnel est évaporé à sec, puis coévaporé trois fois à l'acétonitrile.

Déprotection : Le résidu brut oxydé est solubilisé dans 1,5 mL d'une solution THF/MeOH – 2 : 1 (v/v) à laquelle sont ajoutés 4 mL de solution d'ammoniaque à 28%. Le mélange est agité 6 h à 50 °C. La déprotection complète est confirmée par suivi en HPLC analytique et analyses MALDI-TOF SM. Les solvants sont évaporés à sec, le résidu obtenu est repris dans l'eau et lavé trois fois avec de l'acétate d'éthyle. La phase aqueuse est ensuite diluée avec 1 mL de solution TEAB 1 M, puis évaporée à sec. Le produit entièrement pur est obtenu après purification par HPLC préparative (Gradient: ACN 6% à 11% en 30 min; charge maximale de la colonne : 10 mg de produit brut par injection), évaporation consécutive pour éliminer le tampon TEAAc, et trois lyophilisations consécutives dans l'eau. Le produit final sous forme de sel de sodium pour caractérisation et analyses biologiques est obtenu après élution sur une colonne de résine échangeuse DOWEX-Na$^+$, et lyophilisation dans l'eau conduisant au phosphoramidate **DPA-1** sous forme d'un solide spongieux blanc (26 mg, Rdt = 68%) mélange de deux diastéréoisomères en rapport ~ 1 : 1.

T$_r$ – HPLC : 8,8 min ; 9,0 min (>98%) – 0 à 40% ACN en 15 min

UV : (H$_2$O) λ_{max} = 255 nm (ε = 18 600)

RMN-^{1}H : (D$_2$O, 300 MHz, les signaux des deux diastéréoisomères sont décrits) δ *8,08 ; 8,07* (2H, s, H$_{G8}$) ; *7,67 ; 7,58* (2H, 2d, H$_{C6}$, $^3J_{C6\text{-}C5}$ = 7,5 Hz) ; *5,86* (1H, d, H$_{G1'}$, $^3J_{G1'\text{-}G2'}$ = 6,3 Hz) ; *5,80 – 5,70* (4H, m, H$_{C1'}$,H$_{G1'}$, H$_{C5}$) ; *5,57* (1H, d, H$_{C5}$, $^3J_{C5\text{-}C6}$ = 7,5 Hz) ; *5,09 – 5,03* (2H, m, H$_{G3'}$) ; *4,63 – 4,59* (2H, m, H$_{G2'}$) ; *4,47 – 4,14* (10H, m, H$_{C2'}$, H$_{G4'}$, H$_{C4'}$, H$_{C5',5''}$) ; *3,97* (4H, m, H$_{G5',5''}$) ; *3,47 ; 3,40* (6H, 2s, G2'-O-C*H$_3$*) ; *3,44* (4H, pt, C*H$_2$*OCH$_3$) ; *3,28 ; 3,24* (6H, 2s, CH$_2$OC*H$_3$*) ; *3,11 – 3,03* (4H, m, PNHC*H$_2$*) ; *2,01 – 1,84* (4H, m, H$_{C3',3''}$).

RMN-^{13}C : (D$_2$O, 75 MHz, les signaux des deux diastéréoisomères sont décrits) δ *165,8* (C$_{C4}$) ; *158,8* (C$_{G6}$) ; *157,2 ; 157,1* (C$_{C2}$) ; *153,9* (C$_{G2}$) ; *151,8* (C$_{G4}$) ; *140,8 ; 140,6* (C$_{C6}$) ; *137,0* (C$_{G8}$) ; *116,1* (C$_{G5}$) ; *95,3 ; 94,9* (C$_{C5}$) ; *93,4 ; 93,1* (C$_{C1'}$) ; *84,7 ; 84,0* (C$_{G1'}$) ; *82,8* (C$_{G4'}$) ; *81,1 ; 81,0* (C$_{C4'}$) ; *80,0* (C$_{G2'}$) ; *75,6 ; 75,5* (C$_{C2'}$) ; *74,2*

$(C_{G3'})$; *72,3 ; 72,1* (CH_2OCH_3) ; *67,6 ; 67,0* $(C_{C5'})$; *63,4* $(C_{G5'})$; *58,2 ; 57,9* (G2'-O-CH_3, CH_2OCH_3) ; *40,1* $(PNHCH_2)$; *32,2* $(C_{C3'})$.

RMN-^{31}P : (D_2O, 121 MHz, les signaux des deux diastéréoisomères sont décrits) δ *10,8* (1/4, P-N) ; *10,6* (1/4, P-N) ; *1,4* (1/2, P-O).

SM : ESI⁻ m/z **744** (M-Na)⁻ ; **722** (M-2Na+H)⁻.

SMHR : ESI⁻ m/z calculé pour $(C_{23}H_{34}N_9O_{14}P_2)$⁻ : **722,1700**, trouvé : **722,1748**

Les deux diastéréoisomères du composé **DPA-1** ont été séparés sur HPLC préparative (gradient : ACN 7% à 10% en 30 min; charge maximale de la colonne : 1 mg de mélange par injection). La forme sodium a été obtenue après élution sur colonne échangeuse DOWEX-Na⁺ et lyophilisation dans l'eau pour conduire à chaque diastéréoisomère pur sous forme de solide spongieux blanc.

Isomère « *fast* » DPA-1F

T$_r$ – HPLC : 8,3 min (>96%) – 0 à 40% ACN en 15 min

RMN-^{1}H : (D_2O, 300 MHz) δ *8,20* (1H, s, H_{G8}) ; *7,66* (1H, d, H_{C6}, $^3J_{C6-C5}$ = 7,5 Hz) ; *5,88* (1H, d, $H_{G1'}$, $^3J_{G1'-G2'}$ = 6,0 Hz) ; *5,79* (1H, s, $H_{C1'}$) ; *5,67* (1H, pd, H_{C5}) ; *5,14* (1H, m, $H_{G3'}$) ; *4,73 – 4,28* (6H, m, $H_{G2'}$, $H_{C2'}$, $H_{G4'}$, $H_{C4'}$, $H_{C5',5''}$) ; *4,08* (4H, m, $H_{G5',5''}$) ; *3,57* (3H, s, G2'-O-CH_3) ; *3,53* (2H, t, CH_2OCH_3, ^3J = 5,1 Hz) ; *3,37* (3H, s, CH_2OCH_3) ; *3,21 – 3,13* (2H, dt, $PNHCH_2$, $^3J_{H-H}$ = 5,1 Hz, $^3J_{H-P}$ = 12,0 Hz) ; *2,07 – 1,88* (2H, m, $H_{C3',3''}$).

RMN-^{31}P : (D_2O, 121 MHz) δ *10,6* (1/2, P-N) ; *0,8* (1/2, P-O).

Isomère « *slow* » DPA-1S

T_r – **HPLC** : 8,5 min (>97%) – 0 à 40% ACN en 15 min

RMN-^{1}H : (D$_2$O, 300 MHz) δ *8,15* (1H, s, H$_{G8}$) ; *7,77* (1H, d, H$_{C6}$, $^3J_{C6\text{-}C5}$ = 7,5 Hz) ; *5,97* (1H, d, H$_{G1'}$, $^3J_{G1'\text{-}G2'}$ = 6,3 Hz) ; *5,89* (1H, d, H$_{C5}$, $^3J_{C5\text{-}C6}$ = 7,5 Hz) ; *5,81* (1H, d, H$_{C1'}$, $^3J_{C1'\text{-}C2'}$ = 1,2 Hz) ; *5,17 – 5,11* (1H, m, H$_{G3'}$) ; *4,71 – 4,24* (6H, m, H$_{G2'}$, H$_{C2'}$, H$_{G4'}$, H$_{C4'}$, H$_{C5',5''}$) ; *4,13 – 4,08* (2H, m, H$_{G5',5''}$) ; *3,51* (2H, t, CH_2OCH$_3$, ^3J = 5,7 Hz) ; *3,49* (3H, s, G2'-O-CH_3) ; *3,34* (3H, s, CH$_2$OCH_3) ; *3,20 – 3,13* (2H, dt, PNHCH_2, $^3J_{H\text{-}H}$ = 5,4 Hz, $^3J_{H\text{-}P}$ = 11,4 Hz) ; *2,10 – 2,06* (2H, m, H$_{C3',3''}$).

RMN-^{31}P : (D$_2$O, 121 MHz) δ *10,8* (1/2, P-N) ; *0,9* (1/2, P-O).

O-(3'-Désoxycytidin-5'-yl)-*N*-[2-(imidazol-4-yl)éthyl]-*O*-(2'-*O*-méthyl-5'-*O*-phopsphorylguanosin-3'-yl)-phosphoramidate (sel de sodium) (DPA-3)

Oxydation : Le dimère *H*-Phosphonate diester brut **33** (0,05 mmol, 1 éq.), coévaporé trois fois à la pyridine anhydre, puis séché sous vide sur P$_2$O$_5$, est solubilisé dans 0,2 mL de pyridine anhydre. Sont ensuite simultanément ajoutés 0,15 mL de CCl$_4$ (25 éq.) ; et de l'histamine base (0,33 g, 3 mmol, 50 éq.), coévaporée trois fois à la pyridine anhydre, puis séchée sur P$_2$O$_5$ sous vide à 80 °C, en solution dans 0,3 mL de pyridine anhydre. Le mélange est agité à température ambiante et l'évolution est suivie par HPLC analytique et par analyses MALDI-TOF SM. Au bout de dix minutes l'oxydation est terminée et l'agitation est poursuivie pendant 1 h ; le mélange réactionnel est évaporé à sec, et coévaporé trois fois à l'acétonitrile.

Déprotection : Le résidu brut oxydé est solubilisé dans 1,5 mL d'une solution THF/MeOH – 2 : 1 (v/v) à laquelle sont ajoutés 4 mL de solution d'ammoniaque à 28%. Le mélange est agité 6 h à 50 °C. La déprotection complète est confirmée par suivi en HPLC analytique et analyses MALDI-TOF SM. Les solvants sont évaporés à sec, le résidu obtenu est repris dans l'eau et lavé trois fois avec du dichlorométhane. La phase aqueuse est ensuite diluée avec 1 mL de solution TEAB 1 M, puis évaporée à sec. Le produit brut est purifié par flash chromatographie en phase inverse RP-18 (gradient linéaire : ACN 0% à 50%), ensuite l'excès d'histamine est enlevé par élution sur colonne de résine Sephadex-G10 (élution avec 100% eau milli Q). Après évaporation, le produit final sous forme de sel de sodium pour caractérisation et analyses biologiques est obtenu après élution sur une colonne de résine échangeuse DOWEX-Na$^+$, et lyophilisation dans l'eau conduisant au phosphoramidate **DPA-4** sous forme d'un solide spongieux blanc (6 mg, Rdt = 15%) mélange de deux diastéréoisomères en rapport ~ 1 : 1,5.

T$_r$ – HPLC : 8,5 min ; 8,6 min (>96%) – 0 à 40% ACN en 15 min

UV : (H$_2$O) λ_{max} = 255 nm (ε = 14 900)

RMN-^{1}H : (D$_2$O, 300 MHz, les signaux des deux diastéréoisomères sont décrits) **δ** *8,22 ; 8,17* (2H, 2s, H$_{Im2}$) ; *8,12 ; 8,08* (2H, 2s, H$_{G8}$) ; *7,60 ; 7,54* (2H, 2d, H$_{C6}$, $^3J_{C6-C5}$ = 7,7 Hz) ; *7,10 ; 7,07* (2H, 2s, H$_{Im5}$) ; *5,83 – 5,64* (5H, m, H$_{C1'}$,H$_{G1'}$, H$_{C5}$) ; *5,54* (1H, d, H$_{C5}$, $^3J_{C5-C6}$ = 7,0 Hz) ; *4,98* (2H, m, H$_{G3'}$) ; *4,55* (2H, m, H$_{G2'}$) ; *4,39 – 3,85* (10H, m, H$_{C2'}$, H$_{G4'}$, H$_{C4'}$, H$_{C5',5''}$) ; *3,72 – 3,69* (4H, m, H$_{G5',5''}$) ; *3,43 ; 3,36* (6H, 2s, G2'-O-C*H$_3$*) ; *3,17* (4H, m, PNHC*H$_2$*) ; *2,80* (4H, m, Im-C*H$_2$*) ; *1,96 – 1,80* (4H, m, H$_{C3',3''}$).

RMN-^{13}C : (D$_2$O, 75 MHz, les signaux des deux diastéréoisomères sont décrits) **δ** *165,9* (C$_{C4}$) ; *158,9* (C$_{G6}$) ; *157,2* (C$_{C2}$) ; *153,9* (C$_{G2}$) ; *151,7* (C$_{G4}$) ; *140,6* (C$_{C6}$) ; *137,4* (C$_{G8}$) ; *133,9* (C$_{Im4}$) ; *132,2* (C$_{Im2}$) ; *116,8* (C$_{G5}$) ; *116,1* (C$_{Im5}$) ; *95,1* (C$_{C5}$) ; *93,3* (C$_{C1'}$) ; *84,8 ; 83,9* (C$_{G1'}$) ; *83,1* (C$_{G4'}$) ; *80,7 ; 79,3* (C$_{2'}$, C$_{4'}$) ; *75,6* (C$_{G3'}$) ; *66,0 ; 65,5* (C$_{C5'}$, C$_{G5'}$) ; *58,2 ; 58,1* (G2'-OCH$_3$) ; *40,0 ; 39,9* (PNHCH$_2$) ; *32,2* (C$_{C3'}$) ; *26,8* (CH$_2$-Im).

RMN-^{31}P : (D$_2$O, 121 MHz, les signaux des deux diastéréoisomères sont décrits) **δ** *10,5 ; 10,3* (1/2, P-N) ; *3,5 ; 3,4* (1/2, P-O).

SM : ESI$^-$ m/z 780 (M-Na)$^-$; 758 (M-2Na+H)$^-$.

SMHR : ESI$^-$ m/z calculé pour (C$_{25}$H$_{34}$N$_{11}$O$_{13}$P$_2$)$^-$: **758,1813**, trouvé : **758,1838**

_O_-(3'-Désoxycytidin-5'-yl)-_O_-(2'-_O_-méthyl-5'-_O_-phopsphorylguanosin-3'-yl)-_N_-(5-carboxypentyl)-phosphoramidate (sel de sodium) (DPA-4)

Oxydation : Le dimère _H_-Phosphonate diester brut **33** (0,13 mmol, 1 éq.), coévaporé trois fois à la pyridine anhydre, puis séché sous vide sur P_2O_5, est solubilisé dans 0,3 mL de pyridine anhydre. Sont ensuite simultanément ajoutés 0,3 mL de CCl_4 (25 éq.) ; 0,2 mL de triéthylamine anhydre (10 éq.) ; et 236 mg (1,3 mmol, 10 éq.) de 6-aminohexanoate de méthyle chlorhydrate **20** en solution dans 0,5 mL de pyridine anhydre. Le mélange est agité à température ambiante et l'évolution est suivie par HPLC analytique et par analyses MALDI-TOF SM. Au bout de dix minutes l'oxydation est terminée et l'agitation est poursuivie pendant 1 h ; le mélange réactionnel est évaporé à sec, puis coévaporé trois fois à l'acétonitrile.

Déprotection : Le résidu brut est solubilisé dans 5 mL de mélange THF/ACN – 1 : 1 (v/v) et 10 mL de solution de soude aqueuse 0,4 M sont ajoutés, puis le mélange est agité une nuit à température ambiante. Le milieu est alors neutralisé par l'ajout de résine DOWEX-50WX8 sous sa forme pyridinium, puis la résine est filtrée sur fritté est rincée. Le filtrat est évaporé à sec, le brut est repris dans 10 mL de solution d'ammoniaque à 28%. Le mélange est agité 5 h à 50 °C dans un ballon hermétiquement fermé. Les solvants sont évaporés à sec, le mélange brut est solubilisé dans une solution aqueuse TEAB 10^{-3} M et purifié sur colonne de résine échangeuse DEAE-A25 Sephadex (éluant : gradient linéaire TEAB 10^{-3} M jusqu'à 0,5 M). Les fractions appropriées sont rassemblées, évaporées à sec, coévaporées à l'eau puis purifiés par flash chromatographie en phase inverse RP-18 (gradient linéaire : ACN 0% à 20%). Après évaporation, le produit final sous forme de sel de sodium pour caractérisation et analyses biologiques est obtenu après élution sur une colonne de résine échangeuse DOWEX-Na$^+$, et lyophilisation dans l'eau conduisant au phosphoramidate **DPA-4** sous forme d'un solide spongieux blanc (30 mg, Rdt = 30%) mélange de deux diastéréoisomères en rapport ~ 1 : 2,3.

T_r – HPLC : 8,4 min (>98%) – 0 à 40% ACN en 15 min

UV : (H_2O) λ_{max} = 255 nm (ε = 18 000)

RMN-^{1}H : (D$_2$O, 300 MHz, les signaux des deux diastéréoisomères sont décrits) δ *8,04 ; 8,03* (2H, 2s, H$_{G8}$) ; *7,68 ; 7,60* (2H, 2d, H$_{C6}$, $^3J_{C6-C5}$ = 7,5 Hz) ; *5,86* (1H, d, H$_{G1'}$, $^3J_{G1'-G2'}$ = 6,0 Hz) ; *5,82 – 5,68* (4H, m, H$_{C1'}$,H$_{G1'}$, H$_{C5}$) ; *5,63* (1H, d, H$_{C5}$, $^3J_{C5-C6}$ = 7,5 Hz) ; *5,05 – 5,00* (2H, m, H$_{G3'}$) ; *4,63* (2H, m, H$_{G2'}$) ; *4,57 – 4,16* (10H, m, H$_{C2'}$, H$_{G4'}$, H$_{C4'}$, H$_{C5',5''}$) ; *4,01* (4H, m, H$_{G5',5''}$) ; *3,46 ; 3,40* (6H, 2s, G2'-O-CH_3) ; *2,92 – 2,82* (4H, m, PNHCH_2) ; *2,14 – 2,05* (4H, m, CH_2COO) ; *1,99 – 1,83* (4H, m, H$_{C3',3''}$) ; *1,52 – 1,16* (12H, m, 3×-CH_2-).

RMN-^{13}C : (D$_2$O, 75 MHz, les signaux des deux diastéréoisomères sont décrits) δ *183,0* (*C*OO) ; *165,6* (C$_{C4}$) ; *158,8* (C$_{G6}$) ; *156,7* (C$_{C2}$) ; *153,9* (C$_{G2}$) ; *151,7* (C$_{G4}$) ; *140,9 ; 140,6* (C$_{C6}$) ; *137,0* (C$_{G8}$) ; *116,1* (C$_{G5}$) ; *95,3 ; 94,9* (C$_{C5}$) ; *93,3 ; 93,1* (C$_{C1'}$) ; *84,8 ; 84,3* (C$_{G1'}$) ; *82,6* (C$_{G4'}$) ; *81,1*(G$_{2'}$) ; *80,0 ; 79,4* (C$_{4'}$, $^3J_{C-P}$ = 8,3 Hz) ; *75,6 ; 75,5* (C$_{2'}$) ; *73,3* (G$_{3'}$) ; *67,3* (C$_{C5'}$) ; *63,7* (C$_{G5'}$) ; *58,2* (G2'O*C*H$_3$) ; *40,8* (PNH*C*H$_2$) ; *36,8* (*C*H$_2$COO) ; *32,2* (C$_{C3'}$) ; *30,6* (*C*H$_2$CH$_2$NHP, $^3J_{C-P}$ = 5,2 Hz) ; *25,7 ; 25,2* (2×-*C*H$_2$-).

RMN-^{31}P : (D$_2$O, 121 MHz, les signaux des deux diastéréoisomères sont décrits) δ *11,3 ; 10,9* (1/2, P-N) ; *0,5* (1/2, P-O).

SM : ESI$^-$ m/z **822** (M-Na)$^-$; **800** (M-2Na+H)$^-$; **778** (M-3Na+2H)$^-$.

SMHR : ESI$^-$ m/z calculé pour (C$_{26}$H$_{38}$N$_9$O$_{15}$P$_2$)$^-$: **778,1963**, trouvé : **778,2002**

Les deux diastéréoisomères du composé **DPA-4** ont été séparés sur HPLC préparative (gradient : ACN 6% à 8% en 40 min; charge maximale de la colonne : 1,2 mg de mélange par injection). La forme sodium a été obtenue après élution sur colonne échangeuse DOWEX-Na$^+$ et lyophilisation dans l'eau pour conduire à chaque diastéréoisomère pur sous forme de solide spongieux blanc.

Isomère « *fast* » DPA-4F

T$_r$ – HPLC : 8,57 min (>98%) – 0 à 40% ACN en 15 min

RMN-^{1}H : (D$_2$O, 200 MHz) δ *8,15* (1H, s, H$_{G8}$) ; *7,67* (1H, d, H$_{C6}$, $^3J_{C6-C5}$ = 7,4 Hz) ; *5,88* (1H, d, H$_{G1'}$, $^3J_{G1'-G2'}$ = 6,2 Hz) ; *5,77* (1H, s, H$_{C1'}$) ; *5,69* (1H, d, H$_{C5}$, $^3J_{C5-C6}$ = 7,4 Hz) ; *5,11* (1H, m, H$_{G3'}$) ; *4,66* (1H, m, H$_{G2'}$) ; *4,50 – 4,25* (5H, m, H$_{C2'}$, H$_{G4'}$, H$_{C4'}$, H$_{C5',5''}$) ; *4,08* (2H, m, H$_{G5',5''}$) ; *3,55* (3H, s, G2'-O-CH_3) ; *3,02 – 2,90* (2H, dt, PNHCH_2, $^3J_{H-H}$ = 6,4 Hz, $^3J_{H-P}$ = 11,8 Hz) ; *2,18* (2H, t, CH_2COO, ^3J = 7,2 Hz) ; *1,99* (2H, m, H$_{C3',3''}$) ; *1,57 – 1,31* (6H, m, 3×-CH_2-).

RMN-^{31}P : (D$_2$O, 121 MHz) δ *10,9* (1/2, P-N) ; *0,5* (1/2, P-O).

Isomère « *slow* » DPA-4S

T$_r$ – HPLC : 8,60 min (>98%) – 0 à 40% ACN en 15 min

RMN-^{1}H : (D$_2$O, 200 MHz) δ *8,17* (1H, s, H$_{G8}$) ; *7,77* (1H, d, H$_{C6}$, $^3J_{C6-C5}$ = 7,4 Hz) ; *5,96* (1H, d, H$_{G1'}$, $^3J_{G1'-G2'}$ = 6,2 Hz) ; *5,90* (1H, d, H$_{C5}$, $^3J_{C5-C6}$ = 7,6 Hz) ; *5,81* (1H, s, H$_{C1'}$) ; *5,12* (1H, m, H$_{G3'}$) ; *4,70 – 4,08* (8H, m, H$_{G2'}$, H$_{C2'}$, H$_{G4'}$, H$_{C4'}$, H$_{C5',5''}$, H$_{G5',5''}$) ; *3,48* (3H, s, G2'-O-CH_3) ; *3,01 – 2,95* (2H, dt, PNHCH_2, $^3J_{H-H}$ = 7,0 Hz, $^3J_{H-P}$ = 11,0 Hz) ; *2,17 – 2,10* (4H, m, CH_2COO, H$_{C3',3''}$) ; *1,51 – 1,28* (6H, m, 3×-CH_2-).

RMN-^{31}P : (D$_2$O, 121 MHz) δ *11,3* (1/2, P-N) ; *0,9* (1/2, P-O).

O-(3'-Désoxycytidin-5'-yl)-*O*-(2'-*O*-méthyl-5'-*O*-phopsphorylguanosin-3'-yl)-*N*-[(3-malon-2-yl)propyl]-phosphoramidate (sel de sodium) (DPA-14)

Oxydation : Le dimère *H*-Phosphonate diester brut **33** (0,07 mmol, 1 éq.), coévaporé trois fois à la pyridine anhydre, puis séché sous vide sur P$_2$O$_5$, est solubilisé dans 0,2 mL de pyridine anhydre. Sont ensuite simultanément ajoutés 0,2 mL de CCl$_4$ (25 éq.) ; 0,2 mL de triéthylamine anhydre (10 éq.) ; et 250 mg (0,7 mmol, 10 éq.) de 2-(3-amino-propyl)-malonate de diéthyle (sel de trifluoroacétate) **37** en solution dans 0,3 mL de pyridine anhydre. Le mélange est agité à température ambiante et l'évolution est suivie par HPLC analytique et par analyses MALDI-TOF SM. Au bout de dix minutes l'oxydation est terminée et l'agitation est poursuivie pendant 1 h ; le mélange réactionnel est évaporé à sec, et coévaporé trois fois à l'acétonitrile.

Déprotection : Le résidu brut est solubilisé dans 2,5 mL de mélange THF/ACN – 1 : 1 (v/v) et 7 mL de solution de soude aqueuse 0,4 M sont ajoutés, puis le mélange est agité 10 h à température ambiante. Le milieu est alors neutralisé par l'ajout de résine DOWEX-50WX8 sous sa forme pyridinium, puis la résine est filtrée sur fritté est rincée. Le filtrat est évaporé à sec, le brut est repris dans 5 mL de solution d'ammoniaque à 28%. Le mélange est agité 6 h à 50 °C dans un ballon hermétiquement fermé. Les solvants sont évaporés à sec, le mélange brut est solubilisé dans une solution aqueuse TEAB 10^{-3} M et purifié sur colonne de résine échangeuse DEAE-A25 Sephadex (éluant : gradient linéaire TEAB 10^{-3} M jusqu'à 0,3 M). Les fractions appropriées sont rassemblées, évaporées à sec, coévaporées à l'eau puis purifiés par flash chromatographie en phase inverse RP-18 (gradient linéaire : ACN 0% à 50%). Après évaporation, le produit final sous forme de sel de sodium pour caractérisation et analyses biologiques est obtenu après élution sur une colonne de résine échangeuse DOWEX-Na$^+$, et lyophilisation dans l'eau conduisant au phosphoramidate **DPA-14** sous forme d'un solide spongieux blanc (13 mg, Rdt = 21%) mélange de deux diastéréoisomères en rapport ~ 1 : 2,3.

T$_r$ – HPLC : 7,4 min (>95%) – 0 à 40% ACN en 15 min

UV : (H$_2$O) λ_{max} = 255 nm (ε = 17 000)

RMN-^{1}H : (D$_2$O, 300 MHz, les signaux des deux diastéréoisomères sont décrits) δ *8,13 ; 8,12* (2H, 2s, H$_{G8}$) ; *7,80 ; 7,73* (2H, 2d, H$_{C6}$, $^3J_{C6-C5}$ = 7,5 Hz) ; *5,97 – 5,91* (3H, m, H$_{G1'}$, H$_{C5}$) ; *5,81 – 5,77* (3H, m, H$_{C5}$, H$_{C1'}$) ; *5,14 – 5,10* (2H, m, H$_{G3'}$) ; *4,67 – 4,25* (12H, m, H$_{G2'}$, H$_{C2'}$, H$_{G4'}$, H$_{C4'}$, H$_{C5',5''}$) ; *4,12* (4H, m, H$_{G5',5''}$) ; *3,55 ; 3,49* (6H, 2s, G2'-O-C*H$_3$*) ; *3,22 – 3,17* (2H, pt, C*H*(COO)$_2$, ^3J = 7,2 Hz) ; *3,05 – 2,95* (4H, m, PNHC*H$_2$*) ; *2,09 – 1,91* (4H, m, H$_{C3',3''}$) ; *1,83* (4H, m, C*H$_2$*CH(COO)$_2$) ; *1,52 – 1,50* (4H, m, -C*H$_2$*-).

235

RMN-^{13}C : (D$_2$O, 75 MHz, les signaux des deux diastéréoisomères sont décrits) δ *177,6* (*C*OO) ; *165,0* (C$_{C4}$) ; *158,8* (C$_{G6}$) ; *156,1* (C$_{C2}$) ; *153,9* (C$_{G2}$) ; *151,7* (C$_{G4}$) ; *141,1 ; 140,9* (C$_{C6}$) ; *137,5* (C$_{G8}$) ; *116,1* (C$_{G5}$) ; *94,9* (C$_{C5}$) ; *93,3 ; 93,0* (C$_{C1'}$) ; *84,8 ; 84,4* (C$_{G1'}$) ; *82,6* (C$_{G4'}$) ; *81,1* (G$_{2'}$) ; *80,0 ; 79,4* (C$_{4'}$, $^3J_{C-P}$ = 9,8 Hz) ; *75,6 ; 75,5* (C$_{2'}$) ; *73,4* (G$_{3'}$) ; *67,3* (C$_{C5'}$) ; *63,7* (C$_{G5'}$) ; *58,2* (G2'-O-*C*H$_3$) ; *57,4* (*C*H(COO)$_2$) ; *40,6* (PNH*C*H$_2$) ; *32,1* (C$_{C3'}$) ; *29,1* (*C*H$_2$CH(COO)$_2$) ; *26,9* (-*C*H$_2$-).

RMN-^{31}P : (D$_2$O, 121 MHz, les signaux des deux diastéréoisomères sont décrits) δ *11,2 ; 10,7* (1/2, P-N) ; *0,3* (1/2, P-O).

SM : ESI$^-$ m/z **831** (M-3Na+2H)$^-$; **809** (M-4Na+3H)$^-$.

SMHR : ESI$^-$ m/z calculé pour (C$_{26}$H$_{36}$N$_9$O$_{17}$P$_2$)$^-$: **808,1704**, trouvé : **808,1684**

Les deux diastéréoisomères du composé **DPA-14** ont été séparés sur HPLC préparative (gradient : ACN 3% à 6% en 45 min; charge maximale de la colonne : 1 mg de mélange par injection). La forme sodium a été obtenue après élution sur colonne échangeuse DOWEX-Na$^+$ et lyophilisation dans l'eau pour conduire à chaque diastéréoisomère pur sous forme de solide spongieux blanc.

Isomère « *fast* » DPA-14F

T$_r$ – **HPLC** : 9,6 min (>97%) – 0 à 40% ACN en 30 min

RMN-^{1}H : (D$_2$O, 300 MHz) δ *8,19* (1H, s, H$_{G8}$) ; *7,72* (1H, d, H$_{C6}$, $^3J_{C6-C5}$ = 7,5 Hz) ; *5,93* (1H, d, H$_{G1'}$, $^3J_{G1'-G2'}$ = 6,3 Hz) ; *5,79* (1H, s, H$_{C1'}$) ; *5,75* (1H, d, H$_{C5}$, $^3J_{C5-C6}$ = 7,5 Hz) ; *5,15* (1H, m, H$_{G3'}$) ; *4,68* (1H, m, H$_{G2'}$) ; *4,54 – 4,28* (5H, m, H$_{C2'}$, H$_{G4'}$, H$_{C4'}$, H$_{C5',5''}$) ; *4,08* (2H, m, H$_{G5',5''}$) ; *3,55* (3H, s, G2'-O-C*H*$_3$) ; *3,09 – 2,97* (3H, m, PNHC*H*$_2$, C*H*(COO)$_2$) ; *2,14 – 1,91* (2H, m, H$_{C3',3''}$) ; *1,77* (2H, m, C*H*$_2$CH(COO)$_2$) ; *1,54 – 1,52* (2H, m, -C*H*$_2$-).

RMN-³¹P : (D₂O, 121 MHz) δ *10,8* (1/2, P-N) ; *1,4* (1/2, P-O).

Isomère « *slow* » DPA-14S

T_r – HPLC : 9,8 min (>88% ; contaminé par 12% d'isomère **DPA-14F**) – 0 à 40% ACN en 30 min

RMN-¹H : (D₂O, 300 MHz) δ *8,21* (1H, s, H_{G8}) ; *7,80* (1H, d, H_{C6}, *³J_{C6-C5}* = 7,5 Hz) ; *5,96* (2H, pd, H_{G1'}, H_{C5}) ; *5,84* (1H, s, H_{C1'}) ; *5,17* (1H, m, H_{G3'}) ; *4,68* (1H, m, H_{G2'}) ; *4,57 – 4,25* (5H, m, H_{C2'}, H_{G4'}, H_{C4'}, H_{C5',5''}) ; *4,06* (2H, m, H_{G5',5''}) ; *3,48* (3H, s, G2'-O-C*H₃*) ; *3,06 – 2,99* (3H, m, PNHC*H₂*, C*H*(COO)₂) ; *2,22 – 2,05* (2H, m, H_{C3',3''}) ; *1,74* (2H, m, C*H₂*CH(COO)₂) ; *1,52* (2H, m, -C*H₂*-).

RMN-³¹P : (D₂O, 121 MHz) δ *11,3* (1/2, P-N) ; *2,0* (1/2, P-O).

***O*-(3'-Désoxycytidin-5'-yl)-*O*-(2'-*O*-méthyl-5'-*O*-phopsphorylguanosin-3'-yl)-*N*-[(3-phosphoryloxy)propyl]-phosphoramidate (sel de sodium) (DPA-15)**

Oxydation : Le dimère *H*-Phosphonate diester brut **33** (0,06 mmol, 1 éq.), coévaporé trois fois à la pyridine anhydre, puis séché sous vide sur P₂O₅, est solubilisé dans 0,2 mL de pyridine anhydre. Sont ensuite simultanément ajoutés 0,2 mL de CCl₄ (25 éq.) ; 0,2 mL de triéthylamine anhydre (10 éq.) ; et 300 mg (0,7 mmol, 13 éq.) de *O,O*-Bis-(2-cyanoéthyl)-*O*-3-aminopropyl phosphate (sel de trifluoroacétate) **40** en solution dans 0,2 mL de pyridine anhydre. Le mélange est agité à température ambiante et l'évolution est suivie par HPLC analytique et par analyses MALDI-TOF SM. Au bout de dix minutes l'oxydation est terminée et l'agitation est poursuivie pendant 1 h ; le mélange réactionnel est évaporé à sec, et coévaporé trois fois à l'acétonitrile.

Déprotection : Le résidu brut est solubilisé dans 2,5 mL de mélange THF/EtOH–1 : 2 et 10 mL de solution d'ammoniaque à 28% sont ajoutés. Le mélange est agité 10 h à 50 °C dans un ballon hermétiquement fermé. Les solvants sont évaporés à sec, le mélange brut est solubilisé dans une solution aqueuse TEAB 10^{-3} M et purifié sur colonne de résine échangeuse DEAE-A25 Sephadex (éluant : gradient linéaire TEAB 10^{-3} M jusqu'à 0,3 M). Les fractions appropriées sont rassemblées, évaporées à sec, coévaporées à l'eau puis purifiés par flash chromatographie en phase inverse RP-18 (gradient linéaire : ACN 0% à 50%). Après évaporation, le produit final sous forme de sel de sodium pour caractérisation et analyses biologiques est obtenu après élution sur une colonne de résine échangeuse DOWEX-Na$^+$, et lyophilisation dans l'eau conduisant au phosphoramidate **DPA-15** sous forme d'un solide spongieux blanc (10 mg, Rdt = 19%) mélange de deux diastéréoisomères en rapport ~ 1 : 1,3.

T$_r$ – HPLC : 7,9 min (>98%) – 0 à 40% ACN en 15 min

UV : (H$_2$O) λ_{max} = 255 nm (ε = 18 500)

RMN-^{1}H : (D$_2$O, 300 MHz, les signaux des deux diastéréoisomères sont décrits) δ *8,15* (2H, s, H$_{G8}$) ; *7,78 ; 7,70* (2H, 2d, H$_{C6}$, $^3J_{C6-C5}$ = 7,5 Hz) ; *5,97 – 5,90* (3H, m, H$_{G1'}$, H$_{C5}$) ; *5,82 – 5,72* (3H, m, H$_{C5}$, H$_{C1'}$) ; *5,16 – 5,13* (2H, m, H$_{G3'}$) ; *4,73 – 4,29* (12H, m, H$_{G2'}$, H$_{C2'}$, H$_{G4'}$, H$_{C4'}$, H$_{C5',5''}$) ; *4,10* (4H, m, H$_{G5',5''}$) ; *3,97 – 3,89* (4H, m, CH$_2$CH$_2$OP(O)O$_2$) ; *3,56 ; 3,50* (6H, 2s, G2'-O-CH$_3$) ; *3,15 – 3,07* (4H, m, PNHCH$_2$) ; *2,12 – 1,96* (4H, m, H$_{C3',3''}$) ; *1,87 – 1,83* (4H, m, -CH$_2$-).

RMN-^{13}C : (D$_2$O, 75 MHz, les signaux des deux diastéréoisomères sont décrits) δ *165,7* (C$_{C4}$) ; *158,9* (C$_{G6}$) ; *156,9* (C$_{C2}$) ; *153,9* (C$_{G2}$) ; *151,7* (C$_{G4}$) ; *142,9* (C$_{C6}$) ; *140,6* (C$_{G8}$) ; *116,2* (C$_{G5}$) ; *94,9* (C$_{C5}$) ; *93,3 ; 93,0* (C$_{C1'}$) ; *84,7 ; 84,2* (C$_{G1'}$) ; *82,6* (C$_{G4'}$) ; *81,0* (G$_{2'}$) ; *80,0* (C$_{4'}$) ; *75,6 ; 75,5* (C$_{2'}$) ; *73,5* (G$_{3'}$) ; *63,7* (C$_{C5',G5'}$) ; *62,7* (CH$_2$CH$_2$OP(O)O$_2$) ; *58,5* (G2'-O-CH$_3$) ; *37,6* (PNHCH$_2$) ; *32,1* (C$_{C3'}$) ; *31,9* (-CH$_2$-).

RMN-^{31}P : (D$_2$O, 121 MHz, les signaux des deux diastéréoisomères sont décrits) δ *11,1 ; 10,8* (1/3, P-N) ; *0,9 ; 0,7* (2/3, P-O).

SM : ESI$^-$ m/z **802** (M-4Na+3H)$^-$.

SMHR : ESI⁻ m/z calculé pour (C₂₃H₃₅N₉O₁₇P₃)⁻ : **802,1364**, trouvé : **802,1342**

O-(3'-Désoxycytidin-5'-yl)-N-[2-(2-méthoxy-éthoxy)éthyl]-O-(2'-O-méthyl-5'-O-phopsphorylguanosin-3'-yl)-phosphoramidate (sel de sodium) (DPA-16)

Oxydation : Le dimère *H*-Phosphonate diester brut **33** (0,05 mmol, 1 éq.), coévaporé trois fois à la pyridine anhydre, puis séché sous vide sur P₂O₅, est solubilisé dans 0,2 mL de pyridine anhydre. Sont ensuite simultanément ajoutés 0,2 mL de CCl₄ (35 éq.) ; et 80 mg (0,6 mmol, 12 éq.) de 2-(2-méthoxy-éthoxy)-éthylamine **43** en solution dans 0,5 mL de pyridine anhydre, séchée sur tamis moléculaire 3 Å activé. Le mélange est agité à température ambiante et l'évolution est suivie par HPLC analytique et par analyses MALDI-TOF SM. Au bout de dix minutes l'oxydation est terminée et l'agitation est poursuivie pendant 1 h ; le mélange réactionnel est évaporé à sec, et coévaporé trois fois à l'acétonitrile.

Déprotection : Le résidu brut est solubilisé dans 1,5 mL de mélange THF/MeOH–1 : 2 et 5 mL de solution d'ammoniaque à 28% sont ajoutés. Le mélange est agité 7 h à 50 °C dans un ballon hermétiquement fermé. Les solvants sont évaporés à sec, le mélange brut est solubilisé dans une solution aqueuse TEAB 10⁻³ M et purifié sur colonne de résine échangeuse DEAE-A25 Sephadex (éluant : gradient linéaire TEAB 10⁻³ M jusqu'à 0,3 M). Les fractions appropriées sont rassemblées, évaporées à sec, coévaporées à l'eau puis purifiés par flash chromatographie en phase inverse RP-18 (gradient linéaire : ACN 0% à 50%). Après évaporation, le produit final sous forme de sel de sodium pour caractérisation et analyses biologiques est obtenu après élution sur une colonne de résine échangeuse DOWEX-Na⁺, et lyophilisation dans l'eau conduisant au phosphoramidate **DPA-16** sous forme d'un solide spongieux blanc (23 mg, Rdt = 57%) mélange de deux diastéréoisomères en rapport ~ 1 : 1,4.

T$_r$ – HPLC : 8,9 ; 9,1 min (>98%) – 0 à 40% ACN en 15 min

UV : (H₂O) λ$_{max}$ = 255 nm (ε = 16 500)

RMN-^{1}H : (D$_2$O, 300 MHz, les signaux des deux diastéréoisomères sont décrits) δ *8,21 ; 8,20* (2H, 2s, H$_{G8}$) ; *7,77 ; 7,67* (2H, 2d, H$_{C6}$, $^3J_{C6\text{-}C5}$ = 7,5 Hz) ; *5,95* (1H, d, G$_{1'}$, $^3J_{1'\text{-}2'}$ = 6,0 Hz) ; *5,91 – 5,87* (2H, m, H$_{G1'}$, H$_{C5}$) ; *5,81 ; 5,80* (2H, 2s, H$_{C1'}$) ; *5,67* (1H, d, H$_{C5}$, $^3J_{C5\text{-}C6}$ = 7,2 Hz) ; *5,16 – 5,14* (2H, m, H$_{G3'}$) ; *4,75 – 4,26* (12H, m, H$_{G2'}$, H$_{C2'}$, H$_{G4'}$, H$_{C4'}$, H$_{C5',5''}$) ; *4,03* (4H, m, H$_{G5',5''}$) ; *3,69 – 3,58* (12H, m, 3×CH_2) ; *3,56 ; 3,50* (6H, 2s, G2'-O-CH_3) ; *3,37 ; 3,30* (6H, 2s, CH$_2$OCH_3) ; *3,22 – 3,15* (4H, m, PNHCH_2) ; *2,09 – 1,90* (4H, m, H$_{C3',3''}$).

RMN-^{13}C : (D$_2$O, 75 MHz, les signaux des deux diastéréoisomères sont décrits) δ *164,3 ; 164,22* (C$_{C4}$) ; *157,2* (C$_{G6}$) ; *155,6 ; 155,5* (C$_{C2}$) ; *152,2* (C$_{G2}$) ; *150,1 ; 150,0* (C$_{G4}$) ; *139,1 ; 138,9* (C$_{C6}$) ; *135,4* (C$_{G8}$) ; *114,4* (C$_{G5}$) ; *93,7 ; 93,3* (C$_{C5}$) ; *91,7 ; 91,4* (C$_{C1'}$) ; *82,9* (C$_{G1'}$) ; *82,2* (C$_{G4'}$) ; *81,4* (G$_{2'}$) ; *79,5 ; 79,3* (C$_{4'}$) ; *78,4 ; 78,3* (C$_{2'}$) ; *72,7 ; 72,2* (G$_{3'}$) ; *69,4 ; 69,3 ; 69,1 ; 69,0 ; 67,6* (-CH$_2$-) ; *65,9* (C$_{C5'}$) ; *65,4* (C$_{G5'}$) ; *61,6* (-CH$_2$-) ; *56,6 ; 56,3 ; 56,2* (-OCH$_3$) ; *38,6* (PNHCH$_2$) ; *30,5* (C$_{C3'}$).

RMN-^{31}P : (D$_2$O, 121 MHz, les signaux des deux diastéréoisomères sont décrits) δ *10,9 ; 10,5* (1/2, P-N) ; *2,3* (1/2, P-O).

SM : ESI$^-$ m/z **766** (M-2Na+H)$^-$.

SMHR : ESI$^-$ m/z calculé pour (C$_{25}$H$_{38}$N$_9$O$_{15}$P$_2$)$^-$: **766,1963**, trouvé : **766,1937**

CONCLUSION GENERALE

Le travail présenté dans ce manuscrit a été axé sur la synthèse et l'étude d'analogues de dinucléosides phosphoramidates, inhibiteurs de la polymérase NS5B du VHC.

Dans le premier chapitre, nous avons présenté les caractéristiques principales du VHC, sa caractérisation structurale, son organisation génétique, ainsi que les différentes étapes de son cycle de vie. Ensuite nous avons brièvement décrit le traitement actuel contre l'infection chronique par le VHC, pour présenter ensuite, plus en détails, les stratégies moléculaires d'inhibition ciblant les différentes enzymes du virus. Dans ce chapitre, nous avons également présenté une description non exhaustive des différents composés en cours d'évaluation en phase clinique pour le traitement de l'hépatite C.

Le second chapitre a été consacré à la conception, la synthèse et à l'étude d'une première série d'analogues de dinucléosides phosphoramidates, de type 2'-O-méthylguanosin-3'-yl-cytidin-5'-yle. La voie de synthèse de ces molécules implique une stratégie de synthèse convergente, puis une stratégie de synthèse divergente. Les dinucléosides phosphoramidates cibles comportent un lien phosphoramidate diester, présentant différentes fonctionnalités sur la chaîne N-latérale phosphoramidate : neutre, chargée positivement, chargée négativement, amphiphile. Les molécules cibles ont été d'abord évaluées *in vitro* sur une polymérase NS5B recombinante purifiée. Les meilleurs résultats d'inhibition ont été obtenus pour les analogues présentant une chaîne latérale carboxylique ou éther, fonctionnalisées par un monophosphate ou un monothiophosphate sur l'extrémité 5'. Les meilleurs inhibiteurs ont ensuite été évalués en culture cellulaire, montrant une modeste activité d'inhibition de la réplication du VHC, mais toutefois ouvrant une voie pour l'optimisation de ce type d'inhibiteurs.

Les molécules présentées dans le troisième chapitre sont le résultat de nos efforts d'optimisation des analogues de la première série de dinucléosides phosphoramidates. Nous avons développé une série de dinucléosides phosphoramidates de type 2'-O-méthylguanosin-3'-yl-3'-désoxycytidin-5'-yle, terminateurs de chaîne « vrais ». Nous avons également introduit diverses chaînes latérales sur le lien phosphoramidate internucléosidique, comme les chaînes qui ont montré les meilleures activités inhibitrices pour les composés de la première série, ainsi que plusieurs chaînes présentant de nouvelles fonctionnalités. L'ensemble des composés cibles de cette deuxième série ont été évalués en culture cellulaire comportant un réplicon du VHC. Plusieurs d'entre eux ont répondu aux critères de composés « hit ».

BIBLIOGRAPHIE

1.   Choo, Q. L.; Kuo, G.; Weiner, A. J.; Overby, L. R.; Bradley, D. W.; Houghton, M. Isolation of a cDNA clone derived from a blood-borne non-A, non-B viral hepatitis genome *Science* **1989**, *244*, 359-62.

2.   Kuo, G.; Choo, Q. L.; Alter, H. J.; Gitnick, G. L.; Redeker, A. G.; Purcell, R. H.; Miyamura, T.; Dienstag, J. L.; Alter, M. J.; Stevens, C. E.; et al. An assay for circulating antibodies to a major etiologic virus of human non-A, non-B hepatitis *Science* **1989**, *244*, 362-4.

3.   Wakita, T. HCV research and anti-HCV drug discovery: Toward the next generation *Advanced Drug Delivery Rev.* **2007**, *59*, 1196-1199.

4.   (WHO). Hepatits C - Global prevalence (update) *Weekly Epidemiol. Rec.* **2000**, *75*, 18-19.

5.   Shepard, C. W.; Finelli, L.; Alter, M. J. Global epidemiology of hepatitis C virus infection *The Lancet Infec. Dis.* **2005**, *5*, 558-567.

6.   Lauer, G. M.; Walker, B. D. Hepatitis C virus infection *N. Engl. J. Med.* **2001**, *345*, 41-52.

7.   Simmonds, P.; Holmes, E. C.; Cha, T. A.; Chan, S. W.; McOmish, F.; Irvine, B.; Beall, E.; Yap, P. L.; Kolberg, J.; Urdea, M. S. Classification of hepatitis C virus into six major genotypes and a series of subtypes by phylogenetic analysis of the NS-5 region *J. Gen. Virol.* **1993**, *74 (Pt 11)*, 2391-2399.

8.   Francki RIB, F. C., Knudson DL, Brown F. Classification and nomenclature of viruses: fifth report of the international committee on taxonomy of viruses. *Arch. Virol.* **1991**, *126(suppl 2)*.

9.   Kato, N.; Hijikata, M.; Ootsuyama, Y.; Nakagawa, M.; Ohkoshi, S.; Shimotohno, K. Sequence diversity of hepatitis C viral genomes *Mol. Biol. Med.* **1990**, *7*, 495-501.

10.   Miller, R. H.; Purcell, R. H. Hepatitis C virus shares amino acid sequence similarity with pestiviruses and flaviviruses as well as members of two plant virus supergroups *Proc. Natl. Acad. Sci. U. S. A.* **1990,** *87,* 2057-2061.

11.   Penin, F.; Dubuisson, J.; Rey, F. A.; Moradpour, D.; Pawlotsky, J. M. Structural biology of hepatitis C virus *Hepatology* **2004,** *39,* 5-19.

12.   Maillard, P.; Krawczynski, K.; Nitkiewicz, J.; Bronnert, C.; Sidorkiewicz, M.; Gounon, P.; Dubuisson, J.; Faure, G.; Crainic, R.; Budkowska, A. Nonenveloped nucleocapsids of hepatitis C virus in the serum of infected patients *J. Virol.* **2001,** *75,* 8240-8250.

13.   Shimizu, Y. K.; Feinstone, S. M.; Kohara, M.; Purcell, R. H.; Yoshikura, H. Hepatitis C virus: detection of intracellular virus particles by electron microscopy *Hepatology* **1996,** *23,* 205-209.

14.   Takamizawa, A.; Mori, C.; Fuke, I.; Manabe, S.; Murakami, S.; Fujita, J.; Onishi, E.; Andoh, T.; Yoshida, I.; Okayama, H. Structure and organization of the hepatitis C virus genome isolated from human carriers *J. Virol.* **1991,** *65,* 1105-1113.

15.   Rosenberg, S. Recent advances in the molecular biology of hepatitis C virus *J. Mol. Biol.* **2001,** *313,* 451-464.

16.   Suzuki, T.; Ishii, K.; Aizaki, H.; Wakita, T. Hepatitis C viral life cycle *Advanced Drug Delivery Reviews* **2007,** *59,* 1200-1212.

17.   Hellen, C. U.; Pestova, T. V. Translation of hepatitis C virus RNA *J. Viral. Hepat.* **1999,** *6,* 79-87.

18.   Rijnbrand, R. C.; Lemon, S. M. Internal ribosome entry site-mediated translation in hepatitis C virus replication *Curr. Top. Microbiol. Immunol.* **2000,** *242,* 85-116.

19.   Yanagi, M.; St Claire, M.; Emerson, S. U.; Purcell, R. H.; Bukh, J. In vivo analysis of the 3' untranslated region of the hepatitis C virus after in vitro

mutagenesis of an infectious cDNA clone *Proc. Natl. Acad. Sci. U. S. A.* **1999**, *96*, 2291-2295.

20. Dubuisson, J. Folding, assembly and subcellular localization of hepatitis C virus glycoproteins *Curr. Top. Microbiol. Immunol.* **2000**, *242*, 135-148.

21. Saikai, A.; Claire, M. S.; Faulk, K. The p7 polypeptide of hepatitis C virus is critical for infectivity and contains functionally important genotype-specific sequences *Proc. Natl. Acad. Sci. U. S. A.* **2003**, *1000*, 11646-11651.

22. Pavlovic, D.; Neville, D. C.; Argaud, O.; Blumberg, B.; Dwek, R. A.; Fischer, W. B.; Zitzmann, N. The hepatitis C virus p7 protein forms an ion channel that is inhibited by long-alkyl-chain iminosugar derivatives *Proc. Natl. Acad. Sci. U. S. A.* **2003**, *100*, 6104-6108.

23. Reed, K. E.; Grakoui, A.; Rice, C. M. Hepatitis C virus-encoded NS2-3 protease: cleavage-site mutagenesis and requirements for bimolecular cleavage *J. Virol.* **1995**, *69*, 4127-4136.

24. Bartenschlager, R. The NS3/4A proteinase of the hepatitis C virus: unravelling structure and function of an unusual enzyme and a prime target for antiviral therapy *J Viral Hepat.* **1999**, *6*, 165-181.

25. Failla, C.; Tomei, L.; De Francesco, R. Both NS3 and NS4A are required for proteolytic processing of hepatitis C virus nonstructural proteins *J. Virol.* **1994**, *68*, 3753-3760.

26. Kwong, A. D.; Kim, J. L.; Lin, C. Structure and function of hepatitis C virus NS3 helicase *Curr. Top. Microbiol. Immunol.* **2000**, *242*, 171-196.

27. Egger, D.; Wolk, B.; Gosert, R.; Bianchi, L.; Blum, H. E.; Moradpour, D.; Bienz, K. Expression of hepatitis C virus proteins induces distinct membrane alterations including a candidate viral replication complex *J. Virol.* **2002**, *76*, 5974-5984.

28. Huang, Y.; Staschke, K.; De Francesco, R.; Tan, S. L. Phosphorylation of hepatitis C virus NS5A nonstructural protein: a new paradigm for phosphorylation-dependent viral RNA replication? *Virology* **2007**, *364*, 1-9.

29. Shirota, Y.; Luo, H.; Qin, W.; Kaneko, S.; Yamashita, T.; Kobayashi, K.; Murakami, S. Hepatitis C virus (HCV) NS5A binds RNA-dependent RNA polymerase (RdRP) NS5B and modulates RNA-dependent RNA polymerase activity *J. Biol. Chem.* **2002**, *277*, 11149-11155.

30. Ferrari, E.; Wright-Minogue, J.; Fang, J. W.; Baroudy, B. M.; Lau, J. Y.; Hong, Z. Characterization of soluble hepatitis C virus RNA-dependent RNA polymerase expressed in Escherichia coli *J. Virol.* **1999**, *73*, 1649-1654.

31. Oh, J. W.; Ito, T.; Lai, M. M. A recombinant hepatitis C virus RNA-dependent RNA polymerase capable of copying the full-length viral RNA *J. Virol.* **1999**, *73*, 7694-7702.

32. Wang, Q. M.; Hockman, M. A.; Staschke, K.; Johnson, R. B.; Case, K. A.; Lu, J.; Parsons, S.; Zhang, F.; Rathnachalam, R.; Kirkegaard, K.; Colacino, J. M. Oligomerization and cooperative RNA synthesis activity of hepatitis C virus RNA-dependent RNA polymerase *J. Virol.* **2002**, *76*, 3865-3872.

33. Manns, M. P.; Rambusch, E. G. Autoimmunity and extrahepatic manifestations in hepatitis C virus infection *J. Hepatol.* **1999**, *31 Suppl 1*, 39-42.

34. Moradpour, D.; Penin, F.; Rice, C. M. Replication of hepatitis C virus *Nat. Rev. Microbiol.* **2007**, *5*, 453-463.

35. Pawlotsky, J. M.; Chevaliez, S.; McHutchison, J. G. The hepatitis C virus life cycle as a target for new antiviral therapies *Gastroenterology* **2007**, *132*, 1979-1998.

36. Barth, H.; Schafer, C.; Adah, M. I.; Zhang, F.; Linhardt, R. J.; Toyoda, H.; Kinoshita-Toyoda, A.; Toida, T.; Van Kuppevelt, T. H.; Depla, E.; Von Weizsacker, F.; Blum, H. E.; Baumert, T. F. Cellular binding of hepatitis C

virus envelope glycoprotein E2 requires cell surface heparan sulfate *J. Biol. Chem.* **2003**, *278*, 41003-41012.

37.   Pileri, P.; Uematsu, Y.; Campagnoli, S.; Galli, G.; Falugi, F.; Petracca, R.; Weiner, A. J.; Houghton, M.; Rosa, D.; Grandi, G.; Abrignani, S. Binding of hepatitis C virus to CD81 *Science* **1998**, *282*, 938-941.

38.   Scarselli, E.; Ansuini, H.; Cerino, R.; Roccasecca, R. M.; Acali, S.; Filocamo, G.; Traboni, C.; Nicosia, A.; Cortese, R.; Vitelli, A. The human scavenger receptor class B type I is a novel candidate receptor for the hepatitis C virus *EMBO J.* **2002**, *21*, 5017-5025.

39.   Bartosch, B.; Vitelli, A.; Granier, C.; Goujon, C.; Dubuisson, J.; Pascale, S.; Scarselli, E.; Cortese, R.; Nicosia, A.; Cosset, F. L. Cell entry of hepatitis C virus requires a set of co-receptors that include the CD81 tetraspanin and the SR-B1 scavenger receptor *J. Biol. Chem.* **2003**, *278*, 41624-41630.

40.   Agnello, V.; Abel, G.; Elfahal, M.; Knight, G. B.; Zhang, Q. X. Hepatitis C virus and other flaviviridae viruses enter cells via low density lipoprotein receptor *Proc. Natl. Acad. Sci. U. S. A.* **1999**, *96*, 12766-12771.

41.   Evans, M. J.; von Hahn, T.; Tscherne, D. M.; Syder, A. J.; Panis, M.; Wolk, B.; Hatziioannou, T.; McKeating, J. A.; Bieniasz, P. D.; Rice, C. M. Claudin-1 is a hepatitis C virus co-receptor required for a late step in entry *Nature* **2007**, *446*, 801-805.

42.   Wang, C.; Sarnow, P.; Siddiqui, A. Translation of human hepatitis C virus RNA in cultured cells is mediated by an internal ribosome-binding mechanism *J. Virol.* **1993**, *67*, 3338-3344.

43.   Ji, H.; Fraser, C. S.; Yu, Y.; Leary, J.; Doudna, J. A. Coordinated assembly of human translation initiation complexes by the hepatitis C virus internal ribosome entry site RNA *Proc. Natl. Acad. Sci. U. S. A.* **2004**, *101*, 16990-16995.

44.   Otto, G. A.; Puglisi, J. D. The pathway of HCV IRES-mediated translation initiation *Cell* **2004**, *119*, 369-380.

45.   Xu, Z.; Choi, J.; Yen, T. S.; Lu, W.; Strohecker, A.; Govindarajan, S.; Chien, D.; Selby, M. J.; Ou, J. Synthesis of a novel hepatitis C virus protein by ribosomal frameshift *EMBO J.* **2001**, *20*, 3840-3848.

46.   Okamoto, K.; Moriishi, K.; Miyamura, T.; Matsuura, Y. Intramembrane proteolysis and endoplasmic reticulum retention of hepatitis C virus core protein *J. Virol.* **2004**, *78*, 6370-6380.

47.   Lindenbach, B. D.; Rice, C. M. Unravelling hepatitis C virus replication from genome to function *Nature* **2005**, *436*, 933-938.

48.   Behrens, S. E.; Tomei, L.; De Francesco, R. Identification and properties of the RNA-dependent RNA polymerase of hepatitis C virus *EMBO J.* **1996**, *15*, 12-22.

49.   Kao, C. C.; Del Vecchio, A. M.; Zhong, W. De novo initiation of RNA synthesis by a recombinant flaviviridae RNA- dependent RNA polymerase *Virology* **1999**, *253*, 1-7.

50.   Luo, G.; Hamatake, R. K.; Mathis, D. M.; Racela, J.; Rigat, K. L.; Lemm, J.; Colonno, R. J. De novo initiation of RNA synthesis by the RNA-dependent RNA polymerase (NS5B) of hepatitis C virus *J. Virol.* **2000**, *74*, 851-863.

51.   Zhong, W. D.; Uss, A. S.; Ferrari, E.; Lau, J. Y. N.; Hong, Z. De novo initiation of RNA synthesis by hepatitis C virus nonstructural protein 5B polymerase *J. Virol.* **2000**, *74*, 2017-2022.

52.   Dutartre, H.; Boretto, J.; Guillemot, J. C.; Canard, B. A relaxed discrimination of 2 '-O-methyl-GTP relative to GTP between de novo and elongative RNA synthesis by the hepatitis c RNA-dependent RNA polymerase NS5B *J. Biol. Chem.* **2005**, *280*, 6359-6368.

53.   Dutartre, H.; Bussetta, C.; Boretto, J.; Canard, B. General catalytic deficiency of hepatitis C virus RNA polymerase with an S282T mutation and mutually exclusive resistance towards 2'-modified nucleotide analogues *Antimicrob. Agents Chemother.* **2006**, *50*, 4161-4169.

54.   Selisko, B.; Dutartre, H.; Guillemot, J. C.; Debarnot, C.; Benarroch, D.; Khromykh, A.; Despres, P.; Egloff, M. P.; Canard, B. Comparative mechanistic studies of de novo RNA synthesis by flavivirus RNA-dependent RNA polymerases *Virology* **2006**, *351*, 145-158.

55.   Shim, J. H.; Larson, G.; Wu, J. Z.; Hong, Z. Selection of 3 '-template bases and initiating nucleotides by hepatitis C virus NS5B RNA-dependent RNA polymerase *J. Virol.* **2002**, *76*, 7030-7039.

56.   Kunkel, M.; Lorinczi, M.; Rijnbrand, R.; Lemon, S. M.; Watowich, S. J. Self-assembly of nucleocapsid-like particles from recombinant hepatitis C virus core protein *J. Virol.* **2001**, *75*, 2119-2129.

57.   Goodbourn, S.; Didcock, L.; Randall, R. E. Interferons: cell signalling, immune modulation, antiviral response and virus countermeasures *J. Gen. Virol.* **2000**, *81*, 2341-2364.

58.   Nagata, S.; Taira, H.; Hall, A.; Johnsrud, L.; Streuli, M.; Ecsodi, J.; Boll, W.; Cantell, K.; Weissmann, C. Synthesis in E. coli of a polypeptide with human leukocyte interferon activity *Nature* **1980**, *284*, 316-320.

59.   Suzuki, K.; Aoki, K.; Ohnami, S.; Yoshida, K.; Kazui, T.; Kato, N.; Inoue, K.; Kohara, M.; Yoshida, T. Adenovirus-mediated gene transfer of interferon alpha inhibits hepatitis C virus replication in hepatocytes *Biochem. Biophys. Res. Commun.* **2003**, *307*, 814-819.

60.   Hoofnagle, J. H.; Mullen, K. D.; Jones, D. B.; Rustgi, V.; Di Bisceglie, A.; Peters, M.; Waggoner, J. G.; Park, Y.; Jones, E. A. Treatment of chronic non-A,non-B hepatitis with recombinant human alpha interferon. A preliminary report *N. Engl. J. Med.* **1986**, *315*, 1575-1578.

61.   Lau, D. T.; Kleiner, D. E.; Ghany, M. G.; Park, Y.; Schmid, P.; Hoofnagle, J. H. 10-Year follow-up after interferon-alpha therapy for chronic hepatitis C *Hepatology* **1998**, *28*, 1121-1127.

62.   Chevaliez, S.; Pawlotsky, J.-M. Interferon-based therapy of hepatitis C *Advanced Drug Delivery Rev.* **2007**, *59*, 1222-1241.

63.   Bailon, P.; Palleroni, A.; Schaffer, C. A.; Spence, C. L.; Fung, W. J.; Porter, J. E.; Ehrlich, G. K.; Pan, W.; Xu, Z. X.; Modi, M. W.; Farid, A.; Berthold, W.; Graves, M. Rational design of a potent, long-lasting form of interferon: a 40 kDa branched polyethylene glycol-conjugated interferon alpha-2a for the treatment of hepatitis C *Bioconjug. Chem.* **2001**, *12*, 195-202.

64.   Grace, M.; Youngster, S.; Gitlin, G.; Sydor, W.; Xie, L.; Westreich, L.; Jacobs, S.; Brassard, D.; Bausch, J.; Bordens, R. Structural and biologic characterization of pegylated recombinant IFN-alpha2b *J. Interferon Cytokine Res.* **2001**, *21*, 1103-1115.

65.   Glue, P.; Fang, J. W.; Rouzier-Panis, R.; Raffanel, C.; Sabo, R.; Gupta, S. K.; Salfi, M.; Jacobs, S. Pegylated interferon-alpha2b: pharmacokinetics, pharmacodynamics, safety, and preliminary efficacy data. Hepatitis C Intervention Therapy Group *Clin. Pharmacol. Ther.* **2000**, *68*, 556-567.

66.   Sidwell, R. W.; Huffman, J. H.; Khare, G. P.; Allen, L. B.; Witkowski, J. T.; Robins, R. K. Broad-spectrum antiviral activity of Virazole: 1-beta-D-ribofuranosyl-1,2,4-triazole-3-carboxamide *Science* **1972**, *177*, 705-706.

67.   Reichard, O.; Andersson, J.; Schvarcz, R.; Weiland, O. Ribavirin treatment for chronic hepatitis C *Lancet* **1991**, *337*, 1058-1061.

68.   Di Bisceglie, A. M.; Shindo, M.; Fong, T. L.; Fried, M. W.; Swain, M. G.; Bergasa, N. V.; Axiotis, C. A.; Waggoner, J. G.; Park, Y.; Hoofnagle, J. H. A pilot study of ribavirin therapy for chronic hepatitis C *Hepatology* **1992**, *16*, 649-654.

69. Brillanti, S.; Garson, J.; Foli, M.; Whitby, K.; Deaville, R.; Masci, C.; Miglioli, M.; Barbara, L. A pilot study of combination therapy with ribavirin plus interferon alfa for interferon alfa-resistant chronic hepatitis C *Gastroenterology* **1994**, *107*, 812-817.

70. McHutchison, J. G.; Gordon, S. C.; Schiff, E. R.; Shiffman, M. L.; Lee, W. M.; Rustgi, V. K.; Goodman, Z. D.; Ling, M. H.; Cort, S.; Albrecht, J. K. Interferon alfa-2b alone or in combination with ribavirin as initial treatment for chronic hepatitis C. Hepatitis Interventional Therapy Group *N. Engl. J. Med.* **1998**, *339*, 1485-1492.

71. Poynard, T.; Marcellin, P.; Lee, S. S.; Niederau, C.; Minuk, G. S.; Ideo, G.; Bain, V.; Heathcote, J.; Zeuzem, S.; Trepo, C.; Albrecht, J. Randomised trial of interferon alpha2b plus ribavirin for 48 weeks or for 24 weeks versus interferon alpha2b plus placebo for 48 weeks for treatment of chronic infection with hepatitis C virus. International Hepatitis Interventional Therapy Group (IHIT) *Lancet* **1998,** *352*, 1426-1432.

72. Wu, J. Z.; Larson, G.; Walker, H.; Shim, J. H.; Hong, Z. Phosphorylation of ribavirin and viramidine by adenosine kinase and cytosolic 5'-nucleotidase II: Implications for ribavirin metabolism in erythrocytes *Antimicrob. Agents Chemother.* **2005,** *49*, 2164-2171.

73. Vo, N. V.; Young, K. C.; Lai, M. M. Mutagenic and inhibitory effects of ribavirin on hepatitis C virus RNA polymerase *Biochemistry* **2003**, *42*, 10462-10471.

74. Wu, J. Z.; Hong, Z. Targeting NS5B RNA-dependent RNA polymerase for anti-HCV chemotherapy *Curr. Drug Targets Infect. Disord.* **2003**, *3*, 207-219.

75. Markland, W.; McQuaid, T. J.; Jain, J.; Kwong, A. D. Broad-spectrum antiviral activity of the IMP dehydrogenase inhibitor VX-497: a comparison with ribavirin and demonstration of antiviral additivity with alpha interferon *Antimicrob. Agents Chemother.* **2000**, *44*, 859-866.

76.   Hézode, C., Bouvier-Alias, M. Effect of an IMPDH inhibitor, (MMPD), assessed alone and in combination with ribavirin, in HCV replication: implications regarding ribavirin's mechanisms of action *Hepatology (Suppl 1)* **2006,** *44,* 615A.

77.   Ning, Q.; Brown, D.; Parodo, J.; Cattral, M.; Gorczynski, R.; Cole, E.; Fung, L.; Ding, J. W.; Liu, M. F.; Rotstein, O.; Phillips, M. J.; Levy, G. Ribavirin inhibits viral-induced macrophage production of TNF, IL-1, the procoagulant fgl2 prothrombinase and preserves Th1 cytokine production but inhibits Th2 cytokine response *J. Immunol.* **1998,** *160,* 3487-3493.

78.   Tam, R. C.; Pai, B.; Bard, J.; Lim, C.; Averett, D. R.; Phan, U. T.; Milovanovic, T. Ribavirin polarizes human T cell responses towards a Type 1 cytokine profile *J Hepatol* **1999,** *30,* 376-382.

79.   Contreras, A. M.; Hiasa, Y.; He, W.; Terella, A.; Schmidt, E. V.; Chung, R. T. Viral RNA mutations are region specific and increased by ribavirin in a full-length hepatitis C virus replication system *J. Virol.* **2002,** *76,* 8505-8517.

80.   Lanford, R. E.; Chavez, D.; Guerra, B.; Lau, J. Y.; Hong, Z.; Brasky, K. M.; Beames, B. Ribavirin induces error-prone replication of GB virus B in primary tamarin hepatocytes *J. Virol.* **2001,** *75,* 8074-8081.

81.   Zhou, S.; Liu, R.; Baroudy, B. M.; Malcolm, B. A.; Reyes, G. R. The effect of ribavirin and IMPDH inhibitors on hepatitis C virus subgenomic replicon RNA *Virology* **2003,** *310,* 333-342.

82.   Leyssen, P.; De Clercq, E.; Neyts, J. Molecular strategies to inhibit the replication of RNA viruses *Antiviral Res.* **2008,** *78,* 9-25.

83.   Schinkel, J.; de Jong, M. D.; Bruning, B.; van Hoek, B.; Spaan, W. J.; Kroes, A. C. The potentiating effect of ribavirin on interferon in the treatment of hepatitis C: lack of evidence for ribavirin-induced viral mutagenesis *Antivir. Ther.* **2003,** *8,* 535-540.

84.   Lau, J. Y.; Tam, R. C.; Liang, T. J.; Hong, Z. Mechanism of action of ribavirin in the combination treatment of chronic HCV infection *Hepatology* **2002**, *35*, 1002-1009.

85.   Pawlotsky, J. M. Therapy of hepatitis C: from empiricism to eradication *Hepatology* **2006**, *43*, S207-220.

86.   De Francesco, R.; Migliaccio, G. Challenges and successes in developing new therapies for hepatitis C *Nature* **2005**, *436*, 953-960.

87.   Wintermeyer, P.; Wands, J. R. Vaccines to prevent chronic hepatitis C virus infection: current experimental and preclinical developments *J. Gastroenterol.* **2007**, *42*, 424-432.

88.   Houghton, M.; Abrignani, S. Prospects for a vaccine against the hepatitis C virus *Nature* **2005**, *436*, 961-966.

89.   Jeong, S. H.; Qiao, M.; Nascimbeni, M.; Hu, Z.; Rehermann, B.; Murthy, K.; Liang, T. J. Immunization with hepatitis C virus-like particles induces humoral and cellular immune responses in nonhuman primates *J. Virol.* **2004**, *78*, 6995-7003.

90.   Leroux-Roels, G.; Depla, E.; Hulstaert, F.; Tobback, L.; Dincq, S.; Desmet, J.; Desombere, I.; Maertens, G. A candidate vaccine based on the hepatitis C E1 protein: tolerability and immunogenicity in healthy volunteers *Vaccine* **2004**, *22*, 3080-3086.

91.   Nevens, F.; Roskams, T.; Van Vlierberghe, H.; Horsmans, Y.; Sprengers, D.; Elewaut, A.; Desmet, V.; Leroux-Roels, G.; Quinaux, E.; Depla, E.; Dincq, S.; Vander Stichele, C.; Maertens, G.; Hulstaert, F. A pilot study of therapeutic vaccination with envelope protein E1 in 35 patients with chronic hepatitis C *Hepatology* **2003**, *38*, 1289-1296.

92.   Wolff, J. A.; Malone, R. W.; Williams, P.; Chong, W.; Acsadi, G.; Jani, A.; Felgner, P. L. Direct gene transfer into mouse muscle in vivo *Science* **1990**, *247*, 1465-1468.

93.   Lagging, L. M.; Meyer, K.; Hoft, D.; Houghton, M.; Belshe, R. B.; Ray, R. Immune responses to plasmid DNA encoding the hepatitis C virus core protein *J. Virol.* **1995**, *69*, 5859-5863.

94.   Saito, T.; Sherman, G. J.; Kurokohchi, K.; Guo, Z. P.; Donets, M.; Yu, M. Y.; Berzofsky, J. A.; Akatsuka, T.; Feinstone, S. M. Plasmid DNA-based immunization for hepatitis C virus structural proteins: immune responses in mice *Gastroenterology* **1997**, *112*, 1321-1330.

95.   Encke, J.; zu Putlitz, J.; Geissler, M.; Wands, J. R. Genetic immunization generates cellular and humoral immune responses against the nonstructural proteins of the hepatitis C virus in a murine model *J. Immunol.* **1998**, *161*, 4917-4923.

96.   Dhodapkar, M. V.; Steinman, R. M.; Sapp, M.; Desai, H.; Fossella, C.; Krasovsky, J.; Donahoe, S. M.; Dunbar, P. R.; Cerundolo, V.; Nixon, D. F.; Bhardwaj, N. Rapid generation of broad T-cell immunity in humans after a single injection of mature dendritic cells *J. Clin. Invest.* **1999**, *104*, 173-180.

97.   Kuzushita, N.; Gregory, S. H.; Monti, N. A.; Carlson, R.; Gehring, S.; Wands, J. R. Vaccination with protein-transduced dendritic cells elicits a sustained response to hepatitis C viral antigens *Gastroenterology* **2006**, *130*, 453-464.

98.   Moriya, O.; Matsui, M.; Osorio, M.; Miyazawa, H.; Rice, C. M.; Feinstone, S. M.; Leppla, S. H.; Keith, J. M.; Akatsuka, T. Induction of hepatitis C virus-specific cytotoxic T lymphocytes in mice by immunization with dendritic cells treated with an anthrax toxin fusion protein *Vaccine* **2001**, *20*, 789-796.

99.   Yu, H.; Huang, H.; Xiang, J.; Babiuk, L. A.; van Drunen Littel-van den Hurk, S. Dendritic cells pulsed with hepatitis C virus NS3 protein induce immune responses and protection from infection with recombinant vaccinia virus expressing NS3 *J. Gen. Virol.* **2006**, *87*, 1-10.

100.   Moriishi, K.; Matsuura, Y. Evaluation systems for anti-HCV drugs *Advanced Drug Delivery Rev.* **2007**, *59*, 1213-1221.

101. Major, M. E.; Dahari, H.; Mihalik, K.; Puig, M.; Rice, C. M.; Neumann, A. U.;
      Feinstone, S. M. Hepatitis C virus kinetics and host responses associated with
      disease and outcome of infection in chimpanzees *Hepatology* **2004**, *39*, 1709-
      1720.

102. Zhao, X.; Tang, Z. Y.; Klumpp, B.; Wolff-Vorbeck, G.; Barth, H.; Levy, S.;
      von Weizsacker, F.; Blum, H. E.; Baumert, T. F. Primary hepatocytes of Tupaia
      belangeri as a potential model for hepatitis C virus infection *J. Clin. Invest.*
      2002, *109*, 221-232.

103. Mercer, D. F.; Schiller, D. E.; Elliott, J. F.; Douglas, D. N.; Hao, C.; Rinfret, A.;
      Addison, W. R.; Fischer, K. P.; Churchill, T. A.; Lakey, J. R.; Tyrrell, D. L.;
      Kneteman, N. M. Hepatitis C virus replication in mice with chimeric human
      livers *Nat. Med.* **2001**, *7*, 927-933.

104. Kneteman, N. M.; Weiner, A. J.; O'Connell, J.; Collett, M.; Gao, T.; Aukerman,
      L.; Kovelsky, R.; Ni, Z. J.; Zhu, Q.; Hashash, A.; Kline, J.; Hsi, B.; Schiller, D.;
      Douglas, D.; Tyrrell, D. L.; Mercer, D. F. Anti-HCV therapies in chimeric scid-
      Alb/uPA mice parallel outcomes in human clinical application *Hepatology* **2006**,
      43, 1346-1353.

105. Lohmann, V.; Korner, F.; Koch, J.; Herian, U.; Theilmann, L.; Bartenschlager,
      R. Replication of subgenomic hepatitis C virus RNAs in a hepatoma cell line
      Science **1999**, *285*, 110-113.

106. Blight, K. J.; Kolykhalov, A. A.; Rice, C. M. Efficient initiation of HCV RNA
      replication in cell culture *Science* **2000**, *290*, 1972-1974.

107. Lindenbach, B. D.; Evans, M. J.; Syder, A. J.; Wolk, B.; Tellinghuisen, T. L.;
      Liu, C. C.; Maruyama, T.; Hynes, R. O.; Burton, D. R.; McKeating, J. A.; Rice,
      C. M. Complete replication of hepatitis C virus in cell culture *Science* **2005**, *309*,
      623-626.

108. Wakita, T.; Pietschmann, T.; Kato, T.; Date, T.; Miyamoto, M.; Zhao, Z.;
      Murthy, K.; Habermann, A.; Krausslich, H. G.; Mizokami, M.; Bartenschlager,

R.; Liang, T. J. Production of infectious hepatitis C virus in tissue culture from a cloned viral genome *Nat. Med.* **2005,** *11,* 791-796.

109.   Zhong, J.; Gastaminza, P.; Cheng, G.; Kapadia, S.; Kato, T.; Burton, D. R.; Wieland, S. F.; Uprichard, S. L.; Wakita, T.; Chisari, F. V. Robust hepatitis C virus infection in vitro *Proc. Natl. Acad. Sci. U. S. A.* **2005,** *102,* 9294-9299.

110.   De Francesco, R.; Steinkuhler, C. Structure and function of the hepatitis C virus NS3-NS4A serine proteinase *Curr. Top. Microbiol. Immunol.* **2000,** *242,* 149-169.

111.   De Francesco, R.; Carfi, A. Advances in the development of new therapeutic agents targeting the NS34A serine protease or the NS5B RNA-dependent RNA polymerase of the hepatitis C virus *Advanced Drug Delivery Rev.* **2007,** *59,* 1242-1262.

112.   Liu-Young, G.; Kozal, M. J. Hepatitis C Protease and Polymerase Inhibitors in Development *AIDS Patient Care STDS* **2008.**

113.   Llinas-Brunet, M.; Bailey, M.; Deziel, R.; Fazal, G.; Gorys, V.; Goulet, S.; Halmos, T.; Maurice, R.; Poirier, M.; Poupart, M. A.; Rancourt, J.; Thibeault, D.; Wernic, D.; Lamarre, D. Studies on the C-terminal of hexapeptide inhibitors of the hepatitis C virus serine protease *Bioorg. Med. Chem. Lett.* **1998,** *8,* 2719-2724.

114.   Steinkuhler, C.; Biasiol, G.; Brunetti, M.; Urbani, A.; Koch, U.; Cortese, R.; Pessi, A.; De Francesco, R. Product inhibition of the hepatitis C virus NS3 protease *Biochemistry* **1998,** *37,* 8899-8905.

115.   Llinas-Brunet, M.; Bailey, M.; Fazal, G.; Goulet, S.; Halmos, T.; Laplante, S.; Maurice, R.; Poirier, M.; Poupart, M. A.; Thibeault, D.; Wernic, D.; Lamarre, D. Peptide-based inhibitors of the hepatitis C virus serine protease *Bioorg. Med. Chem. Lett.* **1998,** *8,* 1713-1718.

116. Yao, N.; Reichert, P.; Taremi, S. S.; Prosise, W. W.; Weber, P. C. Molecular views of viral polyprotein processing revealed by the crystal structure of the hepatitis C virus bifunctional protease-helicase *Structure* **1999**, *7*, 1353-1363.

117. Ingallinella, P.; Altamura, S.; Bianchi, E.; Taliani, M.; Ingenito, R.; Cortese, R.; De Francesco, R.; Steinkuhler, C.; Pessi, A. Potent peptide inhibitors of human hepatitis C virus NS3 protease are obtained by optimizing the cleavage products *Biochemistry* **1998**, *37*, 8906-8914.

118. Pause, A.; Kukolj, G.; Bailey, M.; Brault, M.; Do, F.; Halmos, T.; Lagace, L.; Maurice, R.; Marquis, M.; McKercher, G.; Pellerin, C.; Pilote, L.; Thibeault, D.; Lamarre, D. An NS3 serine protease inhibitor abrogates replication of subgenomic hepatitis C virus RNA *J. Biol. Chem.* **2003**, *278*, 20374-20380.

119. Goudreau, N.; Llinas-Brunet, M. The therapeutic potential of NS3 protease inhibitors in HCV infection *Expert. Opin. Investig. Drugs* **2005**, *14*, 1129-1144.

120. Fischmann, T. O.; Weber, P. C. Peptidic inhibitors of the hepatitis C virus serine protease within non-structural protein 3 *Curr. Pharm. Des.* **2002**, *8*, 2533-2540.

121. Meanwell, N. A.; Koszalka, G. W. 2007: a difficult year for HCV drug development *Curr. Opin. Investig. Drugs* **2008**, *9*, 128-131.

122. Johansson, A.; Poliakov, A.; Akerblom, E.; Wiklund, K.; Lindeberg, G.; Winiwarter, S.; Danielson, U. H.; Samuelsson, B.; Hallberg, A. Acyl sulfonamides as potent protease inhibitors of the hepatitis C virus full-Length NS3 (protease-helicase/NTPase): a comparative study of different C-terminals *Bioorg. Med. Chem.* **2003**, *11*, 2551-2568.

123. Poliakov, A.; Johansson, A.; Akerblom, E.; Oscarsson, K.; Samuelsson, B.; Hallberg, A.; Danielson, U. H. Structure-activity relationships for the selectivity of hepatitis C virus NS3 protease inhibitors *Biochim. Biophys. Acta* **2004**, *1672*, 51-59.

124.	Bernstein, P. R.; Edwards, P. D.; Williams, J. C. Inhibitors of human leukocyte elastase *Prog. Med. Chem.* **1994**, *31*, 59-120.

125.	Chen, S. H.; Tan, S. L. Discovery of small-molecule inhibitors of HCV NS3-4A protease as potential therapeutic agents against HCV infection *Curr. Med. Chem.* **2005**, *12*, 2317-2342.

126.	Narjes, F.; Brunetti, M.; Colarusso, S.; Gerlach, B.; Koch, U.; Biasiol, G.; Fattori, D.; De Francesco, R.; Matassa, V. G.; Steinkuhler, C. Alpha-ketoacids are potent slow binding inhibitors of the hepatitis C virus NS3 protease *Biochemistry* **2000**, *39*, 1849-1861.

127.	Lin, K.; Perni, R. B.; Kwong, A. D.; Lin, C. VX-950, a novel hepatitis C virus (HCV) NS3-4A protease inhibitor, exhibits potent antiviral activities in HCv replicon cells *Antimicrob. Agents Chemother.* **2006**, *50*, 1813-1822.

128.	Thomson, J. A.; Perni, R. B. Hepatitis C virus NS3-4A protease inhibitors: countering viral subversion in vitro and showing promise in the clinic *Curr. Opin. Drug Discov. Devel.* **2006**, *9*, 606-617.

129.	Perni, R. B.; Almquist, S. J.; Byrn, R. A.; Chandorkar, G.; Chaturvedi, P. R.; Courtney, L. F.; Decker, C. J.; Dinehart, K.; Gates, C. A.; Harbeson, S. L.; Heiser, A.; Kalkeri, G.; Kolaczkowski, E.; Lin, K.; Luong, Y. P.; Rao, B. G.; Taylor, W. P.; Thomson, J. A.; Tung, R. D.; Wei, Y.; Kwong, A. D.; Lin, C. Preclinical profile of VX-950, a potent, selective, and orally bioavailable inhibitor of hepatitis C virus NS3-4A serine protease *Antimicrob. Agents Chemother.* **2006**, *50*, 899-909.

130.	Venkatraman, S.; Bogen, S. L.; Arasappan, A.; Bennett, F.; Chen, K.; Jao, E.; Liu, Y. T.; Lovey, R.; Hendrata, S.; Huang, Y.; Pan, W.; Parekh, T.; Pinto, P.; Popov, V.; Pike, R.; Ruan, S.; Santhanam, B.; Vibulbhan, B.; Wu, W.; Yang, W.; Kong, J.; Liang, X.; Wong, J.; Liu, R.; Butkiewicz, N.; Chase, R.; Hart, A.; Agrawal, S.; Ingravallo, P.; Pichardo, J.; Kong, R.; Baroudy, B.; Malcolm, B.; Guo, Z.; Prongay, A.; Madison, V.; Broske, L.; Cui, X.; Cheng, K. C.; Hsieh, Y.; Brisson, J. M.; Prelusky, D.; Korfmacher, W.; White, R.; Bogdanowich-

Knipp, S.; Pavlovsky, A.; Bradley, P.; Saksena, A. K.; Ganguly, A.; Piwinski, J.; Girijavallabhan, V.; Njoroge, F. G. Discovery of (1R,5S)-N-[3-amino-1-(cyclobutylmethyl)-2,3-dioxopropyl]-3-[2(S)-[[[(1,1-dimethylethyl)amino]carbonyl]amino]-3,3-dimethyl-1-oxobutyl]-6,6-dimethyl-3-azabicyclo[3.1.0]hexan-2(S)-carboxamide (SCH 503034), a selective, potent, orally bioavailable hepatitis C virus NS3 protease inhibitor: a potential therapeutic agent for the treatment of hepatitis C infection *J. Med. Chem.* **2006,** *49,* 6074-6086.

131. Ranjith-Kumar, C. T.; Kim, Y. C.; Gutshall, L.; Silverman, C.; Khandekar, S.; Sarisky, R. T.; Kao, C. C. Mechanism of de novo initiation by the hepatitis C virus RNA-dependent RNA polymerase: role of divalent metals *J. Virol.* **2002,** *76,* 12513-12525.

132. Zhong, W.; Uss, A. S.; Ferrari, E.; Lau, J. Y.; Hong, Z. De novo initiation of RNA synthesis by hepatitis C virus nonstructural protein 5B polymerase *J. Virol.* **2000,** *74,* 2017-2022.

133. Butcher, S. J.; Grimes, J. M.; Makeyev, E. V.; Bamford, D. H.; Stuart, D. L. A mechanism for initiating RNA-dependent RNA polymerization *Nature* **2001,** *410,* 235-240.

134. Kao, C. C.; Singh, P.; Ecker, D. J. De novo initiation of viral RNA-dependent RNA synthesis *Virology* **2001,** *287,* 251-260.

135. Moradpour, D.; Brass, V.; Bieck, E.; Friebe, P.; Gosert, R.; Blum, H. E.; Bartenschlager, R.; Penin, F.; Lohmann, V. Membrane association of the RNA-dependent RNA polymerase is essential for hepatitis C virus RNA replication *J. Virol.* **2004,** *78,* 13278-13284.

136. Tomei, L.; Vitale, R. L.; Incitti, I.; Serafini, S.; Altamura, S.; Vitelli, A.; De Francesco, R. Biochemical characterization of a hepatitis C virus RNA-dependent RNA polymerase mutant lacking the C-terminal hydrophobic sequence *J. Gen. Virol.* **2000,** *81,* 759-767.

263

137. Yamashita, T.; Kaneko, S.; Shirota, Y.; Qin, W.; Nomura, T.; Kobayashi, K.; Murakami, S. RNA-dependent RNA polymerase activity of the soluble recombinant hepatitis C virus NS5B protein truncated at the C-terminal region *J. Biol. Chem.* **1998**, *273*, 15479-15486.

138. Ago, H.; Adachi, T.; Yoshida, A.; Yamamoto, M.; Habuka, N.; Yatsunami, K.; Miyano, M. Crystal structure of the RNA-dependent RNA polymerase of hepatitis C virus *Structure* **1999**, *7*, 1417-1426.

139. Bressanelli, S.; Tomei, L.; Roussel, A.; Incitti, I.; Vitale, R. L.; Mathieu, M.; De Francesco, R.; Rey, F. A. Crystal structure of the RNA-dependent RNA polymerase of hepatitis C virus *Proc. Natl. Acad. Sci. U. S. A.* **1999**, *96*, 13034-13039.

140. Lesburg, C. A.; Cable, M. B.; Ferrari, E.; Hong, Z.; Mannarino, A. F.; Weber, P. C. Crystal structure of the RNA-dependent RNA polymerase from hepatitis C virus reveals a fully encircled active site *Nat. Struct. Biol.* **1999**, *6*, 937-943.

141. Hong, Z.; Cameron, C. E.; Walker, M. P.; Castro, C.; Yao, N.; Lau, J. Y.; Zhong, W. A novel mechanism to ensure terminal initiation by hepatitis C virus NS5B polymerase *Virology* **2001**, *285*, 6-11.

142. Zhong, W.; Ferrari, E.; Lesburg, C. A.; Maag, D.; Ghosh, S. K.; Cameron, C. E.; Lau, J. Y.; Hong, Z. Template/primer requirements and single nucleotide incorporation by hepatitis C virus nonstructural protein 5B polymerase *J. Virol.* **2000**, *74*, 9134-9143.

143. O'Farrell, D.; Trowbridge, R.; Rowlands, D.; Jager, J. Substrate complexes of hepatitis C virus RNA polymerase (HC-J4): Structural evidence for nucleotide import and De-novo initiation *J. Mol. Biol.* **2003**, *326*, 1025-1035.

144. Bressanelli, S.; Tomei, L.; Rey, F. A.; De Francesco, R. Structural analysis of the hepatitis C virus RNA polymerase in complex with Ribonucleotides *J. Virol.* **2002**, *76*, 3482-3492.

145.   Lohmann, V.; Overton, H.; Bartenschlager, R. Selective stimulation of hepatitis C virus and pestivirus NS5B RNA polymerase activity by GTP *J. Biol. Chem.* **1999,** *274,* 10807-10815.

146.   Koch, U.; Narjes, F. Recent progress in the development of inhibitors of the hepatitis C virus RNA-dependent RNA polymerase *Curr. Top. Med. Chem.* **2007,** *7,* 1302-1329.

147.   Carroll, S. S.; Olsen, D. B. Nucleoside analog inhibitors of hepatitis C virus replication *Infect. Disord. Drug Targets* **2006,** *6,* 17-29.

148.   Migliaccio, G.; Tomassini, J. E.; Carroll, S. S.; Tomei, L.; Altamura, S.; Bhat, B.; Bartholomew, L.; Bosserman, M. R.; Ceccacci, A.; Colwell, L. F.; Cortese, R.; De Francesco, R.; Eldrup, A. B.; Getty, K. L.; Hou, X. S.; LaFemina, R. L.; Ludmerer, S. W.; MacCoss, M.; McMasters, D. R.; Stahlhut, M. W.; Olsen, D. B.; Hazuda, D. J.; Flores, O. A. Characterization of resistance to non-obligate chain-terminating ribonucleoside analogs that inhibit hepatitis C virus replication in vitro *J. Biol. Chem.* **2003,** *278,* 49164-49170.

149.   Benzaria, S.; Bardiot, D.; Bouisset, T.; Counor, C.; Rabeson, C.; Pierra, C.; Storer, R.; Loi, A. G.; Cadeddu, A.; Mura, M.; Musiu, C.; Liuzzi, M.; Loddo, R.; Bergelson, S.; Bichko, V.; Bridges, E.; Cretton-Scott, E.; Mao, J.; Sommadossi, J. P.; Seifer, M.; Standring, D.; Tausek, M.; Gosselin, G.; La Colla, P. 2'-C-Methyl branched pyrimidine ribonucleoside analogues: potent inhibitors of RNA virus replication *Antivir Chem Chemother* **2007,** *18,* 225-42.

150.   Pierra, C.; Benzaria, S.; Amador, A.; Moussa, A.; Mathieu, S.; Storer, R.; Gosselin, G. NM 283, an efficient prodrug of the potent anti-HCV agent 2'-C-methylcytidine *Nucleosides Nucleotides Nucleic Acids* **2005,** *24,* 767-770.

151.   Toniutto, P.; Fabris, C.; Bitetto, D.; Fornasiere, E.; Rapetti, R.; Pirisi, M. Valopicitabine dihydrochloride:a specific polymerase inhibitor of hepatitis C virus *Curr. Opin. Investig. Drugs* **2007,** *8,* 150-158.

152. Olsen, D. B.; Eldrup, A. B.; Bartholomew, L.; Bhat, B.; Bosserman, M. R.; Ceccacci, A.; Colwell, L. F.; Fay, J. F.; Flores, O. A.; Getty, K. L.; Grobler, J. A.; LaFemina, R. L.; Markel, E. J.; Migliaccio, G.; Prhavc, M.; Stahlhut, M. W.; Tomassini, J. E.; MacCoss, M.; Hazuda, D. J.; Carroll, S. S. A 7-deaza-adenosine analog is a potent and selective inhibitor of hepatitis C virus replication with excellent pharmacokinetic properties *Antimicrob. Agents Chemother.* **2004**, *48*, 3944-3953.

153. Klumpp, K.; Leveque, V.; Le Pogam, S.; Ma, H.; Jiang, W. R.; Kang, H.; Granycome, C.; Singer, M.; Laxton, C.; Hang, J. Q.; Sarma, K.; Smith, D. B.; Heindl, D.; Hobbs, C. J.; Merrett, J. H.; Symons, J.; Cammack, N.; Martin, J. A.; Devos, R.; Najera, I. The novel nucleoside analog R1479 (4'-azidocytidine) is a potent inhibitor of NS5B-dependent RNA synthesis and hepatitis C virus replication in cell culture *J. Biol. Chem.* **2006**, *281*, 3793-3799.

154. Koch, U.; Narjes, F. Allosteric inhibition of the hepatitis C virus NS5B RNA dependent RNA polymerase *Infect. Disord. Drug Targets* **2006**, *6*, 31-41.

155. Dhanak, D.; Duffy, K. J.; Johnston, V. K.; Lin-Goerke, J.; Darcy, M.; Shaw, A. N.; Gu, B.; Silverman, C.; Gates, A. T.; Nonnemacher, M. R.; Earnshaw, D. L.; Casper, D. J.; Kaura, A.; Baker, A.; Greenwood, C.; Gutshall, L. L.; Maley, D.; DelVecchio, A.; Macarron, R.; Hofmann, G. A.; Alnoah, Z.; Cheng, H. Y.; Chan, G.; Khandekar, S.; Keenan, R. M.; Sarisky, R. T. Identification and biological characterization of heterocyclic inhibitors of the hepatitis C virus RNA-dependent RNA polymerase *J. Biol. Chem.* **2002**, *277*, 38322-38327.

156. Gu, B.; Johnston, V. K.; Gutshall, L. L.; Nguyen, T. T.; Gontarek, R. R.; Darcy, M. G.; Tedesco, R.; Dhanak, D.; Duffy, K. J.; Kao, C. C.; Sarisky, R. T. Arresting initiation of hepatitis C virus RNA synthesis using heterocyclic derivatives *J. Biol. Chem.* **2003**, *278*, 16602-16607.

157. LaPlante, S. R.; Jakalian, A.; Aubry, N.; Bousquet, Y.; Ferland, J. M.; Gillard, J.; Lefebvre, S.; Poirier, M.; Tsantrizos, Y. S.; Kukolj, G.; Beaulieu, P. L. Binding mode determination of benzimidazole inhibitors of the hepatitis C virus

RNA polymerase by a structure and dynamics strategy *Angew. Chem. Int. Ed. Engl.* **2004**, *43*, 4306-4311.

158. Tomei, L.; Altamura, S.; Bartholomew, L.; Biroccio, A.; Ceccacci, A.; Pacini, L.; Narjes, F.; Gennari, N.; Bisbocci, M.; Incitti, I.; Orsatti, L.; Harper, S.; Stansfield, I.; Rowley, M.; De Francesco, R.; Migliaccio, G. Mechanism of action and antiviral activity of benzimidazole-based allosteric inhibitors of the hepatitis C virus RNA-dependent RNA polymerase *J. Virol.* **2003**, *77*, 13225-13231.

159. Di Marco, S.; Volpari, C.; Tomei, L.; Altamura, S.; Harper, S.; Narjes, F.; Koch, U.; Rowley, M.; De Francesco, R.; Migliaccio, G.; Carfi, A. Interdomain communication in hepatitis C virus polymerase abolished by small molecule inhibitors bound to a novel allosteric site *J. Biol. Chem.* **2005**, *280*, 29765-29770.

160. Biswal, B. K.; Cherney, M. M.; Wang, M.; Chan, L.; Yannopoulos, C. G.; Bilimoria, D.; Nicolas, O.; Bedard, J.; James, M. N. Crystal structures of the RNA-dependent RNA polymerase genotype 2a of hepatitis C virus reveal two conformations and suggest mechanisms of inhibition by non-nucleoside inhibitors *J. Biol. Chem.* **2005**, *280*, 18202-18210.

161. Gopalsamy, A.; Lim, K.; Ciszewski, G.; Park, K.; Ellingboe, J. W.; Bloom, J.; Insaf, S.; Upeslacis, J.; Mansour, T. S.; Krishnamurthy, G.; Damarla, M.; Pyatski, Y.; Ho, D.; Howe, A. Y.; Orlowski, M.; Feld, B.; O'Connell, J. Discovery of pyrano[3,4-b]indoles as potent and selective HCV NS5B polymerase inhibitors *J. Med. Chem.* **2004**, *47*, 6603-6608.

162. Li, H.; Tatlock, J.; Linton, A.; Gonzalez, J.; Borchardt, A.; Dragovich, P.; Jewell, T.; Prins, T.; Zhou, R.; Blazel, J.; Parge, H.; Love, R.; Hickey, M.; Doan, C.; Shi, S.; Duggal, R.; Lewis, C.; Fuhrman, S. Identification and structure-based optimization of novel dihydropyrones as potent HCV RNA polymerase inhibitors *Bioorg. Med. Chem. Lett.* **2006**, *16*, 4834-4838.

163. Wang, M.; Ng, K. K.; Cherney, M. M.; Chan, L.; Yannopoulos, C. G.; Bedard, J.; Morin, N.; Nguyen-Ba, N.; Alaoui-Ismaili, M. H.; Bethell, R. C.; James, M. N. Non-nucleoside analogue inhibitors bind to an allosteric site on HCV NS5B polymerase. Crystal structures and mechanism of inhibition *J. Biol. Chem.* **2003,** *278*, 9489-9495.

164. Lee, G.; Piper, D. E.; Wang, Z.; Anzola, J.; Powers, J.; Walker, N.; Li, Y. Novel Inhibitors of Hepatitis C Virus RNA-dependent RNA Polymerases *J. Mol. Biol.* **2006.**

165. Yan, S.; Appleby, T.; Gunic, E.; Shim, J. H.; Tasu, T.; Kim, H.; Rong, F.; Chen, H.; Hamatake, R.; Wu, J. Z.; Hong, Z.; Yao, N. Isothiazoles as active-site inhibitors of HCV NS5B polymerase *Bioorg. Med. Chem. Lett.* **2007,** *17*, 28-33.

166. Zhong, W.; An, H.; Barawkar, D.; Hong, Z. Dinucleotide analogues as novel inhibitors of RNA-dependent RNA polymerase of hepatitis C Virus *Antimicrob. Agents Chemother.* **2003,** *47*, 2674-2681.

167. Iyer, R. P.; Jin, Y.; Roland, A.; Morrey, J. D.; Mounir, S.; Korba, B. Phosphorothioate di- and trinucleotides as a novel class of anti-hepatitis B virus agents *Antimicrob. Agents Chemother.* **2004,** *48*, 2199-2205.

168. Iyer, R. P.; Roland, A.; Jin, Y.; Mounir, S.; Korba, B.; Julander, J. G.; Morrey, J. D. Anti-hepatitis B virus activity of ORI-9020, a novel phosphorothioate dinucleotide, in a transgenic mouse model *Antimicrob. Agents Chemother.* **2004,** *48*, 2318-2320.

169. Hecker, S. J.; Erion, M. D. Prodrugs of phosphates and phosphonates *J. Med. Chem.* **2008,** *51*, 2328-2345.

170. Cahard, D.; McGuigan, C.; Balzarini, J. Aryloxy phosphoramidate triesters as pro-tides *Mini Rev. Med. Chem.* **2004,** *4*, 371-381.

171. McGuigan, C.; Pathirana, R. N.; Mahmood, N.; Devine, K. G.; Hay, A. J. Aryl phosphate derivatives of AZT retain activity against HIV1 in cell lines which are resistant to the action of AZT *Antiviral Res.* **1992,** *17*, 311-321.

172. Congiatu, C.; Brancale, A.; Mason, M. D.; Jiang, W. G.; McGuigan, C. Novel potential anticancer naphthyl phosphoramidates of BVdU: Separation of diastereoisomers and assignment of the absolute configuration of the phosphorus center *J. Med. Chem.* **2006**, *49*, 452-455.

173. Drontle, D. P.; Wagner, C. R. Designing a pronucleotide stratagem: lessons from amino acid phosphoramidates of anticancer and antiviral pyrimidines *Mini Rev. Med. Chem.* **2004**, *4*, 409-419.

174. Egron, D.; Imbach, J. L.; Gosselin, G.; Aubertin, A. M.; Perigaud, C. S-acyl-2-thioethyl phosphoramidate diester derivatives as mononucleotide prodrugs *J. Med. Chem.* **2003**, *46*, 4564-4571.

175. Jochum, A.; Schlienger, N.; Egron, D.; Peyrottes, S.; Perigaud, C. Biolabile constructs for pronucleotide design *J. Organomet. Chem.* **2005**, *690*, 2614-2625.

176. Egli, M.; Gryaznov, S. M. Synthetic oligonucleotides as RNA mimetics: 2 '-modified RNAs and N3 '-> P5 ' phosphoramidates *Cell. Mol. Life Sciences* **2000**, *57*, 1440-1456.

177. Gryaznov, S.; Chen, J. K. Oligodeoxyribonucleotide N3'-]P5' Phosphoramidates - Synthesis and Hybridization Properties *J. Am. Chem. Soc.* **1994**, *116*, 3143-3144.

178. Gryaznov, S. M.; Winter, H. RNA mimetics: oligoribonucleotide N3 '-> 5 ' phosphoramidates *Nucleic Acids Res.* **1998**, *26*, 4160-4167.

179. Kurreck, J. Antisense technologies - Improvement through novel chemical modifications *Eur. J. Biochem.* **2003**, *270*, 1628-1644.

180. Awad, A. M.; Sobkowski, M.; Seliger, H. Enzymatic and hybridization properties of oligonucleotide analogs containing novel phosphoramidate internucleotide linkages *Nucleosides Nucleotides & Nucleic Acids* **2004**, *23*, 777-787.

181.   Froehler, B. C. Deoxynucleoside H-Phosphonate Diester Intermediates in the Synthesis of Internucleotide Phosphate Analogs *Tetrahedron Lett.* **1986**, *27*, 5575-5578.

182.   Letsinger, R. L.; Bach, S. A.; Eadie, J. S. Effects of Pendant Groups at Phosphorus on Binding-Properties of D-Apa Analogs *Nucleic Acids Res.* **1986**, *14*, 3487-3499.

183.   Peyrottes, S.; Vasseur, J. J.; Imbach, J. L.; Rayner, B. Oligodeoxynucleoside phosphoramidates (P-NH2): Synthesis and thermal stability of duplexes with DNA and RNA targets *Nucleic Acids Res.* **1996**, *24*, 1841-1848.

184.   Peyrottes, S.; Vasseur, J. J.; Imbach, J. L.; Rayner, B. Dramatic effect of the anomeric configuration on the thermal stability of duplex formed between novel dodecathymidine phosphoramidate (P-NH2) and complementary DNA and RNA strands *Tetrahedron Lett.* **1996**, *37*, 5869-5872.

185.   Froehler, B.; Ng, P.; Matteucci, M. Phosphoramidate Analogs of DNA - Synthesis and Thermal-Stability of Heteroduplexes *Nucleic Acids Res.* **1988**, *16*, 4831-4839.

186.   Letsinger, R. L.; Singman, C. N.; Histand, G.; Salunkhe, M. Cationic Oligonucleotides *J. Am. Chem. Soc.* **1988**, *110*, 4470-4471.

187.   Michel, T.; Martinand-Mari, C.; Debart, F.; Lebleu, B.; Robins, I.; Vasseur, J. J. Cationic phosphoramidate alfa-oligonucleotides efficiently target single-stranded DNA and RNA and inhibit hepatitis C virus IRES-mediated translation *Nucleic Acids Res.* **2003**, *31*, 5282-5290.

188.   Chaturvedi, S.; Horn, T.; Letsinger, R. L. Stabilization of triple-stranded oligonucleotide complexes: Use of probes containing alternating phosphodiester and stereo-uniform cationic phosphoramidate linkages *Nucleic Acids Res.* **1996**, *24*, 2318-2323.

189.   Horn, T.; Chaturvedi, S.; Balasubramaniam, T. N.; Letsinger, R. L. Oligonucleotides with alternating anionic and cationic phosphoramidate

linkages: Synthesis and hybridization of stereo-uniform isomers *Tetrahedron Lett.* **1996,** *37,* 743-746.

190. Jager, A.; Levy, M. J.; Hecht, S. M. Oligonucleotide N-Alkylphosphoramidates - Synthesis and Binding to Polynucleotides *Biochemistry* **1988,** *27,* 7237-7246.

191. Appel, R. Tertiary Phosphane-Tetrachloromethane, a Versatile Reagent for Chlorination, Dehydration, and P-N Linkage *Angew. Chem. Int. Ed. Eng.* **1975,** *14,* 801-811.

192. Letsinger, R. L.; Schott, M. E. Selectivity in Binding a Phenanthridinium-Dinucleotide Derivative to Homopolynucleotides *J. Am. Chem. Soc.* **1981,** *103,* 7394-7396.

193. Meyer, R. B.; Shuman, D. A.; Robins, R. K. Synthesis of Purine Nucleoside 3',5'-Cyclic Phosphoramidates *Tetrahedron Lett.* **1973,** 269-272.

194. Freist, W.; Schattka, K.; Cramer, F.; Jastorff, B. New Synthesis of Nucleotide Analogs of 5'-Amino-5'-Deoxynucleosides *Chem. Ber. Rec.* **1972,** *105,* 991-999.

195. Nemer, M. J.; Ogilvie, K. K. Phosphoramidate Analogs of Diribonucleoside Monophosphates *Tetrahedron Lett.* **1980,** *21,* 4153-4154.

196. Nemer, M. J.; Ogilvie, K. K. Ribonucleotide Analogs Having Novel Internucleotide Linkages *Tetrahedron Lett.* **1980,** *21,* 4149-4152.

197. Nielsen, J.; Caruthers, M. H. Directed Arbuzov-Type Reactions of 2-Cyano-1,1-Dimethylethyl Deoxynucleoside Phosphites *J. Am. Chem. Soc.* **1988,** *110,* 6275-6276.

198. Atherton, F. R.; Openshaw, H. T.; Todd, A. R. Studies on Phosphorylation .2. The Reaction of Dialkyl Phosphites with Polyhalogen Compounds in Presence of Bases - a New Method for the Phosphorylation of Amines *J. Chem. Soc.* **1945,** 660-663.

271

199. Atherton, F. R.; Todd, A. R. Studies on Phosphorylation .3. Further Observations on the Reaction of Phosphites with Polyhalogen Compounds in Presence of Bases and Its Application to the Phosphorylation of Alcohols *J. Chem. Soc.* **1947**, 674-678.

200. Stawnski, J.; Kraszewski, A. How to get the most out of two phosphorus chemistries. studies on H-phosphonates *Acc. Chem. Res.* **2002**, *35*, 952-960.

201. Nilsson, J.; Stawinski, J. Controlling stereochemistry during oxidative coupling. Preparation of Rp or Sp phosphoramidates from one P-chiral precursor *Chem. Comm.* **2004**, 2566-2567.

202. Gryaznov, S. M.; Sokolova, N. I. A New Method for the Synthesis of Oligodeoxyribonucleotides Containing Internucleotide Phosphoramidate Bonds *Tetrahedron Lett.* **1990, *31*,** 3205-3208.

203. Tomoskozi, I.; Gacs-Baitz, E.; Otvos, L. Stereospecific conversion of H-phosphonates into phosphoramidates. The use of vicinal carbon-phosphorus couplings for configurational determination of phosphorus *Tetrahedron* **1995,** *51*, 6797-6804.

204. Doak, G. O.; Freedman, L. D. The Structure and Properties of the Dialkyl Phosphonates *Chem. Rev.* **1961,** *61*, 31-44.

205. Guthrie, J. P. Tautomerization Equilibria for Phosphorus Acid and Its Ethyl-Esters, Free-Energies of Formation of Phosphorus and Phosphonic Acids and Their Ethyl-Esters, and Pka Values for Ionization of the P-H Bond in Phosphonic Acid and Phosphonic Esters *Can. J. Chem.* **1979,** *57*, 236-239.

206. Froehler, B. C.; Matteucci, M. D. Nucleoside H-Phosphonates - Valuable Intermediates in the Synthesis of Deoxyoligonucleotides *Tetrahedron Lett.* **1986,** *27*, 469-472.

207. Garegg, P. J.; Regberg, T.; Stawinski, J.; Stromberg, R. Nucleoside Hydrogenphosphonates in Oligonucleotide Synthesis *Chem. Scr.* **1986,** *26*, 59-62.

208. Marugg, J. E.; Burik, A.; Tromp, M.; Vandermarel, G. A.; Vanboom, J. H. A New and Versatile Approach to the Preparation of Valuable Deoxynucleoside 3'-Phosphite Intermediates *Tetrahedron Lett.* **1986**, *27*, 2271-2274.

209. Stawinski, J.; Thelin, M. Nucleoside H-Phosphonates .11. A Convenient Method for the Preparation of Nucleoside H-Phosphonates *Nucleosides Nucleotides* **1990**, *9*, 129-135.

210. Jankowska, J.; Sobkowski, M.; Stawinski, J.; Kraszewski, A. Studies on Aryl H-Phosphonates .1. An Efficient Method for the Preparation of Deoxyribonucleoside and Ribonucleoside 3'-H-Phosphonate Monoesters by Transesterification of Diphenyl H-Phosphonate *Tetrahedron Lett.* **1994**, *35*, 3355-3358.

211. Garegg, P. J.; Regberg, T.; Stawinski, J.; Stromberg, R. Formation of Internucleotidic Bonds Via Phosphonate Intermediates *Chem. Scr.* **1985**, *25*, 280-282.

212. Szabo, T.; Almer, H.; Stromberg, R.; Stawinski, J. 2-Cyanoethyl H-Phosphonate - a Reagent for the Mild Preparation of Nucleoside H-Phosphonate Monoesters *Nucleosides Nucleotides* **1995**, *14*, 715-716.

213. Ozola, V.; Reese, C. B.; Song, Q. L. Use of ammonium aryl H-phosphonates in the preparation of nucleoside H-phosphonate building blocks *Tetrahedron Lett.* **1996**, *37*, 8621-8624.

214. Stawinski, J.; Thelin, M.; Zain, R. Nucleoside H-Phosphonates .10. Studies on Nucleoside Hydrogenphosphonothioate Diester Synthesis *Tetrahedron Lett.* **1989**, *30*, 2157-2160.

215. Zain, R.; Stawinski, J. Nucleoside H-phosphonates .17. Synthetic and P-31 NMR studies on the preparation of dinucleoside H-phosphonothioates *J. Org. Chem.* **1996**, *61*, 6617-6622.

216. Garegg, P. J.; Regberg, T.; Stawinski, J.; Stromberg, R. Nucleoside H-Phosphonates .5. The Mechanism of Hydrogenphosphonate Diester Formation

Using Acyl Chlorides as Coupling Agents in Oligonucleotide Synthesis by the Hydrogenphosphonate Approach *Nucleosides Nucleotides* **1987**, *6*, 655-662.

217. Stawinski, J.; Thelin, M. Studies on the Activation Pathway of Phosphonic Acid Using Acyl Chlorides as Activators *J. Chem. Soc. Perkin Trans. 2* **1990**, 849-853.

218. Regberg, T.; Stawinski, J.; Stromberg, R. Nucleoside H-Phosphonates .9. Possible Side-Reactions during Hydrogen Phosphonate Diester Formation *Nucleosides Nucleotides* **1988**, *7*, 23-35.

219. Maier, M. A.; Guzaev, A. P.; Manoharan, M. Synthesis of chimeric oligonucleotides containing phosphodiester, phosphorothioate, and phosphoramidate linkages *Org. Lett.* **2000**, *2*, 1819-1822.

220. Adamo, I.; Dueymes, U.; Schonberger, A.; Navarro, A. E.; Meyer, A.; Lange, M.; Imbach, J. L.; Link, F.; Morvan, F.; Vasseur, J. J. Solution-phase synthesis of phosphorothioate oligonucleotides using a solid-supported acyl chloride with H-phosphonate chemistry *Eur. J. Org. Chem.* **2006**, 436-448.

221. Uhlmann, E.; Peyman, A. Antisense Oligonucleotides - a New Therapeutic Principle *Chem. Rev.* **1990**, *90*, 543-584.

222. Blencowe, B. J.; Sproat, B. S.; Ryder, U.; Barabino, S.; Lamond, A. I. Antisense Probing of the Human U4/U6 Snrnp with Biotinylated 2'-Ome Rna Oligonucleotides *Cell* **1989**, *59*, 531-539.

223. Lamond, A. I.; Sproat, B.; Ryder, U.; Hamm, J. Probing the Structure and Function of U2 Snrnp with Antisense Oligonucleotides Made of 2'-Ome Rna *Cell* **1989**, *58*, 383-390.

224. Beigelman, L.; McSwiggen, J. A.; Draper, K. G.; Gonzalez, C.; Jensen, K.; Karpeisky, A. M.; Modak, A. S.; Matulic-Adamic, J.; DiRenzo, A. B.; Haeberli, P.; et al. Chemical modification of hammerhead ribozymes. Catalytic activity and nuclease resistance *J. Biol. Chem.* **1995**, *270*, 25702-8.

225. Allerson, C. R.; Sioufi, N.; Jarres, R.; Prakash, T. P.; Naik, N.; Berdeja, A.; Wanders, L.; Griffey, R. H.; Swayze, E. E.; Bhat, B. Fully 2 '-modified oligonucleotide duplexes with improved in vitro potency and stability compared to unmodified small interfering RNA *J. Med. Chem.* **2005**, *48*, 901-904.

226. Jackson, A. L.; Burchard, J.; Leake, D.; Reynolds, A.; Schelter, J.; Guo, J.; Johnson, J. M.; Lim, L.; Karpilow, J.; Nichols, K.; Marshall, W.; Khvorova, A.; Linsley, P. S. Position-specific chemical modification of siRNAs reduces "off-target" transcript silencing *RNA* **2006**, *12*, 1197-1205.

227. Kraynack, B. A.; Baker, B. F. Small interfering RNAs containing full 2 '-O-methylribonucleotide-modified sense strands display argonaute2/eIF2C2-dependent activity *RNA* **2006**, *12*, 163-176.

228. Yang, Z. Y.; Ebright, Y. W.; Yu, B.; Chen, X. M. HEN1 recognizes 21-24 nt small RNA duplexes and deposits a methyl group onto the 2 ' OH of the 3 ' terminal nucleotide *Nucleic Acids Res.* **2006**, *34*, 667-675.

229. Beigelman, L.; Haeberli, P.; Sweedler, D.; Karpeisky, A. Improved synthetic approaches toward 2 '-O-methyl-adenosine and guanosine and their N-acyl derivatives *Tetrahedron* **2000,** *56*, 1047-1056.

230. Cramer, H.; Pfleiderer, W. A simple procedure for the monomethylation of protected and unprotected ribonucleosides in the 2'-O- and 3'-O-position using diazomethane and the catalyst stannous chloride *Helv. Chim. Acta* **1996**, *79*, 2114-2136.

231. Khwaja, T. A.; Robins, R. K. Purine Nucleosides .16. Synthesis of Naturally Occurring 2'-O-Methylpurine Ribonucleosides and Related Derivatives *J. Am. Chem. Soc.* **1966,** *88*, 3640-3643.

232. Kore, A. R.; Parmar, G.; Reddy, S. An efficient process for synthesis of 2 '-O-methyl and 3 '-O-methyl guanosine from 2-aminoadenosine using diazomethane and the catalyst stannous chloride *Nucleosides Nucleotides & Nucleic Acids* **2006,** *25*, 307-314.

233. Leonard, T. E.; Bhan, P.; Miller, P. S. A Convenient Preparation of Protected 2'-O-Methylguanosine *Nucleosides Nucleotides* **1992**, *11*, 1201-1204.

234. Wagner, E.; Oberhauser, B.; Holzner, A.; Brunar, H.; Issakides, G.; Schaffner, G.; Cotten, M.; Knollmuller, M.; Noe, C. R. A Simple Procedure for the Preparation of Protected 2'-O-Methyl or 2'-O-Ethyl Ribonucleoside-3'-O-Phsophoramidites *Nucleic Acids Res.* **1991**, *19*, 5965-5971.

235. Linn, J. A.; Mclean, E. W.; Kelley, J. L. 1,4-Diazabicyclo[2.2.2]Octane (Dabco)-Catalyzed Hydrolysis and Alcoholysis Reactions of 2-Amino-9-Benzyl-6-Chloro-9H-Purine *J. Chem. Soc.-Chem. Commun.* **1994**, 913-914.

236. Chow, S.; Wen, K.; Sanghvi, Y. S.; Theodorakis, E. A. Novel synthesis of 2'-O-methylguanosine *Bioorg. Med. Chem. Lett.* **2003**, *13*, 1631-1634.

237. Wen, K.; Chow, S.; Sanghvi, Y. S.; Theodorakis, E. A. Synthesis of 2'-O-methoxyethylguanosine using a novel silicon-based protecting group *J. Org. Chem.* **2002**, *67*, 7887-7889.

238. Grotli, M.; Douglas, M.; Beijer, B.; Garcia, R. G.; Eritja, R.; Sproat, B. Protection of the guanine residue during synthesis of 2'-O-alkyl-guanosine derivatives *J. Chem. Soc., Perkin Trans. 1* **1997**, 2779-2788.

239. Grotli, M.; Douglas, M.; Beijer, B.; Eritja, R.; Sproat, B. A simple method for the synthesis of 2'-O-alkylguanosine derivatives *Bioorg. Med. Chem. Lett.* **1997**, *7*, 425-428.

240. Ferreira, F.; Morvan, F. Silyl protecting groups for oligonucleotide synthesis removed by a ZnBr2 treatment *Nucleosides Nucleotides & Nucleic Acids* **2005**, *24*, 1009-1013.

241. Ferreira, F.; Vasseur, J. J.; Morvan, F. Lewis acid deprotection of silyl-protected oligonucleotides and base-sensitive oligonucleotide analogues *Tetrahedron Lett.* **2004**, *45*, 6287-6290.

242. Furusawa, K.; Ueno, K.; Katsura, T. Synthesis and Restricted Conformation of 3',5'-O-(Di-Tert-Butylsilanediyl)Ribonucleosides *Chem. Lett.* **1990**, 97-100.

243. Markiewicz, W. T. Tetraisopropyldisiloxane-1,3-Diyl, a Group for Simultaneous Protection of 3'-Hydroxy and 5'-Hydroxy Functions of Nucleosides *J. Chem. Res.-S* **1979**, 24-25.

244. Zlatev, I.; Vasseur, J.-J.; Morvan, F. Convenient synthesis of N2-isobutyryl-2'-O-methyl guanosine by efficient alkylation of O6-trimethylsilylethyl-3',5'-di-tert-butylsilanediyl guanosine *Tetrahedron* **2007**, *63*, 11174-11178.

245. Lakshman, M. K.; Ngassa, F. N.; Keeler, J. C.; Dinh, Y. Q. V.; Hilmer, J. H.; Russon, L. M. Facile synthesis of O-6-alkyl-, O-6-aryl-, and diaminopurine nucleosides from 2'-deoxyguanosine *Org. Lett.* **2000**, *2*, 927-930.

246. Knerr, L.; Pannecoucke, X.; Schmitt, G.; Luu, B. Preferential phosphorylation at the primary alcohol of non-protected thymidine or carbohydrates *Tetrahedron Lett.* **1996**, *37*, 5123-5126.

247. Kotera, M.; Dheu, M. L.; Milet, A.; Lhomme, J.; Laayoun, A. Pyrenyldiazomethane, a versatile reagent for nucleotide phosphate alkylation *Bioorg. Med. Chem. Lett.* **2005**, *15*, 705-708.

248. Slotin, L. A. Current methods of phosphorylation of biological molecules *Synthesis* **1977**, *No. 11*, 737-752.

249. Burgess, K.; Cook, D. Syntheses of nucleoside triphosphates *Chem. Rev.* **2000**, *100*, 2047-2059.

250. Ahmadibeni, Y.; Parang, K. Polymer-bound oxathiaphospholane: A solid-phase reagent for regioselective monothiophosphorylation and monophosphorylation of unprotected nucleosides and carbohydrates *Org. Lett.* **2005**, *7*, 1955-1958.

251. Ahmadibeni, Y.; Parang, K. Solid-phase reagents for selective monophosphorylation of carbohydrates and nucleosides *J. Org. Chem.* **2005**, *70*, 1100-1103.

277

252.	Imai, K. I.; Fujii, S.; Takanoha.K; Furukawa, Y.; Masuda, T.; Honjo, M. Studies on Phosphorylation .4. Selective Phosphorylation of Primary Hydroxyl Group in Nucleosides *J. Org. Chem.* **1969,** *34,* 1547-1551.

253.	Yoshikawa, M.; Kato, T.; Takenish.T. Studies of Phosphorylation .3. Selective Phosphorylation of Unprotected Nucleosides *Bull. Chem. Soc. Jpn.* **1969,** *42,* 3505-3509.

254.	Yoshikawa, M.; Kato, T.; Takenishi, T. A novel method for phosphorylation of nucleosides to 5'-nucleotides *Tetrahedron Lett.* **1967,** *8,* 5065-5068.

255.	Beaucage, S. L.; Caruthers, M. H. Deoxynucleoside Phosphoramidites - a New Class of Key Intermediates for Deoxypolynucleotide Synthesis *Tetrahedron Lett.* **1981,** *22,* 1859-1862.

256.	Gryaznov, S. M.; Letsinger, R. L. Selective O-Phosphitilation with Nucleoside Phosphoramidite Reagents *Nucleic Acids Res.* **1992,** *20,* 1879-1882.

257.	Kato, Y.; Oka, N.; Wada, T. Highly chemo- and regioselective phosphitylation of unprotected 2 '-deoxyribonucleosides *Tetrahedron Lett.* **2006,** *47,* 2501-2505.

258.	Ohkubo, A.; Ezawa, Y.; Seio, K.; Sekine, M. O-selectivity and utility of phosphorylation mediated by phosphite triester intermediates in the N-unprotected phosphoramidite method *J. Am. Chem. Soc.* **2004,** *126,* 10884-10896.

259.	Uchiyama, M.; Aso, Y.; Noyori, R.; Hayakawa, Y. O-Selective Phosphorylation of Nucleosides without N-Protection *J. Org. Chem.* **1993,** *58,* 373-379.

260.	Wada, T.; Sato, Y.; Honda, F.; Kawahara, S.; Sekine, M. Chemical synthesis of oligodeoxyribonucleotides using N-unprotected H-phosphonate monomers and carbonium and phosphonium condensing reagents: O-selective phosphonylation and condensation *J. Am. Chem. Soc.* **1997,** *119,* 12710-12721.

261.	Graham, S. M.; Pope, S. C. Selective phosphitylation of the primary hydroxyl group in unprotected carbohydrates and nucleosides *Org. Lett.* **1999,** *1,* 733-736.

278

262.   Ludwig, J.; Eckstein, F. Rapid and efficient synthesis of nucleoside 5'-O-(1-thiotriphosphates), 5'-triphosphates and 2',3'-cyclophosphorothioates using 2-chloro-4H-1,3,2-benzodioxaphosphorin-4-one *J. Org. Chem.* **1989**, *54*, 631-635.

263.   Uhlmann, E.; Engels, J. Chemical 5'-phosphorylation of oligonucleotidesvaluable in automated DNA synthesis *Tetrahedron Lett.* **1986**, *27*, 1023-1026.

264.   Marugg, J. E.; Dreef, C. E.; Vandermarel, G. A.; Vanboom, J. H. Use of 2-Cyano-1,1-Dimethylethyl as a Protecting Group in the Synthesis of DNA Via Phosphite Intermediates *Rec. Trav. Chim. Pays-Bas-J. Royal Neth. Chem. Soc.* **1984**, *103*, 97-98.

265.   Dueymes, C.; Schonberger, A.; Adamo, I.; Navarro, A.-E.; Meyer, A.; Lange, M.; Imbach, J.-L.; Link, F.; Morvan, F.; Vasseur, J. J. High-yield solution-phase synthesis of di- and trinucleotide blocks assisted by polymer-supported reagents *Org. Lett.* **2005**, *7*, 3485-3488.

266.   Zlatev, I.; Kato, Y.; Meyer, A.; Vasseur, J.-J.; Morvan, F. Use of a solid-supported coupling reagent for a selective phosphitylation of the primary alcohol of N2-isobutyryl-2'-deoxy or 2'-O-methyl guanosine *Tetrahedron Lett.* **2006**, *47*, 8379-8382.

267.   Bhat, V.; Ugarkar, B. G.; Sayeed, V. A.; Grimm, K.; Kosora, N.; Domenico, P. A.; Stocker, E. A Simple and Convenient Method for the Selective N-Acylations of Cytosine Nucleosides *Nucleosides Nucleotides* **1989**, *8*, 179-183.

268.   Zlatev, I.; Dutartre, H.; Barvik, I.; Neyts, J.; Canard, B.; Vasseur, J. J.; Alvarez, K.; Morvan, F. Phosphoramidate Dinucleosides as Hepatitis C Virus Polymerase Inhibitors *J. Med. Chem.* **2008**, *51*, 5745-5757.

269.   Eldrup, A. B.; Bjergarde, K.; Felding, J.; Kehler, J.; Dahl, O. Preparation of Oligodeoxyribonucleoside Phosphorodithioates by a Triester Method *Nucleic Acids Res.* **1994**, *22*, 1797-1804.

270. Sekine, M.; Tsuruoka, H.; Iimura, S.; Kusuoku, H.; Wada, T.; Furusawa, K. Studies on steric and electronic control of 2'-3' phosphoryl migration in 2'-phosphorylated uridine derivatives and its application to the synthesis of 2'-phosphorylated oligouridylates *J. Org. Chem.* **1996,** *61,* 4087-4100.

271. Hovinen, J. A simple synthesis of N-4-(6-aminohexyl)-2'-deoxy-5'-O-(4,4'-dimethoxytrityl)cytidine *Nucleosides Nucleotides* **1998,** *17,* 1209-1213.

272. Rachele, J. R. Methyl Esterification of Amino Acids with 2,2-Dimethoxypropane and Aqueous Hydrogen Chloride *J. Org. Chem.* **1963,** *28,* 2898-2898.

273. Lebedev, A.; Wickstrom, E. The chirality problem in P-substituted oligonucleotides *Perspect. Drug Disc. Des.* **1996,** *4,* 17 - 40.

274. Chapman, H.; Kernan, M.; Prisbe, E.; Rohloff, J.; Sparacino, M.; Terhorst, T.; Yu, R. Practical synthesis, separation, and stereochemical assignment of the PMPA pro-drug GS-7340 *Nucleosides Nucleotides & Nucleic Acids* **2001,** *20,* 621-628.

275. Chapman, H.; Kernan, M.; Rohloff, J.; Sparacino, M.; Terhorst, T. Purification of PMPA amidate prodrugs by SMB chromatography and X-ray crystallography of the diastereomerically pure GS-7340 *Nucleosides Nucleotides & Nucleic Acids* **2001,** *20,* 1085-1090.

276. Mesplet, N.; Saito, Y.; Morin, P.; Agrofoglio, L. A. Liquid chromatographic separation of phosphoramidate diastereomers on a polysaccharide-type chiral stationary phase *J. Chromatogr. A* **2003,** *983,* 115-124.

277. Perrone, P.; Luoni, G. M.; Kelleher, M. R.; Daverio, F.; Angell, A.; Mulready, S.; Congiatu, C.; Rajyaguru, S.; Martin, J. A.; Leveque, V.; Le Pogam, S.; Najera, I.; Klumpp, K.; Smith, D. B.; McGuigan, C. Application of the phosphoramidate ProTide approach to 4'-azidouridine confers sub-micromolar potency versus hepatitis C virus on an inactive nucleoside *J. Med. Chem.* **2007,** *50,* 1840-1849.

278. FDA, U. S. *FDA's Policy Statement for the Development of New Stereoisomeric Drugs* **1992**.

279. Allender, C. J.; Brain, K. R.; Ballatore, C.; Cahard, D.; Siddiqui, A.; McGuigan, C. Separation of individual antiviral nucleotide prodrugs from synthetic mixtures using cross-reactivity of a molecularly imprinted stationary phase *Anal. Chim. Acta* **2001**, *435*, 107-113.

280. Bothnerby, A. A.; Stephens, R. L.; Lee, J. M.; Warren, C. D.; Jeanloz, R. W. Structure Determination of a Tetrasaccharide - Transient Nuclear Overhauser Effects in the Rotating Frame *J. Am. Chem. Soc.* **1984**, *106*, 811-813.

281. Endo, M.; Komiyama, M. Novel phosphoramidite monomer for the site-selective incorporation of a diastereochemically pure phosphoramidate to oligonucleotide *J. Org. Chem.* **1996**, *61*, 1994-2000.

282. Eckstein, F. Phosphorothioate Analogs of Nucleotides - Tools for the Investigation of Biochemical Processes *Angew. Chem. Int. Ed. Eng.* **1983**, *22*, 423-439.

283. Sobkowski, M.; Jankowska, J.; Kraszewski, A.; Stawinski, J. Stereochemistry of internucleotide bond formation by the H-phosphonate method. 1. Synthesis and P-31 NMR analysis of 16 diribonulceoside (3 '-5 ')-H-phosphonates and the corresponding phosphorothioates *Nucleosides Nucleotides & Nucleic Acids* **2005**, *24*, 1469-1484.

284. Hanes, C. S.; Isherwood, F. A. Separation of the Phosphoric Esters on the Filter Paper Chromatogram *Nature* **1949**, *164*, 1107-1112.

285. Gottlieb, H. E.; Kotlyar, V.; Nudelman, A. NMR chemical shifts of common laboratory solvents as trace impurities *J. Org. Chem.* **1997**, *62*, 7512-7515.

286. Dukhan, D.; Leroy, F.; Peyronnet, J.; Bosc, E.; Chaves, D.; Durka, M.; Storer, R.; La Colla, P.; Seela, F.; Gosselin, G. Synthesis of 5-aza-7-deazaguanine nucleoside derivatives as potential anti-flavivirus agents *Nucleosides Nucleotides & Nucleic Acids* **2005**, *24*, 671-674.

281

287. Escuret, V.; Aucagne, V.; Joubert, N.; Durantel, D.; Rapp, K. L.; Schinazi, R. F.; Zoulim, F.; Agrofoglio, L. A. Synthesis of 5-haloethynyl- and 5-(1,2-dihalo)vinyluracil nucleosides: Antiviral activity and cellular toxicity *Bioorg. Med. Chem.* **2005**, *13*, 6015-6024.

288. Hocek, M.; Silhar, P.; Pohl, R. Cytostatic and antiviral 6-arylpurine ribonucleosides - VIII. Synthesis and evaluation of 6-substituted purine 3 '-deoxyribonucleosides *Collect. Czech. Chem. Commun.* **2006**, *71*, 1484-1496.

289. Ikejiri, M.; Saijo, M.; Morikawa, S.; Fukushi, S.; Mizutani, T.; Kurane, I.; Maruyama, T. Anti-SARS-CoV activity of nucleoside analogs having 6-chloropurine as a nucleobase *Nucleic Acids Symp Ser (Oxford)* **2006**, *50*, 113-114.

290. Ikejiri, M.; Saijo, M.; Morikawa, S.; Fukushi, S.; Mizutani, T.; Kurane, I.; Maruyama, T. Synthesis and biological evaluation of nucleoside analogues having 6-chloropurine as anti-SARS-CoV agents *Bioorg. Med. Chem. Lett.* **2007**, *17*, 2470-2473.

291. Lin, T. S.; Yang, J. H.; Liu, M. C.; Shen, Z. Y.; Cheng, Y. C.; Prusoff, W. H.; Birnbaum, G. I.; Giziewicz, J.; Ghazzouli, I.; Brankovan, V.; Feng, J. S.; Hsiung, G. D. Synthesis and Anticancer Activity of Various 3'-Deoxy Pyrimidine Nucleoside Analogs and Crystal-Structure of 1-(3-Deoxy-Beta-D-Threo-Pentofuranosyl)Cytosine *J. Med. Chem.* **1991**, *34*, 693-701.

292. Porcari, A. R.; Ptak, R. G.; Borysko, K. Z.; Breitenbach, J. M.; Vittori, S.; Wotring, L. L.; Drach, J. C.; Townsend, L. B. Deoxy Sugar Analogues of Triciribine: Correlation of Antiviral and Antiproliferative Activity with Intracellular Phosphorylation *J. Med. Chem.* **2000**, *43*, 2438-2448.

293. Shim, J.; Larson, G.; Lai, V.; Naim, S.; Wu, J. Z. Canonical 3'-deoxyribonucleotides as a chain terminator for HCV NS5B RNA-dependent RNA polymerase *Antiviral Res* **2003**, *58*, 243-251.

294.   Barton, D. H. R.; Mccombie, S. W. New Method for Deoxygenation of Secondary Alcohols *J. Chem. Soc., Perkin Trans. 1* **1975**, 1574-1585.

295.   Bowman, W. R.; Krintel, S. L.; Schilling, M. B. Tributylgermanium hydride as a replacement for tributyltin hydride in radical reactions *Org. Biomol. Chem.* **2004**, *2*, 585-592.

296.   Clark, K. B.; Griller, D. The Ge-H Bond-Dissociation Energies of Organogermanes - a Laser-Induced Photoacoustic Study *Organometallics* **1991**, *10*, 746-750.

297.   Chatgilialoglu, C. Organosilanes as Radical-Based Reducing Agents in Synthesis *Acc. Chem. Res.* **1992**, *25*, 188-194.

298.   Barton, D. H. R.; Jang, D. O.; Jaszberenyi, J. C. Radical Deoxygenations and Dehalogenations with Dialkyl Phosphites as Hydrogen-Atom Source *Tetrahedron Lett.* **1992**, *33*, 2311-2314.

299.   Barton, D. H. R.; Jang, D. O.; Jaszberenyi, J. C. Hypophosphorous Acid and Its Salts - New Reagents for Radical Chain Deoxygenation, Dehalogenation and Deamination *Tetrahedron Lett.* **1992**, *33*, 5709-5712.

300.   Barton, D. H. R.; Jang, D. O.; Jaszberenyi, J. C. The Invention of Radical Reactions .32. Radical Deoxygenations, Dehalogenations, and Deaminations with Dialkyl Phosphites and Hypophosphorous Acid as Hydrogen Sources *J. Org. Chem.* **1993**, *58*, 6838-6842.

301.   Cho, D. H.; Jang, D. O. Radical deoxygenation of alcohols and intermolecular carbon-carbon bond formation with surfactant-type radical chain carriers in water *Tetrahedron Lett.* **2005**, *46*, 1799-1802.

302.   Jang, D. O.; Song, S. H. Facile synthesis of enantiopure (R)-malates *Tetrahedron Lett.* **2000**, *41*, 247-249.

303.   Takamatsu, S.; Katayama, S.; Hirose, N.; Naito, M.; Izawa, K. Radical deoxygenation and dehalogenation of nucleoside derivatives with

hypophosphorous acid and dialkyl phosphites *Tetrahedron Lett.* **2001**, *42*, 7605-7608.

304. Zlatev, I.; Vasseur, J.-J.; Morvan, F. Deoxygenation of 5-O-benzoyl-1,2-isopropylidene-3-O-imidazolylthiocarbonyl-[alpha]-d-xylofuranose using dimethyl phosphite: an efficient alternate method towards a 3'-deoxynucleoside glycosyl donor *Tetrahedron Lett.* **2008**, *49*, 3288-3290.

305. Walton, E.; Holly, F. W.; Boxer, G. E.; Nutt, R. F. 3'-Deoxynucleosides .4. Pyrimidine 3'-Deoxynucleosides *J. Org. Chem.* **1966**, *31*, 1163-1167.

306. Chochrek, P.; Wicha, J. Expedited approach to the vitamin D trans-hydrindane building block from the Hajos dione. Comparative study on various methods for the selective deoxygenation of one of the hydroxy groups in a diol *J. Org. Chem.* **2007**, *72*, 5276-5284.

307. Goto, M.; Miyoshi, I.; Ishii, Y.; Ogasawara, Y.; Kakimoto, Y. I.; Nagumo, S.; Nishida, A.; Kawahara, N.; Nishida, M. Novel skeletal rearrangement of hydroindan derivatives into hydroazulenones via an alkoxy radical *Tetrahedron* **2002**, *58*, 2339-2350.

308. Xie, M. Q.; Berges, D. A.; Robins, M. J. Efficient "dehomologation" of di-O-isopropylidenehexofuranose derivatives to give O-isopropylidenepentofuranoses by sequential treatment with periodic acid in ethyl acetate and sodium borohydride *J. Org. Chem.* **1996**, *61*, 5178-5179.

309. Jiang, B.; Liu, J. F.; Zhao, S. Y. Enantioselective total syntheses of slagenins A-C and their antipodes *J. Org. Chem.* **2003**, *68*, 2376-2384.

310. Kumar, A.; Kahn, S. I.; Manglani, A.; Khan, Z. K.; Katti, S. B. Synthesis and Antifungal Activity of 3'-Deoxyribonucleosides *Nucleosides Nucleotides* **1994**, *13*, 1049-1058.

311. Niedballa, U.; Vorbruggen, H. Synthesis of Nucleosides .3. A General Synthesis of Pyrimidine Nucleosides *Angew. Chem. Int. Ed. Engl.* **1970**, *9*, 461-462.

312.   Niedballa, U.; Vorbruggen, H. Synthesis of Nucleosides .9. General Synthesis of N-Glycosides .1. Synthesis of Pyrimidine Nucleosides *J. Org. Chem.* **1974,** *39,* 3654-3660.

313.   Nelson, P. S.; Kent, M.; Muthini, S. Oligonucleotide labeling methods. 3. Direct labeling of oligonucleotides employing a novel, non-nucleosidic, 2-aminobutyl-1,3-propanediol backbone *Nucleic Acids Res.* **1992,** *20,* 6253-9.

314.   Hunter, C.; Jackson, R. F. W.; Rami, H. K. Efficient synthesis of protected beta-phenylethylamines, enantiomerically pure protected beta-phenyl-alpha-benzylethylamines and beta-phenyl-alpha-isopropylethylamines using organozinc chemistry *J. Chem. Soc., Perkin Trans. 1* **2000,** 219-223.

315.   Neumayer, D. A.; Belot, J. A.; Feezel, R. L.; Reedy, C.; Stern, C. L.; Marks, T. J. Approaches to alkaline earth metal-organic chemical vapor deposition precursors. Synthesis and characterization of barium fluoro-beta-ketoiminate complexes having appended polyether "lariats" *Inorg. Chem.* **1998,** *37,* 5625-5633.

316.   Taber, D. F.; Hoerrner, R. S. Enantioselective Rh-Mediated Synthesis of (-)-Pge2 Methyl-Ester *J. Org. Chem.* **1992,** *57,* 441-447.

317.   Priet, S.; Zlatev, I.; Barvik, I. Jr.; Geerts, K.; Leyssen, P.; Neyts, J.; Dutartre, H.; Canard, B.; Vasseur, J.-J.; Morvan, F.; Alvarez, K. 3'-Deoxy Phosphoramidate Dinucleosides as Improved Inhibitors of Hepatitis C Virus Subgenomic Replicon and NS5B Polymerase Activity *J. Med. Chem.* **2010,** *53,* 6608–6617.

Ce travail de recherche a été financièrement soutenu par une allocation de recherche du Ministère de l'Education Nationale, de la Recherche et de la Technologie et par l'Agence Nationale de Recherche contre le Sida.

THESE DE DOCTORAT NOUVEAU REGIME

ANNEE : 2008

AUTEUR : Ivan ZLATEV

LIEU : Institut des Biomolécules Max Mousseron, UMR 5247, Université Montpellier 2, Place Eugène Bataillon, 34095 Montpellier Cedex 5 (France)

TITRE DE LA THESE : Synthèse et étude d'analogues de dinucléosides phosphoramidates – inhibiteurs de la polymérase NS5B du virus de l'hépatite C

RESUME : Avec plus de 3% de la population mondiale actuellement infectée, l'hépatite C est une des plus graves maladies infectieuses. La recherche et la mise au point de nouvelles molécules, capables de traiter ou de conduire à l'éradication de cette maladie, sont donc d'une grande importance. Nous présentons dans ce manuscrit le développement et la synthèse de deux séries de dinucléosides phosphoramidates de type 2'-*O*-méthylguanosin-3'-yl-cytidin-5'-yle et de type 2'-*O*-méthylguanosin-3'-yl-3'-désoxycytidin-5'-yle, utilisés comme inhibiteurs de la polymérase NS5B du VHC. Ces composés ont été évalués *in vitro* sur une polymérase purifiée et en culture cellulaire contenant un réplicon sub-génomique du virus. Ils ont montré un fort caractère inhibiteur de la réplication du VHC.

MOTS-CLES : Hépatite C, Polymérase NS5B, Réplication, Inhibiteurs, Dinucléosides, Phosphoramidates

TITLE: Synthesis and study of phosphoramidate dinucleosides as inhibitors of the hepatitis C virus NS5B polymerase

SUMMARY: With more than 3% of the world's population chronically infected, hepatitis C is nowadays one of the leading infectious diseases. The research and development of novel antiviral molecules is hence of great importance. We describe in this manuscript the development and the synthesis of two major series of phosphoramidate dinucleosides 2'-*O*-methylguanosin-3'-yl-cytidin-5'-yle and 2'-*O*-methylguanosin-3'-yl-3'-désoxycytidin-5'-yle, used as HCV polymerase inhibitors. The target compounds were evaluated *in vitro* on a purified recombinant NS5B polymerase and in cells containing a HCV sub-genomic replica. Tested compounds exhibited strong inhibitory activity towards HCV replication.

KEYWORDS: Hepatitis C, NS5B polymerase, Replication, Inhibitors, Dinucleosides, Phosphoramidates

.

www.ingramcontent.com/pod-product-compliance
Lightning Source LLC
Chambersburg PA
CBHW021032210326
41598CB00016B/988